新一代信息软件技术丛书
中慧云启科技集团有限公司校企合作系列教材
"双高计划"专业群建设教材

江苏省高等学校重点教材（编号：2021-2-068）

唐小燕 刘洪武 ● 主　编
虞菊花 王洪海 王绪峰 ● 副主编

Node.js
应用开发

Node.js Application Development

人民邮电出版社
北京

图书在版编目（CIP）数据

Node.js应用开发 / 唐小燕，刘洪武主编. -- 北京：人民邮电出版社，2021.11
（新一代信息软件技术丛书）
ISBN 978-7-115-56963-9

Ⅰ. ①N… Ⅱ. ①唐… ②刘… Ⅲ. ①JAVA语言—程序设计 Ⅳ. ①TP312.8

中国版本图书馆CIP数据核字(2021)第141035号

内 容 提 要

Node.js是一个基于Chrome V8引擎的JavaScript运行环境，用来编写服务器端程序。Node.js是新兴的开发工具，也是目前发展最快的开发工具之一。近几年来，随着Node.js的发展，越来越多的开发人员选择用它构建Web应用。

本书较为全面地介绍了目前Node.js应用开发中涉及的基础知识和核心技术，并通过案例介绍了基于Express和Koa框架的项目开发。本书着重实际应用，案例及实训项目的实用性和可操作性强，能够帮助读者学以致用。全书共分10章，主要包括Node.js认知、模块机制、Node.js异步编程、Buffer缓存区和文件系统、构建Web应用、Express框架、Express模板引擎、数据库应用开发、Koa框架、项目优化及线上部署等Web应用开发中最为重要的内容。

本书可作为本科和高职院校计算机相关专业的教材，也可作为计算机培训用教材，还可作为计算机相关技术爱好者的自学参考书。

◆ 主　　编　唐小燕　刘洪武
　 副 主 编　虞菊花　王洪海　王绪峰
　 责任编辑　王海月
　 责任印制　陈　犇

◆ 人民邮电出版社出版发行　北京市丰台区成寿寺路11号
　 邮编　100164　电子邮件　315@ptpress.com.cn
　 网址　https://www.ptpress.com.cn
　 北京天宇星印刷厂印刷

◆ 开本：787×1092　1/16
　 印张：19.25　　　　　　　2021年11月第1版
　 字数：535千字　　　　　　2024年8月北京第10次印刷

定价：69.80元

读者服务热线：(010)53913866　印装质量热线：(010)81055316
反盗版热线：(010)81055315
广告经营许可证：京东市监广登字20170147号

编辑委员会

主　编： 唐小燕　刘洪武

副主编： 虞菊花　王洪海　王绪峰

编写组成员： 卞继海　张金姬　刘　斌　殷兆燕
　　　　　　　　石　玲　宁玉丹　唐吉辉　侯仕平

前言 FOREWORD

Node.js 是一个基于 Chrome V8 引擎的 JavaScript 运行环境，执行速度快、性能非常好。在几年的时间里，Node.js 逐渐发展成一个成熟的开发平台，吸引了许多开发者，是与 PHP、Python、Java、Perl、Ruby 等服务端语言同等重要的脚本语言，可用来方便地搭建响应速度快、易于扩展的网络应用。

本书不仅介绍了 Node.js 开发的基础知识，还精心设计了大量案例。读者通过本书可以快速地掌握 Node.js 开发流程和方法、Node.js 的开发环境部署、模块化开发、内置模块使用等基础知识，还能够运用 Express 框架完成一个基本的 Web 项目开发，并实现项目的前后台分离；了解 Koa 框架的开发方式；完成基本项目的构建和项目的打包处理、项目优化处理及线上部署。

本书在内容组织上深入浅出、图文并茂，以案例讲解与分析为引导，以培养实践能力为重点，简化了冗余难懂的理论内容，强调项目实训。本书的主要特点如下。

1. 内容全面、组织合理

本书按照由浅入深的顺序，结合职业教育背景下软件技术专业学生的特点，以碎片化"知识点"为单元，通过案例驱动与项目导向、理论与实践相结合的方式，帮助读者在学习 Node.js 知识的同时进行项目实践。

2. 结合实际、突出实践

本书由企业工程师精心设计了大量示例和项目实训，体现了"教、学、做"一体化的思想，方便读者快速上手，培养读者的实际操作能力。示例和项目实践有详细的代码说明和步骤。

3. 资源丰富、立体教学

本书配备了丰富的立体化教学资源，包括教学 PPT、源代码、习题答案，读者可访问链接 https://exl.ptpress.cn:8442/ex/l/0e6042b2 或扫描以下二维码获取，同时各章节均附赠在线视频。附录中整理了 JavaScript 语言知识点摘要，方便读者查阅复习。

本书读者对象如下。

（1）本科和高职院校计算机相关专业的学生。

（2）具有一定 JavaScript 和动态网站开发基础，但是缺少基于框架项目的开发经验，需要进一步了解和掌握 Node.js 主流框架的开发人员。

（3）具有其他 Web 编程语言（如 PHP、Java、ASP.NET）开发经验，想快速学习 Node.js 的开发人员。

（4）对动态网站开发有一定了解但缺乏 Node.js 项目开发经验，希望了解 Express 和 Koa 框架的开发人员。

本书的编写和整理工作由常州信息职业技术学院与中慧云启科技集团有限公司合作完成。由于编者水平有限，书中难免存在疏漏和不足之处，敬请读者批评指正。

编者
2021 年 3 月

目录 CONTENTS

第1章

Node.js 认知 1

1.1 Node.js 简介 1
1.1.1 什么是 Node.js 1
1.1.2 Node.js 发展历史 1
1.1.3 Node.js 特点及应用场景 2
1.1.4 Node.js 与 JavaScript 的区别 3
1.2 Node.js 环境安装 3
1.2.1 下载 Node.js 3
1.2.2 安装 Node.js 4
1.2.3 安装 Node.js 程序编辑环境 5
1.3 第一个 Node.js 程序 7
1.3.1 编写 Node.js 程序 7
1.3.2 运行 Node.js 程序 8
1.4 Node.js 控制台 Console 12
1.4.1 Console 常用方法 12
1.4.2 项目实训——Console 控制台的使用 16
1.5 本章小结 20
1.6 本章习题 20

第2章

模块机制 21

2.1 什么是模块 21
2.1.1 模块的定义 21
2.1.2 模块的优点 21
2.1.3 模块化规范 22
2.1.4 项目实训——模块化输出九九乘法表 27
2.2 Node.js 模块基础 28
2.2.1 模块的分类 28
2.2.2 自定义模块 28
2.2.3 项目实训——模块化实现四则混合运算 30

2.3 包与NPM 31
2.3.1 包 31
2.3.2 NPM 33
2.3.3 自定义项目包 35
2.3.4 CNPM 和 YARN 安装与使用 37
2.3.5 项目实训——模块化显示日期 39
2.4 本章小结 39
2.5 本章习题 40

第3章

Node.js 异步编程 41

3.1 回调函数 41
3.1.1 阻塞 42
3.1.2 非阻塞 43
3.2 异步编程 45
3.2.1 事件发布/订阅模式 45
3.2.2 Promise/Deferred 模式 46
3.2.3 流程控制库 51
3.2.4 项目实训——显示天气预报数据 52
3.3 本章小结 55
3.4 本章习题 55

第4章

Buffer 缓存区和文件系统 56

4.1 Buffer 缓存区 56
4.1.1 Buffer 简介 56
4.1.2 常用的 Buffer 类 API 58
4.1.3 Buffer 与字符编码 60
4.1.4 项目实训——Buffer 缓存区操作 61
4.2 fs 文件基本操作 64
4.2.1 fs 简介 64
4.2.2 打开/关闭文件 65
4.2.3 读取/写入文件 68
4.2.4 删除文件 70
4.2.5 读取目录 71

4.2.6　项目实训——JSON 文件数据操作 71
4.3　流 75
　　4.3.1　fs 流简介 75
　　4.3.2　创建流 77
　　4.3.3　管道流 79
　　4.3.4　链式流 80
　　4.3.5　项目实训——XML 文件转 JSON 文件 81
4.4　本章小结 83
4.5　本章习题 83

第 5 章

构建 Web 应用 85

5.1　HTTP 85
　　5.1.1　HTTP 原理 85
　　5.1.2　请求报文 87
　　5.1.3　响应报文 89
5.2　http 模块 92
　　5.2.1　http 模块介绍 92
　　5.2.2　HTTP 服务端 93
　　5.2.3　HTTP 客户端 98
　　5.2.4　http.ServerRequest 和 http.request 100
　　5.2.5　项目实训——前后端交互显示省份信息 100
5.3　path 模块和 url 模块 104
　　5.3.1　path 模块 104
　　5.3.2　url 模块 107
　　5.3.3　项目实训——为前端提供数据接口 110
5.4　本章小结 115
5.5　本章习题 115

第 6 章

Express 框架 116

6.1　Express 简介与安装 116
　　6.1.1　Express 简介 116
　　6.1.2　Express 安装 116
　　6.1.3　项目实训——搭建框架项目 118

6.2 路由配置 121
6.2.1 路由介绍 121
6.2.2 App 级别路由 121
6.2.3 Router 级别路由 127
6.3 中间件使用 129
6.3.1 自定义中间件 130
6.3.2 第三方中间件 130
6.3.3 内置中间件 133
6.3.4 错误中间件 135
6.3.5 项目实训——中间件访问静态文件 136
6.4 请求与响应 139
6.4.1 请求对象 139
6.4.2 响应对象 144
6.5 cookie 148
6.5.1 cookie 工作原理 148
6.5.2 cookie 的设置与获取 149
6.5.3 项目实训——Cookie 验证登录 151
6.6 session 157
6.6.1 session 工作原理 157
6.6.2 session 的安装配置与设置获取 158
6.7 Postman 接口测试 160
6.7.1 软件安装 160
6.7.2 接口测试与导出接口集 163
6.8 本章小结 165
6.9 本章习题 165

第 7 章
Express 模板引擎 167

7.1 pug 模板引擎 167
7.1.1 pug 模板简介 167
7.1.2 pug 模板文件的编译 168
7.1.3 pug 语法 169
7.2 ejs 模板引擎 194
7.2.1 ejs 标签含义 194
7.2.2 ejs 中的 include 194

7.3 Express 框架中集成模板引擎 195
   7.3.1 pug 模板在 Express 框架中的集成 196
   7.3.2 ejs 模板在 Express 框架中的集成 198
   7.3.3 项目实训——渲染商品信息 201
7.4 本章小结 208
7.5 本章习题 208

第 8 章

数据库应用开发 209

8.1 连接 MySQL 数据库 209
   8.1.1 安装 MySQL 209
   8.1.2 MySQL 常用语句 218
   8.1.3 连接 MySQL 数据库 221
   8.1.4 数据库操作 222
   8.1.5 项目实训——学生信息管理 224
8.2 连接 MongoDB 数据库 228
   8.2.1 MongoDB 安装与配置 228
   8.2.2 MongoDB 基本操作 235
   8.2.3 Mongoose 数据库操作 236
   8.2.4 项目实训——商品信息管理 238
8.3 综合项目实训——学生信息页面管理 243
8.4 本章小结 253
8.5 本章习题 253

第 9 章

Koa 框架 255

9.1 Koa 框架简介 255
   9.1.1 Koa 与 Express 的区别 255
   9.1.2 Koa 1 和 Koa 2 257
   9.1.3 安装 NVM 控制 Node.js 版本 260
9.2 应用程序和上下文 262
   9.2.1 语法糖 262
   9.2.2 HTTP 服务 263
   9.2.3 上下文（Context） 263
9.3 Koa 路由 265

9.4 静态资源访问 ... 268
9.5 综合项目实训——商品信息显示 ... 271
9.6 本章小结 ... 278
9.7 本章习题 ... 278

第 10 章

项目优化及线上部署 ... 280

10.1 性能优化 ... 280
    10.1.1 使用 CDN ... 280
    10.1.2 减少 HTTP 请求数 ... 280
    10.1.3 优化图片 ... 281
    10.1.4 将外部脚本置底 ... 282
    10.1.5 使用 Webpack 压缩打包 ... 282
10.2 服务器部署和发布 ... 285
    10.2.1 购买服务器 ... 285
    10.2.2 购买域名 ... 286
    10.2.3 安装系统 ... 286
    10.2.4 设置项目环境 ... 287
10.3 本章习题 ... 291

附录

JavaScript 知识点摘要 ... 292

第 1 章
Node.js 认知

▶ **内容导学**

本章主要学习 Node.js 的一些基本概念和内部机制，帮助大家加深对 Node.js 的理解。

▶ **学习目标**

① 了解 Node.js 的基础概念、特点和使用场景。
② 了解 Node.js 与 JavaScript 的区别。
③ 掌握 Node.js 运行环境的安装方法和开发环境的部署。
④ 掌握运用控制台进行程序调试的方法。
⑤ 掌握 Node.js 控制台 console 对象的常用方法。

1.1 Node.js 简介

1.1.1 什么是 Node.js

视频 1

Node.js 是一个真正高效的 Web 开发平台。在 Node.js 诞生之前，在服务端运行 JavaScript 是一件不可思议的事情，并且对其他的脚本语言来说，要实现非阻塞 I/O 通常需要依赖特殊的类库。但是 Node.js 的出现改变了这一切。

Node.js 是一个可以让 JavaScript 运行在服务器端的平台，是 JavaScript 语言的服务器运行环境。Node.js 内部采用 Google 公司的 V8 引擎作为 JavaScript 语言解释器，通过自行开发的 Libuv 库来调用操作系统资源。Node.js 对 Google V8 引擎进行了封装，V8 引擎执行 JavaScript 的速度非常快，性能非常好。Node.js 对一些特殊用例进行了优化，提供了替代的 API，使得 V8 在非浏览器环境下运行得更好。

Node.js 是基于 Chrome JavaScript 运行时建立的平台，是一个为实时 Web 应用开发而诞生的平台，用于方便地搭建响应速度快、易于扩展的网络应用。它从诞生之初就充分考虑了在实时响应、超大规模数据要求下架构的可扩展性。这使得它摒弃了传统平台依靠多线程来实现高并发的设计思路，而采用了单线程、异步 I/O、事件驱动式的程序设计模式。

1.1.2 Node.js 发展历史

Node.js 是一个非常新兴的开发工具，它诞生于 2009 年，其历史不如 Python、Ruby、PHP 等久远，但是它是有史以来发展最快的开发工具之一。Node.js 的版本演化历史如下。

2009 年，瑞安·达尔（Ryan Dahl）在 GitHub 上发布 Node.js 的最初版本。

2010年1月，Node.js 包管理器（NPM）诞生。2010年3月 Express.js 问世。
2011年7月，Node.js 在微软（Microsoft）的赞助下发布了 Windows 版本。
2012年6月，Node.js V0.8.0 稳定版发布。
2013年12月，著名的 Koa 框架发布。
2014年12月，Fedor Indutny 制作了分支版本，并命名为"io.js"。
2015年初，Node.js 基金会成立。
2015年9月，Node.js 和 io.js 合并，Node.js 4.0 发布。
2016年，Node.js 6.0 发布。
2017年，Node.js 8.0 发布。
2018年，Node.js 8.x 时代落幕，进入 Node.js 10.x 时代。
2019年，Node.js 增加了实验性的 ES Module 支持，并伴随着 V8 引擎版本升级以及 ES 特性支持，进入 Node.js 12.x 时代。

1.1.3 Node.js 特点及应用场景

1. 强大的标准类库

Node.js 最大的特性是它的标准类库，主要由二进制类库和核心模块两部分组成。二进制类库包括 Libuv，它为网络和文件系统提供了快速的时间轮循和非阻塞 I/O，同时拥有 HTTP 类库，可以快速构建 HTTP 客户端和服务器。Node.js 的核心模块主要由 JavaScript 编写，方便用户在需要时阅读源码。

2. 灵活的包管理器

Node.js 有着强大而灵活的包管理器（Node Package Manager，NPM），目前已经有上万个第三方模块，其中有网站开发框架，以及 MySQL、PostgreSQL、MongoDB 等数据库接口，有模板语言解析、CSS 生成工具、邮件、加密、图形、调试支持，甚至还有图形用户界面和操作系统 API 工具。

3. 内置 HTTP 服务器

Node.js 可以作为服务器向用户提供服务，与 PHP、Python、Ruby on Rails 相比，它跳过了 Apache、Nginx 等 HTTP 服务器，直接面向前端开发。Node.js 的许多设计理念与经典架构（如 LAMP）有很大的不同，它能提供强大的伸缩能力。

4. 异步式 I/O 与事件驱动架构设计

Node.js 最大的特点就是采用异步 I/O 与事件驱动的架构设计。传统的高并发架构方案通常是多线程模式，而 Node.js 使用的是单线程模型，在执行过程中只启动一个线程来运行代码，即 Node.js 进程在同一时刻只会处理一个事件，程序在执行时进入事件循环等待下一个事件到来，每个异步式 I/O 请求完成后会被推送到事件队列，等待程序进程进行处理。每当遇到耗时的 I/O 操作，比如文件读写、网络请求，则将耗时操作丢给底层的事件循环去执行，无须等待即可继续执行下面的代码。当底层的事件循环执行完耗时的 I/O 时，会执行回调函数来作为通知。这样做的好处是：CPU 和内存在同一时间集中处理一件事，同时尽可能并行执行耗时的 I/O 操作。

基于以上特性，Node.js 适合开发下列应用。
（1）Web 服务 API。
（2）实时多人游戏。
（3）后端的 Web 服务。
（4）基于 Web 的应用。
（5）多客户端的通信。

1.1.4　Node.js 与 JavaScript 的区别

Node.js 与 JavaScript 的相同点是两者都使用了 JavaScript 语言来开发。浏览器端的 JavaScript 受制于浏览器提供的接口，比如浏览器提供弹出对话框的 API，则前端 JavaScript 语言就能实现弹出对话框的功能。出于安全考虑，浏览器对文件操作、网络操作、操作系统交互等功能有严格的限制，所以在浏览器端的 JavaScript 功能受限。

Node.js 完全没有浏览器端的限制，使 JavaScript 拥有了文件操作、网络操作、进程操作等功能，和 Java、Python、PHP 等语言无实质区别，而且由于底层使用性能超高的 V8 引擎来解析执行，加上支持异步 I/O 机制，因此，这使编写高性能的 Web 服务器变得轻而易举。

Node.js 允许在后端（脱离浏览器环境）运行 JavaScript 代码。Node.js 使用 Google 的 V8 引擎来解释和执行 JavaScript 代码。此外，Node.js 的许多模块可以简化重复开发。因此，Node.js 事实上既是一个运行时环境，又是一个库。

1.2　Node.js 环境安装

在开发 Node.js 程序之前，首先需要安装 Node.js 运行环境和代码编辑环境。

1.2.1　下载 Node.js

在 Node.js 官网下载 Node.js 安装包及源码，也可以下载安装包和 API 文档。对于 64 位 Windows 操作系统，可以下载 64 位安装包，如图 1-1 所示。用户可以根据当前所使用的计算机环境选择下载相应的 Node.js 版本，设置安装目录进行安装即可。

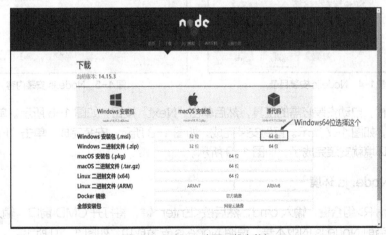

图 1-1　Node.js 官网下载安装包

1.2.2 安装 Node.js

1. 安装 Node.js 环境

以 Node-v14.15.3-x64.msi 的安装为例，双击安装包，按照安装提示采用默认安装即可。安装过程如图 1-2 所示，单击"Next"按钮。

勾选复选框，接受安装协议，然后单击"Next"按钮，如图 1-3 所示。

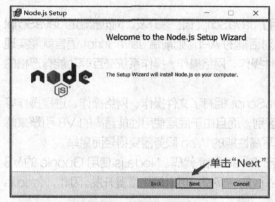

图 1-2 Node.js 安装

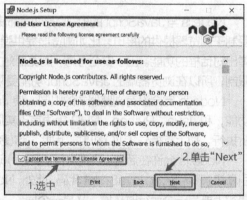

图 1-3 Node.js 安装协议

设置安装路径，然后单击"Next"按钮，如图 1-4 所示。单击"Next"按钮，进入下一步，如图 1-5 所示。

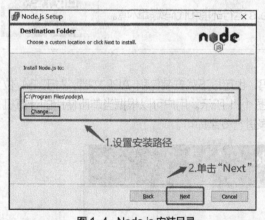

图 1-4 Node.js 安装目录

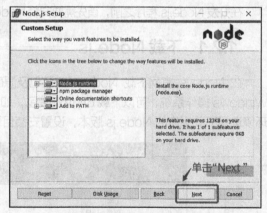

图 1-5 Node.js 安装内容

勾选复选框，自动安装必需的工具，然后单击"Next"按钮，如图 1-6 所示。单击"Install"按钮进行安装，如图 1-7 所示。直到安装完成，如图 1-8 所示。安装完成，单击"Finish"按钮，Node.js 运行环境就安装完成了，如图 1-9 所示。

2. 测试 Node.js 环境

按下<Win+R>组合键，输入 cmd，然后按<Enter>键，将打开 CMD 窗口，输入 node -v 后，若能显示当前 Node.js 的版本号，说明 Node.js 安装成功，如图 1-10 所示。

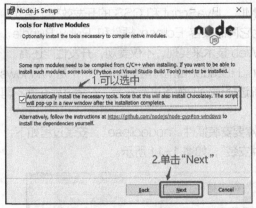
图 1-6 Node.js 安装必要的工具

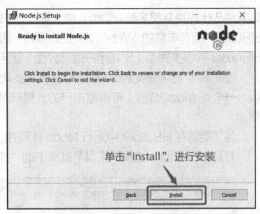
图 1-7 Node.js 准备安装

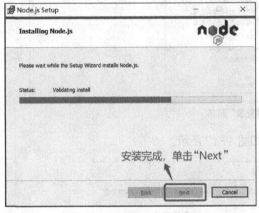
图 1-8 Node.js 安装进度

图 1-9 Node.js 安装完成

图 1-10 Node.js 安装测试

1.2.3 安装 Node.js 程序编辑环境

前端的 JavaScript 代码都是在浏览器中运行的，而服务器端的 JavaScript 代码是在 Node.js 环境中执行的。首先要使用代码编辑器来编写 JavaScript 代码，并且把它保存到本地硬盘的某个目录，以命令行的方式运行。

本书选用 HBuilder 来编写代码。HBuilder 是 DCloud 推出的一款支持 HTML 5 的 Web 集成开发环境（Integrated Development Environment，IDE）。HBuilder 通过完整的语法提示和代码

输入法、代码块及很多配套功能,能大幅提升 HTML、JavaScript 和 CSS 的开发效率。另外,HBuilder 拥有丰富的 Web IDE 生态系统,因为它同时兼容 Eclipse 插件和 Ruby Bundle。HBuilder 的很多界面(比如用户信息界面)使用 Web 技术来实现,不仅美观,开发性能还高。

HBuilder 官网提供免费下载的最新版 HBuilder。HBuilder 目前有两个版本,一个是 Windows 版,一个是 macOS 版。可根据自己的计算机系统选择适合的版本进行安装,安装过程在此不再赘述。

为了能够在 HBuilder 中运行 Node.js 程序,需要安装插件"nodeclipse",安装过程如下。

打开 HBuilder,选择"工具"菜单下的"插件安装",如图 1-11 所示。

图 1-11 "插件安装"菜单

勾选 nodeclipse 插件,单击"安装"按钮,如图 1-12 所示。

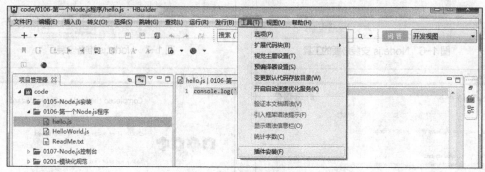

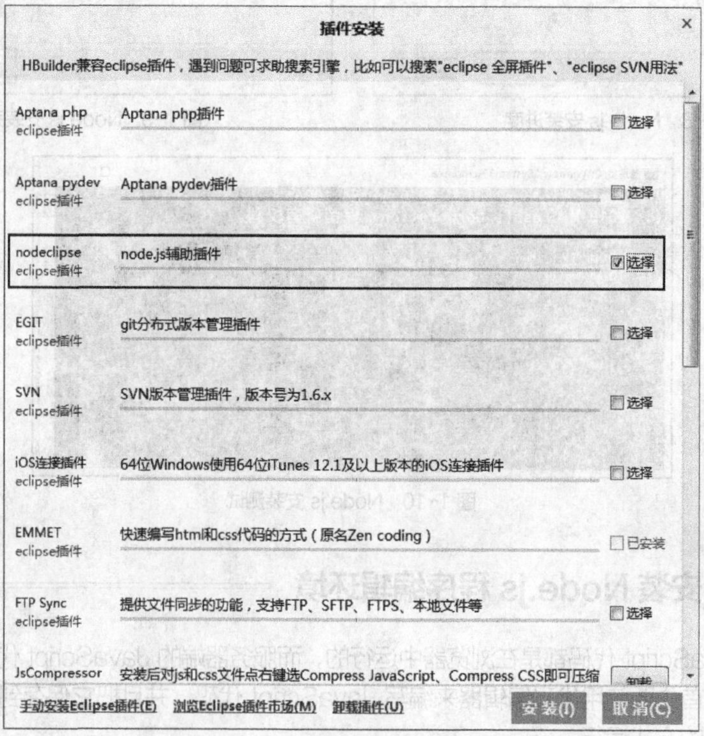

图 1-12 选择 nodeclipse 插件

等待安装完成,如图 1-13 所示。

图 1-13 插件安装

重启 HBuilder，nodeclipse 即可生效，如图 1-14 所示。

图 1-14 重启对话框

此时，插件安装完成，接下来就能在 HBuilder 中运行 Node.js 文件了。

1.3 第一个 Node.js 程序

1.3.1 编写 Node.js 程序

打开 HBuilder，选择"文件"菜单下的"新建"菜单，选择"JavaScript 文件"，如图 1-15 所示。

视频 3

图 1-15 新建"JavaScript 文件"

选择文件所在目录并将文件命名为"HelloWorld.js"，勾选"空白文件"，单击"完成"按钮，如图 1-16 所示。

输入代码，如图 1-17 所示。

```
console.log('Hello world!');
```

图1-16 设置目录和文件名

图1-17 输入代码

【代码分析】

代码中的语句以分号（;）结尾，语法规则同前端JavaScript。Console对象提供了访问浏览器调试模式的信息到控制台的方法。console.log()方法用于在控制台输出信息，该方法对于开发过程测试非常有用。

1.3.2 运行Node.js程序

Node.js程序有3种运行方式：在IDE中运行、在CMD窗口中使用node或nodemon命令运行以及在Git Bash下运行。

1. 在HBuilder中运行Node.js程序

右键单击需要运行的HelloWorld.js文件，选择"运行方式"菜单中的"1 Node Application"，如图1-18所示。

控制台显示运行结果，说明Node.js在HBuilder中运行成功，如图1-19所示。

2. 在CMD窗口中运行Node.js

（1）用node命令运行Node.js程序

进入需要运行的.js文件所在的目录，按住<Shift>键并单击右键，选择"在此处打开命令窗口"项，如图1-20所示。

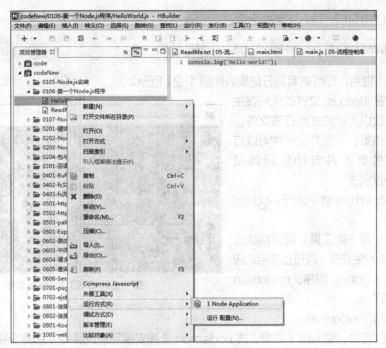

图 1-18 运行 js 文件

图 1-19 运行结果

图 1-20 文件目录下打开 CMD

打开 CMD 窗口后，输入下面的命令。

node HelloWorld.js 或 node HelloWorld（.js 可以省略）

按<Enter>键后，即可查看运行结果，如图 1-21 所示。

此时，若是 hello.js 文件的代码发生变化，需要再次以上述方式运行该文件，重新查看运行结果。下面介绍一种可以自动检测到文件更改并自动重新调试 Node.js 程序的方法。

（2）用 nodemon 命令运行 Node.js 程序

nodemon 是一种工具，可以自动检测到目录中文件发生变化，通过重新启动应用程序来调试 Node.js 程序。nodemon 需要事先安装好。

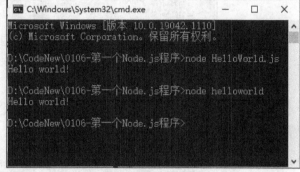

图 1-21 CMD 中运行 .js 文件

① 全局安装 nodemon

打开 CMD 窗口，输入以下命令，将 nodemon 全局安装到系统路径（只要安装一次）。

npm install nodemon –g

② 使用 nodemon 运行 Node.js 文件

若 js 文件的代码有更改，则不必使用 node 命令重新运行来查询最新结果。只要进入 hello.js 所在的目录，按住<Shift>键并单击右键，选择"在此处打开命令窗口"项，打开 CMD 窗口后，输入下面的命令。

nodemon HelloWorld.js 或 nodemon HelloWorld（.js 可以省略）

按<Enter>键后即可查看运行结果，不管 hello.js 何时发生变化，都能自动重启运行，查看最新的运行结果。

假设代码中输出文本内容从"hello world!"改变为"你好 world!"，则会自动检测到代码的变化，并重新输出最新的运行结果，如图 1-22 所示。

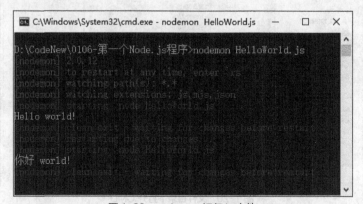

图 1-22 nodemon 运行 .js 文件

3. 在 Git Bash 下运行 Node.js

Git 是版本控制工具，它最初被用在 UNIX 风格的命令行环境中。Windows 是一个非 UNIX 终端环境，可以使用 Git Bash。Git Bash 是一个适用于 Windows 环境的模拟 UNIX 命令行的终端，在这里可以进行 Git 相关的版本控制。

首先在 Git 官网下载 Git。安装好 Git 工具后，桌面上会出现 Git Bash 快捷方式。进入需要运行 .js 文件所在的目录，按住<Shift>键并单击右键，将会出现快捷菜单，如图 1-23 所示。

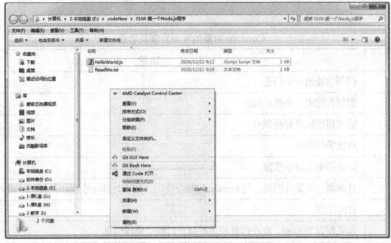

图 1-23 "Git Bash Here" 菜单

选择 "Git Bash Here" 项，在打开的窗口中输入以下命令，查看程序运行结果，如图 1-24 所示。

```
node HelloWorld.js 或  nodemon HelloWorld（.js 可以省略）
```

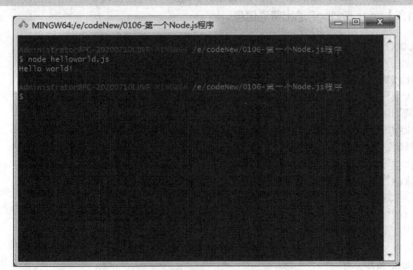

图 1-24 "Git Bash Here" 查看运行结果

1.4 Node.js 控制台 Console

1.4.1 Console 常用方法

Console 对象提供了一个简单的调试控制台，类似于 Web 浏览器提供的 JavaScript 控制台。使用 Console 对象的一系列方法可以将调试模式的信息输出到控制台。Console 对象的常用方法及功能见表 1-1。

表 1-1　　　　　　　　　　　Console 对象的常用方法及功能

方法	功能
log()	控制台输出一条信息
info()	控制台输出一条提示信息
error()	输出错误信息到控制台
warn()	输出警示信息
table()	以表格形式显示数据
time()	计时器，开始计时间，与 timeEnd() 联合使用，用于计算一个操作花费的准确时间
timeEnd()	计时结束
assert()	如果断言为 false，则在信息到达控制台时输出错误信息

1. console.log() 输出普通信息

console.log() 方法可用于在控制台输出普通信息，如单个变量（表达式）、多个变量、换行以及格式化输出，类似于 C 语言中的 printf()。格式化输出时可使用类似 printf() 风格的占位符，支持字符（%s）、整数（%d）、浮点数（%f）和对象（%o）4 种占位符。

【示例 1.1】console.log() 输出普通信息。

```
console.log('Hello World!');
console.log('I', 'am', 'a', 'student.');
console.log('We are students.\nWe are learning Node.js.');
console.log('%d + %d = %d', 1, 1, 2);
// 依次序输出所有字符串
console.log("%s", "Hello", "World!");
// 将对象转换为普通字符串后执行
console.log("%s", {school: "CCIT"});
console.log("%o", {school: "CCIT"});
//将字符串作为数值进行转换
console.log("今天是%d 年%d 月%d 日",2021,01,26);
console.log("圆周率是%f",3.1415926);
// 输出%
console.log("%%");
console.log("%%", "CCIT","%%");
```

运行结果如图 1-25 所示。

```
Hello World!
I am a student.
We are students.
We are learning Node.js.
1 + 1 = 2
Hello World!
[object Object]
{ school: 'CCIT' }
今天是2021年1月26日
圆周率是3.1415926
%%
% CCIT %%
```

图 1-25 运行结果

【代码分析】

代码中第 2 行以逗号（,）隔开的参数在输出时以空格连接。在第 3 行中，"\n"表示输出一个换行符。%d、%s、%f、%o 分别以整数、字符串、浮点数和对象来输出参数。最后一行，在格式化输出时，"%%"表示在第二个参数输出前加一个"%"，第三个参数"%%"不作为格式化规范使用，所以按字符串正常输出。格式化字符及含义见表 1-2。

说 明
本书中代码加粗部分表示需要重点关注，以下代码标注用意相同。

表 1-2　　　　　　　　　　　　　格式化字符及含义

占位符	含义
%s	字符串输出
%d	整数输出
%f	浮点数输出
%o	打印 JavaScript 对象，可以是整数、字符串以及 JS 对象简谱（JavaScript Object Notation，JSON）数据
%%	百分比输出

2. console. info()输出提示信息

console.info()方法可以用于在控制台输出提示信息，该方法对于开发过程进行测试很有帮助。

【示例 1.2】console.info()输出提示信息。

```
console.info('数据传输成功！');
var myObj = { publish: "人民邮电出版社", site :"https://www.ptpress.com.cn" };
console.info(myObj);
var myArr = ["Baidu", "Taobao", "Runoob"];
console.info(myArr);
```

运行结果如图 1-26 所示。

```
数据传输成功！
{ publisher: '人民邮电出版社', site: 'https://www.ptpress.com.cn' }
[ 'Baidu', 'Taobao', 'Runoob' ]
```

图 1-26 运行结果

【代码分析】

console.info()方法可以输出一个字符串，也可以输出对象和数组。

3. console.error()输出错误信息

console.error()方法用于输出错误信息到控制台,该方法对于开发过程进行测试也很有帮助。

【示例 1.3】console.error()输出错误信息。

```
console.error('数据格式错误!');
var myObj = { publisher : "人民邮电出版社", site : "https://www.ptpress.com.cn" };
console.error(myObj);
var myArr = ["PHP", "Node.js", "JSP"];
console.error(myArr);
```

运行结果如图 1-27 所示。

```
数据格式错误!
{ publiser: '人民邮电出版社', site: 'https://www.ptpress.com.cn' }
[ 'PHP', 'Node.js', 'JSP' ]
```

图 1-27 运行结果

【代码分析】

console.error()方法在控制台以红色文字打印以上字符串、对象和数组信息。

4. console.warn()输出警示信息

console.warn()方法用于输出警示信息到控制台,该方法对于开发过程进行测试也很有帮助。在 Node.js 中可以使用 console.warn()方法来代替 console.error()方法,两个方法的使用方法完全相同。

【示例 1.4】console.warn()输出警示信息。

```
console.warn('数据格式错误!');
```

运行显示为:

```
数据格式错误!
```

【代码分析】

console.warn()方法在控制台以红色文字打印以上字符串信息。

5. console.dir()输出对象信息

console.dir()方法可以显示一个对象的所有属性和方法。

【示例 1.5】console.dir()输出对象信息。

```
var myObj = { publisher : "人民邮电出版社", site : "https://www.ptpress.com.cn"};
console.dir(myObj);
```

运行结果如图 1-28 所示。

```
{publisher: 人民邮电出版社, site: https://www.ptpress.com.cn}
```

图 1-28 运行结果

【代码分析】

console.dir()方法在控制台显示一个对象的所有属性和方法。

6. console.table()输出表格

console.table()方法用来在控制台输出一个表格。

【示例 1.6】console.table()输出表格。

```
console.table(["PHP", "Node.js", "JSP"]);
console.table({"C1": "PHP", "C2": "Node.js", "C3": "JSP"});
```

运行结果如图 1-29 所示。

【代码分析】

console.table()方法在控制台可以将一个数组或者对象以表格方式输出。当将数组转换成表格时，第一列为数组元素的索引值；当将对象转换成表格时，第一列为对象的"键"值。

(index)	Values
0	'PHP'
1	'Node.js'
2	'JSP'

(index)	Values
C1	'PHP'
C2	'Node.js'
C3	'JSP'

图 1-29 运行结果

7. console.time()和 console.timeEnd()用于计时

若需要统计某个算法的运行时间，可以使用 console.time()方法和 console.timeEnd()方法，这两个方法都要接受一个字符串作为参数，两个方法的参数要相同，这样才能正确计算出算法从开始到结束运行的时间。

【示例 1.7】console.time()和 console.timeEnd()计时提示信息。

```
console.time("Tag");
var sum=0
for(var i=1;i<=100000;i++){
    sum +=i;
}
console.log(sum);
console.timeEnd("Tag");
```

运行显示为：

```
5000050000
Tag: 3.819ms
```

【代码分析】

运行结果第一行为 1～100000 所有整数之和，第二行显示运算所用的时间为 3.819ms。

8. console.assert()评估表达式

console.assert()在第一个参数值为 false 的情况下会在控制台输出信息。

【示例 1.8】console.assert()方法评估表达式后输出信息。

```
console.assert(12 == 11, "error 12==11");
console.assert(11 == 11, "什么都不做");
```

运行显示为：

```
Assertion failed: error 12==11
```

【代码分析】

console.assert()对表达式结果进行评估，如果该表达式的执行结果为 false，则输出一个消息字符串并抛出 AssertionError 异常。若参数表达式返回 true，则该语句什么都不做。

需要说明的是，对于 console.log()、console.info()、console.error()、console.warn()和 console.dir()方法的输出结果在 HBuilder 中的区别不是特别明显，可以使用浏览器中的控制台来进行调试。

9. 浏览器控制台输出消息

打开 Chrome 浏览器，按<F12>键，在调试窗口选择"console"，输入示例 1.9 所示代码。

【示例 1.9】浏览器控制台输出消息。

```
console.log('数据传输成功！');
console.info('数据传输成功！');
console.error('数据格式错误！');
console.warn('数据格式错误！');
var myObj = { publisher : "人民邮电出版社", site : "https://www.ptpress.com.cn" };
console.dir(myObj);
```

运行结果如图 1-30 所示。

图 1-30　运行结果

【代码分析】

在浏览器窗口的控制台中会使用不同的文字颜色和图标来表示不同方法对应的信息提示，展开对象数据，可以查看其属性。

1.4.2　项目实训——Console 控制台的使用

视频 4

1. 实验需求

调用 console 控制台的一系列方法实现以下输出。

（1）输出信息。
（2）调试输出。
（3）输出对象的层次结构。
（4）输出数据表格化。
（5）统计代码执行时间。
（6）分组输出信息。
（7）统计代码执行的次数。
（8）当表达式为 false 时，输出信息。
（9）用来追踪函数的调用轨迹。
（10）清除控制台所有内容。

2. 实验步骤

```html
<!DOCTYPE html>
<html lang="zh">
    <head>
        <meta charset="UTF-8">
        <meta name="viewport" content="width=device-width, initial-scale=1.0">
        <meta http-equiv="X-UA-Compatible" content="ie=edge">
        <title>console 的使用</title>
    </head>
    <body>
        <script>
            // 问题 1：输出信息
            console.log('Web 前端开发'); // 输出普通信息
            console.info('Web 前端开发'); // 输出提示信息 (在 IE 上有区分)
            console.error('Web 前端开发'); // 输出错误信息
            console.warn('Web 前端开发'); // 输出警示信息
            // 问题 2：调试输出
            /*此函数作用与 console.log 作用相同，均为调试输出。目前谷歌浏览器和 Opera 不支持 console.debug()，在控制台中看不到效果。可在 IE 浏览器中看到效果
            */
            console.debug("这是一行文字");
            // 问题 3：输出对象的层次结构
            /*
            此函数作用与 console.log 作用效果相同，但是打开节点时，两者之间存在差异。在观察节点时，dir 的效果要明显好于 log 的
            */
            var oBody = document.body;
            console.dir(oBody)
            // 问题 4：输出数据表格化
            var students = [{
                    name: '张三',
                    email: 'zhangsan@163.com',
                    qq: 12345
                },
                {
                    name: '李四',
                    email: 'lisi@126.com',
                    qq: 12346
                },
                {
                    name: '王五',
                    email: 'wangwu@sina.com',
                    qq: 12347
                },
                {
                    name: '赵六',
```

```
            email: 'zhaoliu@gmail.com',
            qq: 12348
        }
    ];
    console.table(students);
    let person = {
        name: 'Harrison',
        age: 20,
        say() {
            console.log(this.name + '很帅！');
        }
    }
    console.table(person);
    // 问题5：统计代码执行时间
    console.time('统计 for 循环总循环时间');
    for (var i = 0, count = 0; i < 99999; i++) {
        count++;
    }
    console.timeEnd('统计 for 循环总循环时间');

    console.time('统计 while 循环总循环时间');
    var i = 0, count = 0;
    while (i < 99999) {
        count++;
        i++;
    }
    console.timeEnd('统计 while 循环总循环时间');
    // 问题6：分组输出信息
    console.group('前端 1 组');
    console.log('前端 1 组-1');
    console.log('前端 1 组-2');
    console.log('前端 1 组-3');
    console.groupEnd();
    console.group('Java2 组');
    console.log('Java2-1');
    console.log('Java2-2');
    console.log('Java2-3');
    console.groupEnd();
    // 问题7：统计代码执行的次数
    function testFn() {
        console.count('当前函数被调用的次数');
    }
    testFn();
    testFn();
    testFn();
    for (i = 0; i < 5; i++) {
        console.count('for 循环执行次数');
    }
```

```
// 问题8：当表达式为false时，输出信息
var flag = false;
console.assert(flag, '当flag为false时才输出！');
// 问题9：用来追踪函数的调用轨迹
var x = fn3(1, 1);
function fn3(a, b) {
    return fn2(a, b);
}
function fn2(a, b) {
    return fn1(a, b);
}
function fn1(a, b) {
    return fn(a, b);
}
function fn(a, b) {
    console.trace(); // 运行后，会显示fn()的调用轨迹
    return a + b;
}
// 问题10：清除控制台所有内容
// console.clear()
        </script>
    </body>
</html>
```

在控制台输出结果如图1-31所示。

图1-31 Console输出结果

【代码分析】

打开 Chrome 浏览器，按<F12>键，在控制台查看运行结果。代码中使用 Console 的不同方法输出不同的内容，注意输出内容的颜色及代表的含义。

1.5 本章小结

本章主要介绍了 Node.js 的发展历史、应用场景和安装步骤，通过编写一个简单的 Node.js 程序展示了 Node.js 的 3 种运行方式，同时介绍了 Node.js 控制台 Console 对象的常用方法及输出效果。

1.6 本章习题

一、填空题

1. Node.js 是一个基于（　　）开发的浏览器 Chrome（　　）引擎的 JavaScript 运行环境。
2. 简单来说，Node.js 就是运行在（　　）的 JavaScript，可以平稳地在各种平台运行，包括 Linux、Windows、macOS X、SunOS 等。
3. （　　）对象是一个全局对象，用于提供控制台标准输出。
4. 使用（　　）可以接收异步代码执行的处理结果。
5. JavaScript 的执行环境是（　　）线程的。

二、单选题

1. 关于 Node.js 的说法，错误的是（　　）。
    A. Node.js 是多线程的
    B. Node.js 是一门后端语言，使用 JavaScript 语言进行编程
    C. Node.js 是单线程的
    D. Node.js 采用事件驱动的机制
2. 下列对回调函数描述错误的是（　　）。
    A. 函数作为参数传递到另一个函数中，然后被调用
    B. 可以使用回调函数来接收同步代码执行的处理结果
    C. 通过在回调函数中嵌套回调函数，可以控制事件的顺序
    D. 在 Node.js 中经常使用回调模式
3. console.（　　）方法用于将一个对象的信息输出到控制台。
    A. log()　　　　B. time()　　　　C. dir()　　　　D. trace()
4. （　　）在执行代码时没有阻塞或等待文件 I/O 操作，这就大大提高了 Node.js 的性能，可以处理大量的并发请求。
    A. 异步模式　　　B. 同步模式　　　C. 顺序执行　　　D. 等待状态
5. console.log()格式化输出占位符时，表示对象占位符的是（　　）。
    A. %s　　　　　B. %d　　　　　C. %f　　　　　D. %o

三、简答题

1. 请简述 Node.js 与 JavaScript 的区别。
2. 请简述 Node.js 的特点。
3. 请简述 Node.js 程序运行的方式。

第 2 章
模块机制

02

▶ 内容导学

本章主要学习 Node.js 中的模块机制和 3 种模块化规范：AMD、CMD 和 CommonJS，以及它们之间的区别。通过本章的学习，读者将掌握模块的编写规范和调用方法，为以后各章的学习打下良好基础。

▶ 学习目标

① 了解模块化开发规范。
② 掌握模块化开发方式。
③ 掌握包的安装、更新和卸载操作方法。

2.1 什么是模块

2.1.1 模块的定义

视频 5

随着 JavaScript 的不断发展，以及 CPU、浏览器性能的提升，很多页面逻辑迁移到了客户端（表单验证等），随着 Web 2.0 时代的到来，Ajax 技术得到广泛应用，jQuery 等前端库层出不穷，前端代码日益复杂，因为 JavaScript 没有类的概念，以其简单的代码组织规范不足以驾驭规模越来越庞大的代码。

JavaScript 一开始没有模块系统，之后出现几大类模块系统，使得代码组织和管理逐渐规范，这些模块系统可以统称为 JavaScript 模块系统，它实现了从文件层面上对变量、函数、类等各种 JS 内容的隔离封装，为这些内容划出了边界，并开放可互相沟通的入口。

模块通常是指编程语言所提供的代码组织机制，利用此机制可将程序拆解为独立且通用的代码单元。模块化主要解决代码分割、作用域隔离、模块之间的依赖管理，以及发布到生产环境时的自动化打包与处理等多个方面的问题。

有了模块系统，就能更好地归类、划分不同职责的代码。划分的原则还是以业务和非业务功能为基础，尽量将业务上相关联的代码（包括只在该业务中所使用的工具代码）组织在同一个模块中；而和业务无关的、其他模块通用的代码，可以按功能分类组织在一个或多个模块中。

2.1.2 模块的优点

可维护性。因为模块是独立的，一个设计良好的模块会使外部的代码对自己的依赖逐渐减少，这样自己就可以独立更新和改进。

命名空间。在 JavaScript 中，如果一个变量在最顶级的函数之外声明，它就直接变成全局可用。因此，常常不小心出现命名冲突的情况。使用模块化开发来封装变量，可以避免污染全局环境。

重用代码。通过模块引用的方式，来避免代码编写重复。

2.1.3 模块化规范

一个模块就是实现特定功能的文件。借助模块，可以更方便地通过加载模块来复用代码。模块开发需要遵循一定的规范，通用的 JavaScript 模块规范主要有 3 种：AMD、CMD 和 CommonJS。

1. AMD

异步模块定义（Asynchronous Module Definition，AMD），是 JavaScript 在浏览器端模块化开发的规范，采用异步方式加载模块，这样在加载模块时不影响其后面语句的运行。依赖该模块的语句都定义在回调函数中，模块加载完成之后，回调函数才会运行。由于不是 JavaScript 原生支持，使用 AMD 规范进行页面开发需要用到前端模块化管理工具库——require.js，实际上 AMD 是 require.js 在推广过程中对模块定义的规范化产出。因为 AMD 模块化规范需要 require.js 文件的支持，所以必须先下载和引入 require.js。

require.js 文件主要解决两个问题。

（1）加载多个 JS 文件时，文件间可能有依赖关系，被依赖的文件需要早于依赖它的文件加载到浏览器，require.js 能实现 JS 文件的异步加载，管理模块之间的依赖性，便于代码的编写与维护。

（2）JS 加载的时候浏览器会停止页面渲染，加载文件越多，页面响应时间越长，require.js 可以避免网页失去响应。

AMD 采用 require()语句加载模块，它要求有两个参数：require([module], callback);。

第一个参数[module]是一个数组，里面的成员即要加载的模块，第二个参数是回调函数 callback()，当前面的模块加载成功后被调用，加载的模块会以参数形式传入该函数，从而在回调函数内部就可以使用这些模块。

【示例 2.1】用 AMD 规范定义一个计算两数相乘的模块并在页面中调用。

（1）module.js——定义一个计算两数相乘的模块

```
// 定义一个用于计算两数相乘的函数
define(function() {
    let multiply = function(x, y) {
        return x * y;
    }
    return { // 得出 multiply()函数的运算结果
        multiply
    };
});
```

【代码分析】

定义了一个模块，实现两数相乘的函数 multiply()，模块返回该函数的运行结果。

（2）callMmodule.html——调用 module.js，利用模块开发计算两数的乘积

```html
<html>
    <head>
        <meta charset="utf-8">
        <title>AMD 模块化开发</title>
    </head>
    <body>
    </body>
    <!-- 引入依赖文件 -->
    <script src="require.js"></script>
    <script>
        // 加载模块
        require(['module.js'], function(obj) {
            alert(obj.multiply(10, 20)); // 结果为 200
        });
    </script>
</html>
```

运行结果如图 2-1 所示。

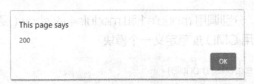

图 2-1　运行结果

【代码分析】

先下载并引入 require.js 文件才能获得 require.js 文件的支持。require()加载之前定义模块 module.js，加载依赖函数时是异步加载的，这样浏览器不会失去响应，其指定的回调函数只在模块加载成功后才会运行。在调用函数 multiply()时，必须加上 function 函数的参数，即模块名 obj。

2. CMD

通用模块定义（Common Module Definition，CMD）的规范与 AMD 相近，使用更加方便，支持中文版。正如 AMD 有 require.js，CMD 有一个浏览器的实现 sea.js。sea.js 解决的问题和 require.js 类似，但在模块定义方式和模块加载时机上有所不同。

AMD 推崇依赖前置，在定义模块的时候就要声明其依赖的模块。而 CMD 推崇就近依赖，只有在用到某个模块的时候才去调用 require()。AMD 在加载模块后就会执行该模块，所有模块都加载、执行完后会进入 require()回调函数，执行主逻辑，依赖模块的执行顺序和书写顺序不一定一致，先下载下来的依赖模块先执行，但是主逻辑一定在所有依赖模块加载完成后才执行。

CMD 模块化规范需要 sea.js 文件的支持，所以必须下载并引入 sea.js。

【示例 2.2】CMD 模块相互调用。

该示例一共有 7 个文件，运行页面为 index.html，页面文件的存放目录如图 2-2 所示。模块文件引用关系如图 2-3 所示。

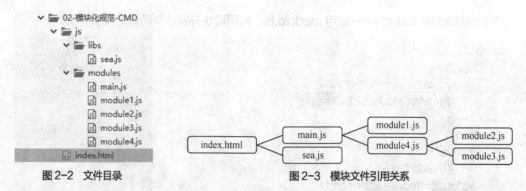

图 2-2　文件目录　　　　　图 2-3　模块文件引用关系

（1）主模块 main.js——在 HTML 文件中使用 seajs.use('./js/modules/main')调用

```
define(function (require) {
    var m1 = require('./module1')
    var m4 = require('./module4')
    m1.show()
    m4.show()
})
```

【代码分析】
主模块加载两个模块，分别调用 module1 和 module4 的 show()函数。
（2）module1.js——用 CMD 规范定义一个模块

```
define(function (require, exports, module) {
  //内部变量数据
  var data = 'sea.js 采用的是 CMD 规范。';
  //内部函数
  function show() {
    console.log('模块 1：' + data);
  }
  //向外暴露
  exports.show = show;
})
```

【代码分析】
module1 的 show()函数向外暴露，用户在控制台输出文字"模块 1：sea.js 采用的是 CMD 规范。"。
（3）module4.js——用 CMD 规范定义一个模块

```
define(function (require, exports, module) {
  //引入依赖模块(同步)
  var module2 = require('./module2')
  function show() {
    console.log('调用模块 4：' + module2.msg)
  }
  exports.show = show
  //引入依赖模块(异步)后执行，因为是异步的，所以主线的模块执行完才会执行引入的依赖模块
```

```
require.async('./module3', function (m3) {
    console.log('异步引入依赖模块 3: ' + module3.API_KEY)
  })
})
```

【代码分析】

module4 以同步方式引入模块 module2，调用 module2 中暴露的变量 msg，值为"中慧教育"，module4 的 show()函数向外暴露，用户在控制台输出文字"调用模块 4：中慧教育"。

module4 以异步方式引入 module3，调用其暴露的变量 API_KEY，值为"zhonghui123456"。因为是异步的，所以主线的模块执行完才会执行引入的依赖模块，控制台输出"异步引入依赖模块 3：zhonghui123456"。

（4）module2.js——用 CMD 规范定义一个模块

```
define(function (require, exports, module) {
    module.exports = {
        msg: '中慧教育'
    }
})
```

【代码分析】

module2 向外暴露变量 msg，值为"中慧教育"。

（5）module3.js——用 CMD 规范定义一个模块

```
define(function (require, exports, module) {
  const API_KEY = 'zhonghui123456'
    exports.API_KEY = API_KEY
})
```

【代码分析】

module3 向外暴露变量 API_KEY，值为"zhonghui123456"。

（6）index.html——调用 main.js 的页面

```
<!DOCTYPE html>
<html>
    <head>
        <meta charset="utf-8">
        <title>02-模块化规范-CMD</title>
    </head>
    <body>
    </body>
    <script src="js/libs/sea.js"></script>
    <script>
    seajs.use('./js/modules/main')
    </script>
</html>
```

运行结果如图 2-4 所示。

【代码分析】

首先下载并引入模块 sea.js，通过 main 模块调用其他模块，在浏览器控制台输出 3 行语句。

3. CommonJS

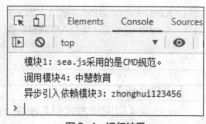

图 2-4 运行结果

若网页端没有采用模块化编程，页面的 JavaScript 逻辑会十分复杂，但在服务器端通常要采用模块化编程，用于与操作系统和其他应用程序互动。

CommonJS 始于 Mozilla 的工程师 2009 年开始的一个项目，旨在让浏览器之外的 JavaScript（比如服务器端或桌面端）能够通过模块化的方式来开发和协作。需要注意的是，CommonJS 规范的主要适用场景是服务器端编程。Node.js 的模块系统就是参照 CommonJS 规范实现的。

在 CommonJS 规范中，每个 JavaScript 文件就是一个独立的模块，在模块中默认创建的属性都是私有的。也就是说，在一个文件中定义的变量（还包括函数和类）对其他文件是不可见的。该模块实现方案允许某个模块对外暴露部分接口并且由其他模块导入使用。

CommonJS 定义的模块关键字有模块标识（module）、模块导出（exports）和模块引用（require）。模块只有一个出口是 module.exports 对象，可把模块中希望输出的函数或变量放入该对象中导出。可以使用 require 加载模块，读取一个文件并执行，返回文件内部的 module.exports 对象。

【示例 2.3】CommonJS 规范定义一个模块并进行调用。

（1）moduleA.js——CommonJS 规范定义一个模块

```
module.exports = function(value) {
    return value * 2;
}
```

【代码分析】

使用 module.exports 导出一个函数，函数有形参 value。return 语句返回函数值，根据给定值计算 2 倍值输出。

（2）moduleB.js——调用模块 moduleA.js

```
let multiplyBy2 = require('./moduleA');
let result = multiplyBy2(4);
console.log(result);
```

运行显示为 8。

【代码分析】

引入当前目录下的模块文件 moduleA.js，命名为 multiplyBy2。调用模块中定义的函数进行计算，将返回值赋值给变量 result，值为 8。当引入用户自定义模块时，如果是同级目录，则"./"不能省略。

注意　CommonJS 属于后台模块化规范，要用 node 或者 nodemon 运行 moduleB.js 文件。

2.1.4 项目实训——模块化输出九九乘法表

1. 实验需求

任选一种模块化开发方式在控制台输出九九乘法口诀表。

2. 实验步骤

(1) multiplication_formula.js——用来模块化实现输出九九乘法口诀表

```javascript
// 输出九九乘法口诀表
let m_f = (function() { // 定义IIFE（自执行函数表达式）
    let rs = '';
    for (let i = 9; i >= 1; i--) {
        for (let j = 1; j <= i; j++) {
            rs += j + '*' + i + '=' + i * j + ' ';
        }
        rs += '\n';
    }
    return rs;
})();
module.exports = m_f;
```

【代码分析】

以上代码定义一个函数 m_f() 并通过 module.exports 向外导出。函数内使用双重循环，实现九九乘法并在一个字符串 rs 中拼接输出，函数的返回值为 rs。

(2) result.js——调用上述模块，输出九九乘法表

```javascript
let m_f = require('./multiplication_formula');
console.log(m_f);
```

运行结果如图 2-5 所示。

```
1*9=9  2*9=18  3*9=27  4*9=36  5*9=45  6*9=54  7*9=63  8*9=72  9*9=81
1*8=8  2*8=16  3*8=24  4*8=32  5*8=40  6*8=48  7*8=56  8*8=64
1*7=7  2*7=14  3*7=21  4*7=28  5*7=35  6*7=42  7*7=49
1*6=6  2*6=12  3*6=18  4*6=24  5*6=30  6*6=36
1*5=5  2*5=10  3*5=15  4*5=20  5*5=25
1*4=4  2*4=8   3*4=12  4*4=16
1*3=3  2*3=6   3*3=9
1*2=2  2*2=4
1*1=1
```

图 2-5 运行结果

【代码分析】

以上代码引入同名目录下的模块文件 multiplication_formula，使用 nodemon 命令运行，结果将函数返回值打印在控制台。

2.2 Node.js 模块基础

2.2.1 模块的分类

视频 6

在 Node.js 中，模块分为核心（原生）模块和文件（自定义）模块。前者是 Node.js 自带的文件模块，后者是开发者自定义的模块。

1. 核心（原生）模块

核心模块，也称为原生模块，是由 Node.js 官方提供的模块，如 fs、http、net 等，这些模块已编译成了二进制代码。核心模块拥有最高的加载优先级，如果有其他模块与核心模块命名冲突，Node.js 总是会优先加载核心模块。

核心模块是不需要开发者创建的，可以直接通过 require() 加载，如下。

```
var http = require('http');        //创建服务器
var dns = require('dns');          //DNS 查询
var fs = require('fs');            //文件操作
var url = require('url');          //url 处理
```

2. 文件（自定义）模块

自定义模块是存储为单独的文件（或文件夹）的模块，可能是 JavaScript 代码、JSON 或编译好的 C/C++代码。在不显式指定文件模块扩展名的时候，Node.js 在调用时会分别试图加上.js、.json 或.node（编译好的 C/C++代码）后缀。

2.2.2 自定义模块

在 Node.js 中所有的功能都是以模块形式存在的，一个文件就是一个模块。所有用户编写的代码都会自动封装在一个模块中。模块与模块之间相互独立，如果要在一个模块中使用另一个模块的功能，就需要引入模块，因此，另一个模块需要将数据暴露出来。Node.js 提供了 exports 和 require，其中 exports 是模块公开的接口，require 用于从外部获取一个模块的接口。

1. exports.暴露数据

使用 exports 暴露数据的语法如下。

```
exports.变量或函数名=值;
```

【示例 2.4】hello.js——自定义一个模块。

```
function sayHi() {
    console.log('Hi!欢迎来到 Node.js 世界！'); // 注意：后台没有 Window 对象
}
function sayHello() {
```

```
        console.log('Hello!Node.js 用于后台开发！');
}
// 导出模块功能（非常重要，供外部使用）
exports.sayHi = sayHi;
exports.sayHello = sayHello;
```

【代码分析】

模块中定义了 2 个函数：sayHi()和 sayHello()，并通过 exports.函数名向外暴露，暴露的函数名同定义的函数名。

使用 require 加载模块，如果 require 的参数以"/"开头，那么以绝对路径的方式查找模块名称，如果参数以"./" "../"开头，那么以相对路径的方式来查找模块。

【示例 2.5】main.js——按路径加载模块 hello.js。

```
// 引入模块
let hello = require('./hello'); // .js 可以省略
// 使用模块中的功能
hello.sayHi();
hello.sayHello();
```

运行结果如图 2-6 所示。

> Hi!欢迎来到 Node.js 世界！
> Hello!Node.js 用于后台开发！

图 2-6　运行结果

【代码分析】

加载模块，赋值给对象 hello，调用暴露出来的函数名，即可运行自定义模块代码。

2. module. exports=暴露数据

还可以对象形式暴露模块中的数据，语法如下。

```
module.exports={}
```

【示例 2.6】用模块化开发实现数组排序。

（1）sortArray.js——用模块化开发实现数组排序

```
function sortArray(arr) {
    // 冒泡法排序
    for (let j = 0; j < arr.length - 1; j++) {
        // 两两比较，如果前一个比后一个大，则交换位置
        for (let i = 0; i < arr.length - 1 - j; i++) {
            if (arr[i] > arr[i + 1]) {
                let temp = arr[i];
                arr[i] = arr[i + 1];
                arr[i + 1] = temp;
            }
        }
```

```
        }
        return arr;
}
// 暴露排序接口
module.exports = {
    sortArray
}
```

【代码分析】

代码定义函数,使用两重循环,对传入的参数 arr 进行冒泡排序,返回值为排序后的数组,通过 module.exports 以对象形式向外暴露。

(2) index.js——调用模块,对给定数组进行排序

```
let s = require('./sortArray');
let rs = s.sortArray([1, 44, 2, -45, 100, 3]); // 调用接口并传入参数
console.log(rs);
```

运行结果如图 2-7 所示。

```
[ -45, 1, 2, 3, 44, 100 ]
```

图 2-7 运行结果

【代码分析】

首先加载模块,因为模块中导出的是接口对象,使用**模块名.接口名**()调用模块的 exports 接口。将给定数据进行冒泡排序并输出在控制台。

2.2.3 项目实训——模块化实现四则混合运算

1. 实验需求

用模块化开发实现四则混合运算。要求:
(1)两个操作数在[10,100]中随机生成。
(2)运算符在+、-、*和/中随机生成。
(3)定义函数,根据传入的操作数和运算符输出运算的结果。

2. 实验步骤

(1) calc.js——定义四则混合运算功能模块

```
function calc(num1, op, num2) {
    switch (op) {
        case "+": return Number(num1) + Number(num2); break; // 如果传入的是文本型数字将进行转换
        case "-": return num1 - num2; break;
        case "*": return num1 * num2; break;
        case "/": {
            if (num2 != 0) { // 对除数为 0 的数字进行处理
                return num1 / num2;
```

```
            } else {
                return '除数不能为零！';
            }
        }
    }
}
exports.calc = calc;  // 将函数 calc 暴露出去
```

【代码分析】

以上代码定义一个函数 calc()，并通过 exports 向外导出为 calc。在函数内根据传入的两个数值和操作符进行四则运算，返回值为计算结果。

（2）main.js——调用上述定义的模块，实现两个随机数四则运算

```
let calc = require("./calc"); // 引入 calc.js 模块文件
let ops = ["+","-","*","/"];    // 将基本运算符存入数组
let num1 = Math.floor(Math.random() * 90 + 10); // 随机产生一个两位数
let num2 = Math.floor(Math.random() * 90 + 10);
let op = ops[Math.floor(Math.random() * 4)]; // 随机取基本运算符
let result = calc.calc(num1, op, num2); // 调用模块中的 calc 函数，并传入实参
// 输出运算的结果
console.log("操作数1:" + num1 + ",操作数2:" + num2 + ",运算符:" + op + ",结果为:" + result + "。");
```

运行如图 2-8 所示（数字和操作符随机生成，以运行结果为准）。

操作数1:92,操作数2:59,运算符:*,结果为:5428.

图 2-8 运行结果

【代码分析】

以上代码引入同名目录下的模块文件 calc.js，根据随机数随机选择运算符，将随机产生的两个数字进行运算，并将结果输出到控制台。

2.3 包与 NPM

2.3.1 包

视频 7

1. 包的定义

在模块之外，包和 Node 的包管理工具（Node Packaged Manager，NPM）是将模块联系起来的一种机制。对于 Node.js 而言，NPM 完成了第三方模块的发布、安装和依赖等。这样，Node.js 与第三方模块之间形成了一个很好的生态系统。

借助 NPM，可以帮助用户快速安装和管理依赖包。Node.js 遵循的 CommonJS 规范使其在处理不同的文件时都把它们作为一个模块对待，通过 require()加载模块来实现模块之间的互相依赖。当需要实现某个功能时，可能需要开发不同的模块，这些模块通过相互引用，最终实现一个完整的功能，而这些模块组合在一起，就形成了包。

也就是说，模块是按照 CommonJS 规范写的 JS 文件。包是包含 JS 文件和其他附加信息的整体，某种意义上来说，包是模块的集合。

CommonJS 的包规范由包结构和包描述文件组成。包结构即包的文件结构，完全遵循 CommonJS 包规范的包目录应该包含如下文件。

（1）package.json——包描述文件。

（2）bin——用于存放可执行二进制文件的目录。

（3）lib——用于存放 JavaScript 代码的目录。

（4）doc——用于存放文档的目录。

（5）test——用于存放单元测试用例的代码。

2. 包描述文件

包描述文件 package.json 用于表达非代码相关的信息，记录 NPM 对包管理的信息，位于包的根目录下，是包的重要组成部分，NPM 的所有行为都与包描述文件的字段息息相关。尽管 package.json 文件的内容相对较多，但是实际使用时并不需要一行一行编写。

package.json 中的相关信息如下。

（1）name——包名。

（2）version——包的版本号。

（3）description——包的描述。

（4）homepage——包的官网 URL。

（5）author——包的作者姓名。

（6）contributors——包的其他贡献者姓名。

（7）dependencies——项目运行的依赖包列表。如果没有安装依赖包，NPM 会自动将依赖包安装在 node_modules 目录下。

（8）devDependencies——项目开发所需要的依赖包列表，将安装包放在 c:/usr/local 下或 node 的安装目录下。

（9）repository——包代码存放位置的类型，可以是 GIT 或 SVN，GIT 可在 Github 上。

（10）main——指定程序的主入口文件，require("moduleName")会加载这个文件。这个字段的默认值是模块根目录下的 index.js。

（11）keywords——关键字。

【示例 2.7】package.json——包描述文件代码。

```
{
    "name": "myproject",
    "version": "1.0.0",
    "description": "a good demo",
    "main": "app.js",
    "scripts": {
        "test": "echo \"Error: no test specified\"&& exit 1"
    },
    "keywords": [
        "good"
```

```
    ],
    "author": "Harrison",
    "license": "ISC",
    "dependencies": {
        "cookie-parser": "~1.4.4",
        "debug": "~2.6.9",
        "http-errors": "~1.6.3",
        "jade": "~1.11.0"
    }
}
```

【代码分析】

包描述文件中说明了如下信息：项目名称为 myproject，项目入口文件为 app.js，关键字为 good，作者为 Harrison。因为项目依赖包安装文件夹 node_modules 通常很大，所以用配置文件 package.json 保存依赖包信息。根据这个配置文件使用 npm install 命令就能自动下载所需的依赖包，也就是配置项目所需的运行和开发环境。

2.3.2 NPM

1. 什么是 NPM

众所周知，Node.js 的出现使前端人员可以在服务器端编写 JavaScript 代码，也使前端的范围不仅仅局限在浏览器端。而 Node.js 所遵循的 CommonJS 规范也使 JavaScript 能够像其他语言（比如 Java、Python）一样以模块化的形式开发。

Node.js 组织了自身的核心模块，也使第三方文件模块可以有序地编写和使用。但是在第三方模块中，模块和模块之间仍然是互相独立的，它们之间不能互相引用。在模块之外，包和 NPM 则是将模块联系起来的一种机制。

NPM 是包管理工具，根据包的名字下载并安装，解决了包之间的依赖关系。NPM 可以理解成一个联系模块与模块的纽带，而其中的运作方式都基于 CommonJS 规范。其核心思想可以总结为"文件即模块"。

如上所述，包规范的定义可以帮助 Node.js 解决依赖包安装的问题，而 NPM 正是基于该规范实现。在安装好 Node.js 后，NPM 已作为一个附带的内置工具包含在内，可以直接使用。

2. 常用的 NPM 命令

NPM 常见的使用场景有：用户从 NPM 服务器下载第三方包到本地使用、用户从 NPM 服务器下载并安装他人编写的命令行程序到本地使用、用户将自己编写的包或命令行程序上传到 NPM 服务器等。常用的 NPM 命令见表 2-1。

表 2-1　　　　　　　　　　　　常用的 NPM 命令

NPM	功能	示例
npm -v	查看 NPM 版本	npm -v
npm help \<command\>	查看某条命令的详细描述	npm help install

续表

NPM	功能	示例
npm install <package>	局部安装包	npm install markdown
npm install <package> -g	全局安装包	npm install express -g
npm install <package> -S 或 npm install <package> --save	安装包信息加入项目 package.json 的 dependencies 中（生产阶段的依赖）	npm install express -S
npm install <package> -D 或 npm install <package>--save -dev	安装包信息加入项目 package.json 的 devDependencies 中（开发阶段的依赖）	npm install express -D
npm list	查看当前目录下安装的包	npm list
npm list -g	查看全局安装的包	npm list -g
npm root	查看当前文件下包的安装路径	npm root
npm root -g	查看全局安装包所在路径	npm root -g
npm list <package>	查看已安装包的版本号	npm list markdown
npm uninstall <package>	卸载已安装的包	cnpm uninstall markdown
npm update <package>	更新当前目录下已安装包至最新版	cnpm update mysql
npm update <package> -g	更新全局安装包至最新版	npm update express -g
npm search <package>	查找包	npm search express
npm init	生成项目的 package.json 文件	npm init
npm install	未指定包名，根据项目 package.json 中的依赖包列表（dependencies）下载安装	npm install
npm cache clear	清空 NPM 本地缓存	npm cache clear
npm adduser	在 npm 资源库中注册用户（使用邮箱注册）	npm adduser
npm publish	发布包	npm publish
npm unpublish <package> @<version>	撤销已发布的某个版本包	npm unpublish myCode@1.0.0

包的安装方式有两种：全局安装和局部安装。全局安装并不意味着可从任何地方通过 require() 来引用，它主要是使用命令行工具。用户可以在命令行中直接运行该组件包支持的命令。局部安装将下载的包安装在当前项目文件夹中，局部安装的包通过 require() 引入到程序中使用。require() 在进行路径分析时，会通过模块路径查找到安装包所在的位置，模块引入和包安装是相辅相成的。

（1）全局安装包

全局安装 express 和 express-gengerator 包，这样就可以在 CMD 窗口中使用 express 命令行工具生成基于 Express 框架的项目包。

【示例 2.8】全局安装 express 和 express-generator。

打开 CMD 窗口，输入如下代码。

```
npm install express express-generator –g
```

【代码分析】

全局安装包完后，可以通过以下命令查看包的位置。

```
npm root –g
```

一般情况下,全局安装的包在下面的目录下。

```
C:\Users\Administrator\AppData\Roaming\npm\node_modules
```

(2)局部安装包

【示例2.9】局部安装 mysql 模块。

打开项目文件夹,在当前文件夹下按住<Shift>键,右键单击,选择"在此处打开命令窗口"项,打开 CMD 窗口,输入如下代码。

```
npm install mysql
```

【代码分析】

安装完成后系统将 mysql 包安装在当前目录(运行 npm 命令时所在的目录)下的 node_modules 文件夹下,如果没有该目录,会在当前执行 npm 命令的目录下生成 node_modules 目录。

【示例2.10】使用 time-stamp 包输出时间。

第一步:下载并安装依赖模块 time-stamp,此时会在项目根目录下生成 node_modules 文件,并将下载安装的包文件存在该文件中。

```
npm install time-stamp
```

第二步:编写文件 date.js,输出时间。

```
// 引入安装好的包
let timestamp = require("time-stamp");
// 返回系统当前时间
console.log(timestamp('YYYYMMDDHHMMss')); // 设定输出格式
```

运行显示为 20210107160103。

【代码分析】

实现下载并安装依赖包 time-stamp,在 date.js 中使用 require()语句加载 time-stamp,调用其函数 timestamp(),根据格式 "YYYYMMDDHHMMss" 输出当前系统时间。注意:如果 require()加载的模块不是核心模块,那么要通过查找当前目录下的 node_modules 文件夹加载模块。若当前目录下没有该模块,则到其父目录中 node_modules 查找下载包,一直递归到项目包所在的根目录下。

2.3.3 自定义项目包

除了下载第三方包,还可以自定义项目包。一般 Node.js 中每个项目的根目录下都有一个 package.json 文件,文件内部就是一个 JSON 对象,定义了这个项目所需要的各种模块,以及项目的配置信息(比如名称、版本、许可证等元数据)。

视频8

1. NPM 生成 package.json 文件

package.json 文件可以通过手工编写,也可以使用 NPM 命令自动生成。进入项目文件夹目录，打开 CMD 或 Git Bash 窗口，输入下面命令就能生成 package.json 文件。

```
npm init
```

NPM 通过提问式交互使用户依次填入选项，按照属性的含义输入对应的信息，最后生成预览的包描述文件；

跳过这些步骤，通过如下命令，直接采用默认配置也可以生成 package.json。

```
npm init -y
```

确认后按<Enter>键，再回到项目文件夹下，可以看到自动生成了 package.json 文件，里面的内容就是默认配置的信息。

有了 package.json 文件，直接使用 **npm install** 命令，就会在当前目录中自动安装所需要的模块，配置项目所需的运行和开发环境。如果一个模块不在 package.json 文件中，可以单独安装这个模块，并使用相应的参数，将其写入 package.json 文件中。

2. 主模块

一个项目包只允许有一个主模块，通常命名为 main.js 或 index.js 或 app.js，通过 package.json 文件中的 main 声明主模块名。主模块是整个项目的启动模块，主模块对整个项目的其他模块进行统筹调度。主模块通过 **node** 命令运行，如果没有，以 package.json 文件中的 main 声明为准。

【示例 2.11】创建一个 Node.js 的项目包。

实现步骤如下。

第一步：生成 package.json 文件（此步骤也可以省略）。

```
npm init
```

第二步：下载并安装依赖模块，比如 jquery 模块。

```
npm install jquery -S
```

第三步：编写其他模块文件代码，比如入口文件 main.js。

package.json——项目包描述文件。

```
{
"name": "0203",
"version": "1.0.0",
"description": "v2.0",
"main":"index.js",
"scripts": {
"test": "echo \"Error: no test specified\"&& exit 1"
  },
"author": "Hou sir",
"license": "ISC",
"dependencies": {
"jquery": "^3.5.1"
```

```
    }
}
```

【代码分析】

main 属性表示项目主程序为 index.js。dependencies 属性表示该项目包依赖模块 jquery 3.5.1。这个依赖包要事先安装，会在当前文件夹下自动生成 node_modules 文件夹，下载的依赖包文件就存储在该文件夹下。

index.js——项目入口文件

```
let $ = require('jquery');
console.log($.toString());     // 查看 jquery 是否引入成功
console.log(module.paths);     // 查看 node_modules 会查找的目录
```

运行结果如图 2-9 所示。

```
function( w ) {
                    if ( !w.document ) {
                            throw new Error( "jquery requires a window with a document" );
                    }
                    return factory( w );
            }
[ 'E:\\code\\0203jianjie\\02-模块导入\\node_modules',
  'E:\\code\\0203jianjie\\node_modules',
  'E:\\code\\node_modules',
  'E:\\node_modules' ]
```

图 2-9 运行结果

【代码分析】

首先加载依赖包，调用该对象的 toString()方法查看 jquery 是否引入成功。module.paths 返回 node_modules 查找的目录。

也可以使用 NPM 将自定义包发布到仓库中，此时必须使用仓库账号才可进行操作。在当前文件夹下，按住<Shift>键，右键单击打开 CMD 窗口，输入注册账号命令 npm adduser。这也是一个提问式的交互过程，按顺序进行即可，最后输入 npm publish 命令，开始上传包，NPM 会将目录打包为一个存档文件，然后上传到官方包库中。为了体验和测试已上传的包，可以更换目录，执行 npm install hello_test 命令安装该包。

2.3.4　CNPM 和 YARN 安装与使用

NPM、CNPM 和 YARN 都是包管理机制。NPM 是 Node.js 自带的，安装完成 Node.js 之后可以直接使用 NPM，因服务器在国外，所以下载包的速度有时很慢。CNPM 和 YARN 是第三方的，需要手动安装才可以使用，解决了 NPM 安装速度很慢且经常报错的问题。

视频 9

1. CNPM

CNPM 与 NPM 用法完全一致，只是在执行命令时将 npm 改为 cnpm。淘宝团队搭建了一个完整的 npmjs.org 镜像，用此代替官方版本（只读），同步频率目前为 10min/次，以保证尽量与官方服务同步。CNPM 的优势在于使用的是国内镜像，所以其速度快，更安全、高效，但并不是所有包的下载和安装都适用于 CNPM。

安装 CNPM 的命令如下。

```
npm install -g cnpm --registry=https://registry.npm.taobao.org
```

查看版本号命令如下。

```
cnpm -v
```

使用 cnpm 命令安装模块，方法如下。

```
cnpm install <package>
```

2. YARN

YARN 最初的主要目标是解决由于语义版本控制而导致的 NPM 安装的不确定性问题。像 NPM 一样，YARN 使用本地缓存。与 NPM 不同的是，YARN 无须互联网连接就能安装本地缓存的依赖项，它提供了离线模式。YARN 的运行速度得到了显著提升，整体安装时间也缩短了。安装 YARN 的命令如下。

```
cnpm install yarn -g
```

查看版本号命令如下。

```
yarn -v
```

使用 yarn 命令安装模块，方法如下。

```
yarn add <package>
```

3. NPM、CNPM 与 YARN 对比

使用不同的工具，实现相同的功能，NPM、CNPM 与 YARN 情况对比见表 2-2。

表 2-2　　　　　　　　　　NPM、CNPM 与 YARN 情况对比

功能	NPM	CNPM	YARN
初始化项目	npm init	cnpm init	yarn init
默认安装依赖操作	npm install/link	cnpm install/link	yarn install/link
安装依赖项目并保存到 package.json	npm install taco -s	cnpm install taco -s	yarn add taco
移除依赖项目	npm uninstall taco -s	cnpm uninstall taco -s	yarn remove taco
安装开发环境依赖项目	npm install taco -save-dev	cnpm install taco-save-dev	yarn add taco -dev
更新依赖项目	npm update taco -s	cnpm update taco -s	yarn upgrade taco
安装全局依赖项目	npm install taco -g	cnpm install taco -g	yarn global add taco

续表

功能	NPM	CNPM	YARN
发布/登录/退出等 NPM Registry 操作	npm publish/login/logout	cnpm publish/login/logout	yarn publish/login/logout
运行命令	npm run/test	cnpm run/test	yarn run/test

2.3.5 项目实训——模块化显示日期

1. 实验需求

用模块化开发显示日期，要求如下。
（1）下载 moment.js 包到当前目录中。
（2）引入 moment 模块。
（3）格式化系统当前日期格式为"MMMM Do YYYY, h:mm:ss a"。

视频 10

2. 实验步骤

（1）使用默认参数值，生成 package.json 文件，命令如下。

```
npm init -y
```

（2）下载并安装 moment 模块，命令如下。

```
npm install moment
```

（3）编写 formatDate.js 文件，调用插件封装好的方法。

```javascript
let moment = require('moment');
// 调用插件提供的方法（可以参考官网文档）
let x = moment().format('MMMM Do YYYY, h:mm:ss a');
console.log(x);
```

运行结果如图 2-10 所示。

January 27th 2021, 2:32:19 pm

图 2-10 运行结果

【代码分析】

代码加载依赖包 moment，调用其 format()方法，根据格式"MMMM Do YYYY, h:mm:ss a"输出当前系统时间。

2.4 本章小结

本章主要介绍了模块化开发规范、模块化开发方法及包的安装、更新和卸载操作。希望读者通过学习本章内容，掌握模块规范和模块定义的方式，以及如何运用模块进行程序开发，为后续的程序开发打好基础。

2.5 本章习题

一、填空题

1. Node.js 中 module.exports 初始值为一个（　　），exports 初始值是（　　）。
2. Node.js 要在一个文件模块中获取其他文件模块的内容，首先需要使用（　　）方法加载这个模块。
3. 在 Node.js 中，需要加载的模块主要分为两大类：（　　）和（　　）。
4. Node.js 中（　　）是一个指向 module.exports 的引用。
5. 在加载包模块的时候，Node.js 默认会把它当作（　　）去加载。
6. 在 Node.js 中，node_moudules 目录是专门用于放置（　　）的。
7. NPM 工具进行下载安装第三方包"Markdown"的命令为（　　）。
8. NPM 包管理工具允许用户从（　　）服务器下载其他人编写的第三方包到本地使用。

二、单选题

1. NPM 命令中，（　　）命令用来安装模块。
   A. npm help　　　　B. npm h　　　　C. npm uninstall　　　　D. npm install
2. （　　）用来查看 NPM 的安装版本。
   A. npm install　　　　B. npm help　　　　C. npm --version　　　　D. npm uninstall
3. 下面关于 Node.js 中包的加载规则的说法，错误的是（　　）。
   A. 包模块遵循 require() 的加载规则
   B. 如果发现标识名不是核心模块，就会停止寻找
   C. 在加载包模块的时候，Node.js 默认会把包模块当作核心模块去加载
   D. 如果发现标识名不是核心模块，就会在当前目录的 node_moudules 目录下寻找
4. 在 NPM 的命令中，用于查看包的文档的命令是（　　）。
   A. npm install - save 包名　　　　　　B. npm install - g 包名
   C. npm docs 包名　　　　　　　　　　D. npm uninstall 包名
5. 下列选项中，对 Node.js 中包说明文件 package.json 的属性描述错误的是（　　）。
   A. version 表示包的版本号
   B. dependencies 是包的依赖项，NPM 会根据该属性自动加载依赖包
   C. author 表示包的作者
   D. main 表示包的简介

三、简答题

1. 请简述什么是模块化。
2. 请简述使用模块化开发的优势。
3. 请简述 NPM 常用命令及功能。

第 3 章
Node.js异步编程

▶ 内容导学

本章主要学习阻塞与非阻塞的概念及区别,在此基础上学习 Node.js 中的回调函数功能与规范,以及通过案例分析目前广泛用于处理异步编程的多种方式。读者通过学习本章内容将对 Node.js 中的程序运行基本原理和方法有一个较深的理解。

▶ 学习目标

① 掌握回调函数的作用及运用方式。 ② 掌握异步编程的 3 种开发模式。

3.1 回调函数

视频 11

Node.js 是单进程单线程应用程序,而通过 V8 引擎提供的异步执行回调接口可以处理大量的并发请求,所以性能非常高。回调函数是指被作为参数传递的函数。回调函数在完成任务后就会被调用,Node.js 几乎每一个 API 都支持回调函数,用来维护并发。例如,可以一边读取文件,一边执行其他命令,在读取完文件后,将文件的内容作为回调函数的参数返回。这样在执行代码时就没有阻塞或等待文件 I/O 操作,可以处理大量的并发请求。

Node.js 异步编程的直接体现就是回调。异步编程依托于回调来实现,但并不意味着使用了回调后程序就异步化了。回调函数一般作为函数的最后一个参数出现。在回调函数内部,第一个参数 err 用来接收代码中出现的错误,第二个参数 result 接收真正的返回结果数据。

```
fucntion 函数名(arg1,arg2,callback(err,result){}) {}
```

【示例 3.1】回调函数应用。
(1) input.txt——文本文件

> 我们正在学习 Node.js!

(2) main.js——异步读取 input.txt 文件

```
var fs = require("fs");
fs.readFile('input.txt', function (err, data) {
  if (err) return console.error(err);
  console.log(data.toString());
});
console.log("程序执行结束!");
```

运行结果如图 3-1 所示。

> 程序执行结束!
> 我们正在学习 Node.js!

图 3-1 运行结果

【代码分析】

代码第一行用来加载文件处理模块 fs（fs 是核心模块，所以无须安装，直接使用即可），然后调用其异步 readFile() 方法读取文件，第一个参数为要读取的文件，最后一个参数为回调函数。回调函数的第一个参数包含了错误信息 err，因为非阻塞是不需要按顺序的，当文件读取结束后，将读出的字符串作为回调函数的参数 data 返回，所以输出结果语句 "console.log(data.toString());" 写在回调函数内。

从运行结果可以看出，程序不需要等待文件读取完再执行最后一行代码，在读取文件时，同时执行最后一行代码，所以 "程序执行结束!" 先输出，这样大大提高了程序的性能。比起同步方法，异步方法的性能更高，速度更快，而且没有阻塞。

3.1.1 阻塞

由于 Node.js 保持了 JavaScript 在浏览器中单线程的特点，因此只要提到 "阻塞" 问题，不得不提的就是 "单线程"。单线程在程序执行时，程序按照连续顺序依次执行。当遇到阻塞时，在调用结果返回前，当前线程会被挂起，调用会一直等待数据就绪再返回。

在 Node.js 标准库中一些 I/O 方法提供阻塞版本，名字后面通常以 Sync 结尾，如 readFileSync()、writeFileSync 等。

【示例 3.2】阻塞方式执行程序。

```
<!DOCTYPE html>
<html>
    <head>
        <meta charset="utf-8">
        <title>阻塞测试</title>
    </head>
    <body>
    </body>
    <script>
        alert('我是一个同步阻塞，当我未关闭的时候，后面的代码都不会被执行！');
        // 前面的对话框不关闭，后面的代码将不会被执行
        console.log('我们都是新时代幸福的人！');
    </script>
</html>
```

运行结果如图 3-2 所示。

使用浏览器打开页面，按 <F12> 键进入调试模式。网页中弹出的对话框在没有关闭之前，控制台（console）中没有任何输出。单击对话框中的 "确定" 按钮后，浏览器控制台输出语句，如图 3-3 所示。

图 3-2 运行结果

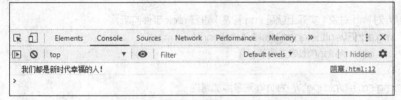

图 3-3 对话框关闭后控制台输出文字

【代码分析】

页面中主要执行两条语句,属于同步模式,第一条语句弹出对话框,单击关闭对话框的按钮后,才能执行下一条语句,从而在浏览器控制台看到输出的语句。

3.1.2 非阻塞

阻塞时由调用者主动等待调用结果。非阻塞是不需要按顺序执行的,非阻塞调用不能立刻得到结果,无论在什么情况下都会立即返回,该调用不会阻塞当前线程。换句话说,当一个过程调用发出后,不需要等待实例完成,调用者不会立刻得到结果,可以在完成实例的过程中同时执行接下来的过程。调用发出后,被调用者通过状态、通知来通知调用者,或通过回调函数处理这个调用,所以需要处理回调函数的参数。

阻塞是按顺序执行的,而非阻塞是不需要按顺序的,所以如果需要处理回调函数的参数,就需要写在回调函数内。假设有两个进程 A 与 B,A 向 B 发送请求,A 无须等待 B 的响应,就可以继续完成自身其他任务;B 收到请求后,根据任务逻辑,在适当的时候处理请求,并调用 A 的回调函数完成 A 请求的任务。

在 Node.js 标准库中,所有的 I/O 方法都提供异步模式,异步模式的最后一个参数通常为回调函数,异步模式在执行时是非阻塞的。

【示例 3.3】非阻塞方式执行程序。

```
<!DOCTYPE html>
<html>
    <head>
        <meta charset="utf-8">
        <title>非阻塞测试</title>
    </head>
    <body>
```

```
        </body>
        <script>
            var img = new Image();   // 创建一个 Image 对象，就会生成一个<img>标签
            callback = function(w, h) {
                console.log(w, h);
            };
            img.onload = function() {
                if (img.complete) { // 如果图片加载完成将调用 callback 函数
                    callback(img.width, img.height);
                }
                callback(img.width, img.height);
                document.body.appendChild(img); // 将 img 标签添加到 body 中
            };
            // 对 img 对象（实际上就是 img 标签）进行 click 事件监听
            img.addEventListener("click", function() {
                console.log("您单击我了！");
            })
            img.src = './pic.jpg'; // 为 img 对象添加属性
        </script>
</html>
```

运行显示结果如图 3-4～图 3-6 所示。

图 3-4　页面初始输出图片尺寸

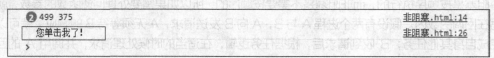

图 3-5　单击图片输出文字

图 3-6　单击图片输出文字前数字增加

【代码分析】

使用浏览器打开页面，按<F12>键进入调试模式。在初始状态下，显示一张图片。在 JavaScript 代码中，首先创建一个 Image 对象，生成一个<img>标签。如果图片加载完成，将调用 callback 函数，在浏览器控制台输出图片的宽度和高度，并将<img>标签添加到<body>中。当单击图片时，在控制台（Console）输出文字"您单击我了！"，多次单击，将重复输出结果，可以

看到文字前的数字在增加。

3.2 异步编程

Node.js 是单线程应用程序，但它通过事件和回调的概念支持并发。Node.js 线程保持一个事件循环，在任务完成后得到结果，它触发通知事件侦听函数来执行相应的事件。目前广泛用于处理异步编程的方法主要有 3 种：事件发布/订阅模式、Promise/Deferred 模式和流程控制库。

视频 12

3.2.1 事件发布/订阅模式

在事件发布/订阅模式下，一个事件对象用来发布事件，即为发布者，订阅发布者所发布出来的事件，即为订阅者。当发布者所发布的某一个事件发生时，发布者会通知（其实就是调用）所有订阅了这个事件的订阅者。一个事件可以有多个订阅者，即可以有多个处理函数，且观察者可以随意删除和修改，事件发生和处理函数之间可以很方便地进行解耦，可以通过一个事件的订阅者去批量订阅并处理这些事件，包括它们的先后顺序。Node.js 的 Events 模块就是发布订阅模式的一个简单实现。

1. 事件驱动

Node.js 所有异步 I/O 操作完成后都会发送一个事件到事件队列。Node.js 里面的许多对象都会分发事件，如 net.Server 对象会在每次有新连接时触发一个事件；fs.readStream 对象会在文件被打开的时候触发一个事件。

Node.js 使用事件驱动模型，当 Web 服务器接收到请求时，先将它关闭，然后进行处理，再去服务下一个 Web 请求。这个请求完成后，会被放回处理队列，当到达队列开头，此时处理结果返回给用户。因为 Web 服务器一直接受请求而不等待任何读写操作（非阻塞式 I/O），所以该模型非常高效且可扩展性高。

在事件驱动模型中，会生成一个主循环来监听事件，当检测到事件时，会触发回调函数。整个事件驱动流程如图 3-7 所示。

图 3-7 事件驱动流程

2. EventEmitter 类

Node.js 有多个内置的事件，可以通过引入 Events 模块，并通过实例化 EventEmitter 类来绑定和监听事件。

首先，通过 require 加载 Events 模块。

然后，通过下列语句来实例化一个对象：

```
var eventEmitter = new events.EventEmitter();
```

最后，调用对象的一系列方法来处理事件。

EventEmitter 提供了多个方法，如 on()和 emit()。on()用于绑定事件函数，emit()用于触发一个事件。EventEmitter 的常用方法及含义见表 3-1。

表 3-1　　　　　　　　　　　　　EventEmitter 的常用方法及含义

方法	功能
addListener(event, listener)	为指定事件添加一个监听器
on(event, listener)	为指定事件注册一个监听器，接受一个字符串 event 和一个回调函数
emit(event, [arg1], [arg2], [...])	按监听器的顺序执行每个监听器，如果事件有注册监听，则返回 true；否则，返回 false

当添加新的监听器时，会触发 newListener 事件，当监听器被移除时，removeListener 事件被触发。EventEmitter 的每个事件由事件名和若干参数组成，事件名为一个字符串，通常表达特定的语义。对于每个事件，EventEmitter 支持若干个事件监听器。当事件触发时，注册到这个事件的事件监听器被依次调用，事件参数作为回调函数参数传递。

【示例 3.4】事件发布与订阅编程。

```
const EventEmitter = require('events');
const myEmitter = new EventEmitter();
// 订阅
myEmitter.on('event', () => { // 绑定事件
    console.log('A');
});
myEmitter.addListener('click', () => { // 监听事件
    console.log('Super man!');
});
// 发布
myEmitter.emit('event'); // 提交事件
myEmitter.emit('click'); // 提交事件
```

运行结果如图 3-8 所示。

```
A
Super man!
```

图 3-8　运行结果

【代码分析】

代码第一行用来加载文件核心模块 events，第二行实例化一个对象 events.EventEmitter，接着订阅事件：on()方法用来注册事件 event 的一个监听器，emit()方法提交事件时执行监听器，此时在控制台输出字符"A"。

代码中 addListener()为指定事件 click 添加一个监听器，事件提交后，会调用该监听器，在控制台输出字符"Super man!"。

3.2.2　Promise/Deferred 模式

JavaScript 的异步编程需要回调机制的支持，但当业务逻辑很复杂时，回调的嵌套就会增加。

相应地，代码复杂度就会较高，可读性会大大降低，维护和调试会变得很复杂，这就是所谓的"回调地狱"。

Promise 是异步编程问题的一种解决方案，类似于一个容器，通常用来保存一个异步操作的结果，Promise 可以将异步操作以同步操作的流程表达出来，避免了层层嵌套的回调函数，比传统的解决方案（回调函数和事件）更合理、更强大，可以解决"回调地狱"问题。开发者须提供 Promise（承诺）对象所需的业务处理函数，在 Deferred（延迟对象）中将事件与处理函数进行绑定。也就是说，可以先执行异步调用，然后延迟传递处理操作。

Promise 主要用于外部，代表一个异步操作，Promise 对象有 3 种状态：Pending（进行中）、Fulfilled（已完成）和 Rejected（失败）。只有异步操作的结果可以决定当前 Promise 对象哪一种状态，任何其他操作都无法改变这个状态。Promise 对象的状态一旦改变就不可逆了，只能从 Pending 转变为 Fulfilled，以及从 Pending 转变为 Rejected。状态一旦变化，就不能被更改，此时称为 Resolved（已定型）。

Deferred 主要用于内部，以维护异步模型的状态。通过 resolve()方法，改变自身状态为执行态，并触发 then()方法的 onfulfilled 回调函数。通过 reject()方法，改变自身状态为拒绝态，并触发 then()方法的 onrejected 回调函数，如图 3-9 所示。

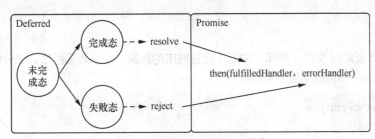

图 3-9　Promise/Deferred 模式

【示例 3.5】Promise/Deferred 模式编程，开发步骤及运行方式如下。

（1）下载 jquery.js。

（2）创建一个 JSON 文件 city.json，或使用外部开放的 API。

（3）创建一个 Node.js Web 服务器 server.js 并运行，启动 HTTP 服务，在浏览器中进入 http://127.0.0.1:8080/查看结果。

（4）编写 main.html 文件代码，在浏览器端以 HTTP 服务运行 main.html，在浏览器中进入 http://127.0.0.1:8080/main.html 查看结果。

（5）打开 main.html 页面按<F12>键进入调试模式，查看 Console 控制台输出结果。

① city.json——城市数据

```
{
"city":[
    {
    "title":"A",
    "lists":[
          "阿坝","阿拉善","阿里","安康","安庆","鞍山","安顺","安阳","澳门"
        ]
    },
```

```
    {
        "title":"B",
        "lists":["北京","白银","保定","宝鸡","保山","包头","巴中","北海","蚌埠","本溪","毕节","滨州","百色","亳州"
            ]
    },
    {
        "title":"C",
        "lists":["重庆","成都","长沙","长春","沧州","常德","昌都","长治","常州","巢湖","潮州","承德","郴州","赤峰","池州","崇左","楚雄","滁州","朝阳"
            ]
    },
    {
        "title":"D",
        "lists":["大连","东莞","大理","丹东","大庆","大同","大兴安岭","德宏","德阳","德州","定西","迪庆","东营"
            ]
    },
    …… //此处省略其他数据
]
}
```

【代码分析】

以上是一个 JSON 文件，存储了中国大部分城市的数据，由于篇幅所限，部分代码省略。

② server.js——创建 Web 服务器

```
var http = require('http');
var fs = require('fs');
var url = require('url');

// 创建服务器
http.createServer( function (request, response) {
    // 解析请求，包括文件名
    var pathname = url.parse(request.url).pathname;
    // 输出请求的文件名
    console.log("Request for " + pathname + " received.");
// 从文件系统中读取请求的文件内容
fs.readFile(pathname.substr（1）, function (err, data) {
    if (err) {
      console.log(err);
      // HTTP 状态码: 404 : NOT FOUND, Content Type: text/html
      response.writeHead(404, {'Content-Type': 'text/html'});
    }else{
      // HTTP 状态码: 200 : OK, Content Type: text/html
      response.writeHead(200, {'Content-Type': 'text/html'});
      // 响应文件内容
      response.write(data.toString());
    }
    // 发送响应数据
    response.end();
```

```
    });
}).listen(8080);

// 控制台会输出以下信息
console.log('Server running at http://127.0.0.1:8080/');
```

运行结果如图 3-10 所示。

```
Request for /main.html received.
Request for /jquery.js received.
Request for /city.json received.
```

图 3-10　运行结果

【代码分析】

该程序主要用来构建一个 HTTP 服务器，首先加载 3 个核心模块（http、fs、url）。http 模块用来构建服务器，监听端口 8080，所以在浏览器中以 http://127.0.0.1:8080/ 来访问该服务器。url 模块的 parse() 方法用来解析请求该服务器的 url 路径。因为 main.html 页面中又请求了另外两个文件：jquery.js 和 city.json，所以服务器控制台输出图 3-10 所示的 3 行结果。

③ main.html——在浏览器端以 HTTP 服务运行的主页面

```
<!DOCTYPE html>
<html>
    <head>
        <meta charset="utf-8">
        <title>Promise/Deferred 模式</title>
    </head>
    <body>
    </body>
    <script src="jquery.js"></script>
    <script>
        function request(option) {
            var def = $.Deferred(); // 调用了 jQuery 的 Deferred 方法
            if (!option || !option.url) {
                throw Error('url is undefined.');
            }
            var _config = {
                type: 'get',
                dataType: 'JSON',
                    success: function (res) {
                        def.resolve(res); // 通过 resolve 来改变 def 对象的状态为"成功"
                    },
                    error: function (a, b, err) {
                        def.reject(err); // 通过 reject 来改变 def 对象的状态为"失败"
                    }
            };
            $.extend(_config, option, true);
            $.ajax(_config);
            return def.promise(); // 返回 def 对象的承诺（promise）
```

```
        }
        // request 调用
        var option = {
            url: './city.json'
        };

        request(option).then(function (data) {    // 成功时执行的回调函数
            console.log(data);
        }, function (err) {                        // 失败时执行的回调函数
            console.log(err);
        })
    </script>
</html>
```

运行结果如图 3-11 所示。

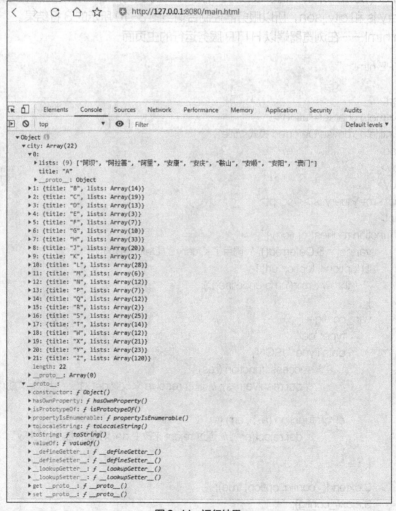

图 3-11　运行结果

【代码分析】

在 Promise/Deferred 模式下，定义一个函数 request()并进行调用，成功执行该函数时，在浏览器控制台输出城市数据。

3.2.3 流程控制库

在业务逻辑非常复杂的情境下，异步嵌套会逐渐增多，从而形成"异步地狱"，这对代码维护以及业务处理造成困扰，处理异常也很烦琐。流程控制库主要是用来控制多个异步调用时的顺序以及依赖，为常见的异步流程分别提供一个 API，本质上使用各种数据结构管理回调。

async 是 Node.js 中的流程控制模块，也可以用在浏览器端。await 用于等待一个异步方法执行完成。通过 await 处理 async 计算的结果和错误。await 只允许放在 async()函数内部使用，它可以按顺序处理多个异步返回值。

【示例 3.6】流程控制库示例，开发步骤如下。

（1）使用以下命令下载 request 包。

```
npm i request
```

（2）编写 main.js 文件代码。
（3）在 HBuilder 中运行该文件，或进入文件所在目录下使用 node/nodemon 命令执行该文件，查看结果。

```javascript
const request = require('request'); // 引入 request 包用于后台发送异步请求
// 创建请求对象，进行请求参数设置
var option1 = {
    url: 'https://api.apiopen.top/getJoke', // 请求的后台地址，新实时段子
    data: { // 传递参数到后台
        page: 1, // 第 n 页
        count: 2, // 返回的条数
        type: 'video' // 返回数据的类型为视频
    }
}
var option2 = {
    url: 'https://api.apiopen.top/getSingleJoke', // 通过 Id 查段子
    data: {
        sid: '28654780' // 要查的段子的 Id 号
    }
}
const myAsyncFn = async function() { // 声明一个异步处理函数
    // await 的作用：只有当前请求完成后才能执行后面的代码
        // request()是一个异步函数
    const getJoke = await request(option1, (err, res, data) => {
        console.log(data); // 返回新实时段子
    });
    const getSingleJoke = await request(option2, (err, res, data) => {
        console.log(data); // 通过 Id 查段子
```

```
        });
    }
    myAsyncFn(option1, option2); // 调用 myAsyncFn()函数
```

运行结果如图 3-12 所示。

```
{"code":200,"message":"成功!","result":null}
{"code":200,"message":"成功!","result":[{"sid":"29608956","text":"哈哈驾校学员成功扳回一局!","type":"video","thumbnail":"
```

图 3-12 运行结果

【代码分析】

代码首先引入 request 包用于后台发送异步请求，请求给定网址的数据；然后定义两个对象，进行请求参数设置，分别请求给定网址中的视频数据和给定 sid 的内容记录；再声明并调用一个异步处理函数 myAsyncFn()，用来在控制台输出请求到的段子内容。由于篇幅很长，运行界面中只截取前一小部分内容。

3.2.4 项目实训——显示天气预报数据

视频 13

1. 实验需求

获取当地未来 7 天天气预报数据并在前端实现数据渲染。要求输出日期、天气情况、温度、风力、空气等级和建议。

（1）天气请求地址：

https://v0.yiketianqi.com/api?version=v9&appid=59394221&appsecret=sec3chco

（2）使用 jQuery 中的$.ajax 实现异步请求。
（3）采用 Promise&Deferred 开发模式进行请求过程实现。
（4）使用 template.js 模板引擎实现前端数据渲染。

2. 实验步骤

weather.html——获取天气预报公共接口并显示

```html
<!DOCTYPE html>
<html>
    <head>
        <meta charset="utf-8">
        <title>天气预报</title>
        <link>
        <link rel="stylesheet" type="text/css"=:"css/bootstrap.css">
        <style>
            .container{
                margin-top: 30px;
            }
            h2 {
                text-align: center;
```

```html
            }
        </style>
    </head>
    <body>
        <div class="container">
            <h2>未来七天天气预报</h2>
            <table class="table table-hover">
                <thead>
                    <tr>
                        <th scope="col">日期</th>
                        <th scope="col">天气情况</th>
                        <th scope="col">温度</th>
                        <th scope="col">空气等级</th>
                        <th scope="col">风力</th>
                        <th scope="col">建议</th>
                    </tr>
                </thead>
                <tbody class="detail"></tbody>
            </table>
        </div>
    </body>
    <script id="weather" type="text/html">
        {{ each data }}
        <tr>
            <td>{{ $value.date }}</td>
            <td>{{ $value.wea }}</td>
            <td>最低温度：{{ $value.tem2 }}<sup>。</sup>，最高温度：{{ $value.tem1 }}<sup>。</sup></td>
            <td>{{ $value.win_speed }}</td>
            <td>{{ $value.air_level }}</td>
            <td>{{ $value.index[0].desc }}</td>
        </tr>
        {{ /each }}
    </script>
    <script src="jquery.js"></script>
    <script src="template.js"></script>
    <script>
        function req(option) {
            var def = $.Deferred(); // 调用了 jQuery 的 Deferred 方法
            if (!option || !option.url) {
                throw Error('url is undefined.');
            }
            var _config = {
                type: 'get',
                dataType: 'JSON',
                success: function(res) {
                    def.resolve(res); // 通过 resolve 改变 def 对象的状态为"成功"
                },
```

```
                error: function(a, b, err) {
                    def.reject(err); // 通过 reject 来改变 def 对象的状态为"失败"
                }
            };
            $.extend(_config, option, true);
            $.ajax(_config);
            return def.promise(); // 返回 def 对象的承诺（promise）
        }
        // req 调用
        var option = {
            url: 'HTTPs://v0.yiketianqi.com/api?version=v9&appid=59394221&appsecret=sec3chco'
        };
        req(option).then(function(weather) { // 成功时执行的回调函数
            console.log(weather.data);
            var rs = {
                data: weather.data
            };
            var txt = template('weather', rs);
            $('.detail').html(txt);
        }, function(err) { // 失败时执行的回调函数
            console.log(err);
        })
    </script>
</html>
```

运行结果如图 3-13 所示。

未来七天天气预报

日期	天气情况	温度	风力	空气等级	建议
2021-01-06	小雨	最低温度：1℃，最高温度：5℃	<3级	良	辐射弱，涂擦SPF8-12防晒护肤品。
2021-01-07	阴转晴	最低温度：0℃，最高温度：1℃	<3级	良	辐射弱，涂擦SPF8-12防晒护肤品。
2021-01-08	晴	最低温度：0℃，最高温度：3℃	<3级	良	涂擦SPF大于15、PA+防晒护肤品。
2021-01-09	雨夹雪	最低温度：0℃，最高温度：3℃	<3级	良	辐射弱，涂擦SPF8-12防晒护肤品。
2021-01-10	多云	最低温度：0℃，最高温度：8℃	<3级	良	涂擦SPF大于15、PA+防晒护肤品。
2021-01-11	晴	最低温度：0℃，最高温度：8℃	<3级	良	涂擦SPF大于15、PA+防晒护肤品。
2021-01-12	小雨	最低温度：3℃，最高温度：6℃	<3级	良	辐射弱，涂擦SPF8-12防晒护肤品。

图 3-13　页面运行结果

【代码分析】

代码中使用 Promise 获取天气预报公共接口的数据，将获取到的数据通过 template 模板引擎以表格形式渲染到前端页面。

3.3 本章小结

本章主要介绍了异步编程中涉及的程序运行方式和相关概念。回调函数属于异步处理方式，阻塞/非阻塞表示的是程序的运行方式，异步编程的 3 种开发方式为事件发布/订阅模式异步编程、Promise/Deferred 模式异步编程和流程控制库异步编程方式。希望通过本章的学习，读者对 Node.js 的运行方式有更深的理解。

3.4 本章习题

一、填空题

1. 比起阻塞，（　　）方法性能更高，速度更快。
2. 与同步函数相比，异步方法的参数中多了一个（　　）。
3. （　　）是按顺序执行的，而（　　）是不需要按顺序执行的，所以如果需要处理回调函数的参数，就需要将相关代码写在回调函数内。
4. 在异步编程中，事件循环队列是一个（　　）的队列。
5. 目前广泛用于处理异步编程的方法主要有（　　）。

二、单选题

1. 下面关于同步和异步的说法中，正确的是（　　）。
   A. 单线程是同步的　　　　　　　　B. 同步是指多个任务可同时执行
   C. 多线程是同步的　　　　　　　　D. 异步是指多个任务可同时执行
2. 下列关于同步式 I/O 和异步式 I/O 的区别描述正确的有（　　）。
   A. 同步可以充分利用 CPU 资源　　　B. 异步可以充分利用 CPU 资源
   C. 同步符合线性的编程　　　　　　D. 异步符合线性的编程
3. 下面关于回调函数的说法中，错误的是（　　）。
   A. 可以使用回调函数来接收异步代码执行的处理结果
   B. 同步代码中使用 try-catch 处理异常
   C. 异步代码中使用 try-catch 处理异常
   D. 异步代码中使用回调函数处理异常

三、简答题

1. 请举例简述阻塞与非阻塞的区别。
2. 请简述异步编程的 3 种模式及其应用场景。

第 4 章
Buffer缓存区和文件系统

▶ 内容导学

本章主要学习 Node.js 中与数据 I/O 操作相关的 Buffer、Stream、fs 这 3 个模块。通过 Buffer 和 Stream，介绍 Node.js 处理二进制数据的方法。通过 fs，介绍 Node.js 读写文件的方法。通过本章的学习，读者可以掌握使用 Node.js 处理二进制数据、文件和调用 API 函数的各种方法，为以后各章的学习打下良好基础。

▶ 学习目标

① 了解 Buffer 缓存区。
② 掌握 fs 文件基本操作。
③ 掌握 fs 流读写方式。
④ 掌握 fs 管道方式。

4.1 Buffer 缓存区

JavaScript 提供了大量对字符串的便捷操作，但它没有读取或操作二进制数据流的机制。Node.js 在进行服务端开发时，HTTP、TCP、UDP、文件 I/O 等都包含大量的二进制数据处理操作。Node.js 引入 Buffer 缓存区，为二进制的数据处理提供了很好的支持，使 Node.js 拥有了操作文件流或二进制流的能力。

视频 14

4.1.1 Buffer 简介

在 Node.js 中，Buffer 类是随 Node 内核一起发布的核心库，代码中无须引入该类就可以直接用 Buffer 类提供的构造函数创建 Buffer 实例。一个 Buffer 实例代表一个缓存区，Buffer 的缓存区专门用于存放二进制数据，进行二进制字节流的读、写和网络传输。

为了更好地理解 Node.js 的 Buffer 缓存区，下面先从一些基本概念了解 Buffer 缓存区的工作原理。

1. 二进制数据

计算机中的任何数据都是以二进制的形式存储和表示的。这里的数据不仅仅是数字，还包含字符、图片、视频等。数字转换为二进制有固定的算法，如 35 转为二进制后为 100011、13 转为二进制后为 1101 等。

字符、图片、视频等数据要先按一定规则转换为二进制形式。

2. 字符集与字符编码

数据在计算机中只能以二进制的形式表示,但人们很难看懂某一个二进制数据具体代表什么,因此,需要将二进制数据翻译为人们能够识别的字符等信息,这需要通过一个规则表来实现,这个规则表被称为字符集。

字符集是一个系统支持的所有抽象字符的集合。通常以二维表的形式存在,二维表的内容和大小由使用者的语言而定,如 ASCII、GBxxx、Unicode 等。

字符集定义了字符和数字的关系。把字符集中的字符编码为特定的二进制,以便存储于计算机中。每个字符集中的字符都对应一个唯一的二进制编码。例如,UTF-8 是大家熟悉的一种字符编码,它规定了字符应该以字节为单位来表示。一个字节是 8 位(bit)。所以 8 个 1 和 0 组成的序列应该用二进制来存储和表示任意一个字符。

字符集和字符编码一般都是成对出现的,如 ASCII、IOS-8859-1、GB2312、GBK,它们既表示字符集,又表示对应的字符编码。Unicode 比较特殊,有多种字符编码(UTF-8、UTF-16 等)。字符编码除了 UTF-8,还有 UCS2、Base64 或十六进制编码等。

以上是计算机中数字和字符按字符编码转换为二进制的方式。当然,计算机也有一些特殊规则将图片、视频等存储为二进制。总之,计算机将图片、视频或其他数据转换为二进制并存储,这就是所谓的二进制数据。

3. Stream 与 Buffer

流(Stream)就是一系列从 A 点到 B 点移动的数据。通俗地说,当你把一个很大的数据从 A 点移动到 B 点时,实际上是将大块的数据分割成小块(Chunks)进行传输的。

通常情况下,传输数据往往是为了处理它,或者读取它,或者基于这些数据进行其他处理等。在每次传输数据的过程中,会有数据量的问题。当数据到达的时间比处理数据的时间短时,需要等待处理数据。反过来,如果处理数据的时间比数据到达的时间短,比如这一时刻仅仅到达了一小部分数据,那么这小部分数据需要等待剩下的数据填满,然后再进行统一处理。

这个"等待区域"就是 Buffer 缓存区。一个 Buffer 缓存区是计算机中一个很小的内存地址。在 Buffer 缓存区,数据暂时存储、等待,最后在 Stream 中发送过去并处理。一个很典型的例子:当我们在线看视频时,若网络速度足够快,数据流就足够快,可以让 Buffer 迅速填满,然后发送和处理数据,然后处理另一个,再发送;再处理另一个,再发送,最后整个 Stream 完成。但是,如果网速很慢,处理完当前数据后,新的数据还没传送过来,播放器就会暂停,或出现"缓冲"字样,意思是正在收集更多的数据,或者等待更多的数据传送过来,才能进行下一步处理。当 Buffer 装满数据并处理好这些数据时,播放器才开始播放视频。在播放当前内容的时候,更多的数据也会源源不断地传输、到达和在 Buffer 等待。这就是 Stream 与 Buffer 的工作原理。

4. Node.js 的 Buffer 类

Node.js 中 Buffer 与二进制数据的交互和操作是通过 Node.js 定义的 Buffer 类进行的,Node.js 中的 Buffer 类提供了 Buffer.from、Buffer.alloc、Buffer.allocUnsafe 等方法来申请 Buffer 内存。

4.1.2 常用的 Buffer 类 API

1. Buffer.from(value, ...)

Buffer.from(value, ...)用于申请 Buffer 实例,并将内容写入已申请的 Buffer 内存中。

value 为传入的参数,根据传入值的不同可以分成如下几类。

(1) Buffer.from(string[, encoding]):返回一个被 string 值初始化的新 Buffer 实例,encoding 为可选项,指定字符编码格式,如果没有指定,则默认为 utf-8。

(2) Buffer.from(array):返回一个被 array 值初始化的新 Buffer 实例(传入 array 的元素只能是数字,否则会自动被 0 覆盖)。

(3) Buffer.from(buffer):复制传入的 Buffer 实例数据,并返回一个新 Buffer 实例。

(4) Buffer.from(arrayBuffer[, byteOffset[, length]]):返回一个新建的与给定的 ArrayBuffer 共享同一内存的 Buffer。

【示例 4.1】用 Buffer.from(value, ...)方法申请一个被字符串值初始化的 Buffer 内存实例,并通过控制台输出这个实例。

```
const buf = Buffer.from('Hello world!')
console.log(buf);
console.log(buf.toString()); // Hello world!
```

运行结果如图 4-1 所示。

```
<Buffer 48 65 6c 6c 6f 20 77 6f 72 6c 64 21>
Hello world!
```

图 4-1 运行结果

【代码分析】

首先声明了一个 Buffer 实例,填入的内容为"Hello world"。然后在控制台输出新建实例 buf 的内容。最后将实例 buf 的值转变为字符串,并在控制台输出。

2. Buffer.alloc(size[, fill[, encoding]])

Buffer.alloc(size[, fill[, encoding]])返回一个指定 size 个字节空间大小的 Buffer 实例。

(1) size 为数字,表示分配字节的大小,如果 size 不是一个数字则抛出一个 TypeError 错误。

(2) fill 用于设置新建 Buffer 的初值,如果省略,则默认为 undefined,默认填满。

(3) encoding 用于设置字符编码格式,如果没有指定,则默认为 utf-8。

【示例 4.2】使用不同参数值,设计几个用 Buffer.alloc(size[, fill[, encoding]])方法申请 Buffer 内存的实例,并通过控制台输出这些实例。

```
const buf1 = Buffer.alloc(6); // 如果 fill 为 undefined,则该 Buffer 会用 0 填充
const buf2 = Buffer.alloc(6, 3);
const buf3 = Buffer.alloc(12, '前端开发', 'utf-8'); // 注意:1 个汉字占 3 字节空间,如果字节低于 12,将截断;如果字节高于 12,将重复存储
const buf4 = Buffer.alloc(12, '前端开发课程', 'utf-8');
console.log(buf1); // <Buffer 00 00 00 00 00 00>
```

```
console.log(buf2); // <Buffer 03 03 03 03 03 03>
console.log(buf3); // <Buffer e5 89 8d e7 ab af e5 bc 80 e5 8f 91>
console.log(buf3.toString()); // 前端开发
console.log(buf4); // <Buffer e5 89 8d e7 ab af e5 bc 80 e5 8f 91>
console.log(buf4.toString()); // 前端开发,超过字节大小的部分被截断了
```

运行结果如图 4-2 所示。

```
<Buffer 00 00 00 00 00 00>
<Buffer 03 03 03 03 03 03>
<Buffer e5 89 8d e7 ab af e5 bc 80 e5 8f 91>
前端开发
<Buffer e5 89 8d e7 ab af e5 bc 80 e5 8f 91>
前端开发
```

图 4-2 运行结果

【代码分析】

首先定义了一个字节大小为 6、fill 和 encoding 都没有设定的 Buffer 实例,通过这个实例可以看到,如果 fill 为 undefined,则该 Buffer 将被 0 填充。然后定义了一个字节大小为 6、fill 值设定为 3 的 Buffer 实例,通过这个实例可以看到,如果指定了 fill 参数,将通过调用 buf.fill(3) 初始化当前 Buffer 的分配,新建 Buffer 的初值为<Buffer 03 03 03 03 03 03>。

"Buffer.alloc(12, '前端开发', 'utf-8')"定义了一个字节大小为 12、fill 值设定为汉字"前端开发"、encoding 字符编码为"utf-8"的 Buffer 实例,通过这个实例可以看到,fill 设定的初值为汉字,在 utf-8 中,1 个汉字占 3 字节空间,定义的初值为<Buffer e5 89 8d e7 ab af e5 bc 80 e5 8f 91>。"Buffer.alloc(12, '前端开发课程', 'utf-8')"定义了字节大小为 12、fill 值设定为汉字"前端开发课程"的实例,1 个汉字占 3 字节,5 个汉字应占 15 字节空间,超过了 12 字节的设定值,通过这个实例可以看到,如果 fill 设定的初值超过了设定的字节大小,将采用截断的方式为 Buffer 赋初值,定义的初值仍然为<Buffer e5 89 8d e7 ab af e5 bc 80 e5 8f 91>。

3. Buffer.allocUnsafe(size)

Buffer.allocUnsafe(size) 返回一个 size 字节大小的新的非零填充(non-zero-filled)的 Buffer,生成的 Buffer 实例不被初始化。size 为数字,表示分配字节的大小,如果 size 不是一个数字,则抛出一个 TypeError 错误。

注意 使用 Buffer.allocUnsafe 创建 Buffer 之后,要使用 buf.fill(0) 将这个 Buffer 初始化为 0。

【示例 4.3】使用 Buffer.allocUnsafe() 方法创建 Buffer。

```
const buf1 = Buffer.allocUnsafe(10);
const buf2 = Buffer.allocUnsafe(10);
const buf3 = Buffer.allocUnsafe(10);
console.log(buf1); // <Buffer 31 53 6c 69 63 65 00 00 00 00>
```

```
console.log(buf2); // <Buffer 00 00 00 00 00 00 00 00 65 78>
console.log(buf3); // <Buffer 10 51 62 1a fc fb 2d 09 00 00>
```

运行结果如图 4-3 所示。

```
<Buffer 31 53 6c 69 63 65 00 00 00 00>
<Buffer 00 00 00 00 00 00 00 00 65 78>
<Buffer 10 51 62 1a fc fb 2d 09 00 00>
```

图 4-3 运行结果

【代码分析】

定义了一个字节大小为 10 的 Buffer，但通过控制台查看，发现 buf1、buf2、buf3 的显示结果不同，并且每运行一次，结果都会变化。这是因为 Buffer.allocUnsafe()方法分配的空间是未"重置"的，保留了硬盘中之前存储过的垃圾信息，因此，在使用的时候是"不安全的"，但它的读取效率要比 Buffer.alloc 高。正因为这个特性，上述案例中采用同样的方式申请了 3 个 Buffer，但最终得到的结果都不相同（因为长度为 10 的同一块磁盘不能同时被 3 个不同的对象使用）。

4.1.3 Buffer 与字符编码

一个 Buffer 缓存区对应计算机中一个很小的内存地址，如果要利用 Buffer 缓存区处理数据，要事先把数据按一定字符编码转成二进制数据，这个过程称为编码；反之，处理完数据，必须将二进制数据按一定字符编码转换成人们能读懂的字符串等信息，这个过程称为解码。

Node.js 支持 Buffer 与字符串的相互转换，其转换规则是按字符编码进行的，Node.js 目前支持的 Buffer 与字符串相互转换的字符编码如下。

（1）utf-8，使用多字节编码的 Unicode 字符集，许多网页和其他文档格式都使用 utf-8，同时它也是 Node.js Buffer 默认的字符编码。

（2）utf16le，使用多字节编码的 Unicode 字符集。与 utf-8 不同，utf16le 字符串中的每个字符都会使用 2 个或 4 个字节进行编码。

（3）latin1，使用 ISO-8859-1 字符集，每个字符使用单个字节进行编码，超出范围的字符会被截断，并映射成该范围内的字符。

（4）base64，一种基于 64 个可打印字符来表示二进制数据的方法，base64 编码的文本中包含的空格字符（例如空格、制表符和换行）会被忽略。

（5）hex，将每个字节编码成两个十六进制的字符，当解码仅包含有效的十六进制字符的字符串时，可能会发生数据截断。

【示例 4.4】将 Buffer 转换为不同字符编码的字符串。

```
const buf = Buffer.from('中慧科技');
console.log(buf); // <Buffer e4 b8 ad e6 85 a7 e7 a7 91 e6 8a 80>
console.log(buf.toString()); // 中慧科技
console.log(buf.toString('utf-8')); // 中慧科技
console.log(buf.toString('base64')); // 5Lit5oWn56eR5oqA
```

运行结果如图 4-4 所示。

```
<Buffer e4 b8 ad e6 85 a7 e7 a7 91 e6 8a 80>
中慧科技
中慧科技
5Lit5oWn56eR5oqA
```

图 4-4　运行结果

【代码分析】

创建 Buffer 时如果没有设定字符编码，将默认字符编码为 utf-8。

"buf.toString()" 使用 buf.toString()将 Buffer 转换为字符串，这里没有指定使用什么字符编码，将默认按 utf-8 字符编码转换。因为编解码需要用相同的字符编码，所以控制台显示的转换结果为：中慧科技。"buf.toString('utf-8')" 指定了使用 utf-8 转换，因为编解码需要用相同的字符编码，所以控制台显示的转换结果为：中慧科技。"buf.toString('base64')"将用 utf-8 编码的 Buffer 转化成用 base64 字符编码的字符串，因此，解码结果为乱码。

4.1.4　项目实训——Buffer 缓存区操作

1. 实验需求

利用 Node.js 的 Buffer 类库创建并初始化 Buffer 实例，然后对 Buffer 实例进行缓存区的写入、读取、转 JSON 及缓存区合并的操作。

2. 实验步骤

（1）创建 3 个 Buffer 类缓存区实例

```
// 创建 Buffer 类实例
var buf1=Buffer.alloc（10）;
var buf2=Buffer.from([10, 20, 30, 40]);
var buf3=Buffer.from("https://www.ptpress.com.cn", "utf-8");
console.log(buf1);
console.log(buf2);
console.log(buf3);
```

运行结果如图 4-5 所示。

```
<Buffer 00 00 00 00 00 00 00 00 00 00>
<Buffer 0a 14 1e 28>
<Buffer 77 77 77 2e 62 61 69 64 75 2e 63 6f 6d>
```

图 4-5　运行结果

【代码分析】

分别创建了一个字节大小为 10、被初值 0 填充的 Buffer 缓存区，一个被数组[10, 20, 30, 40]填充的 Buffer 缓存区，以 utf-8 字符编码、被字符串 "https://www.ptpress.com.cn" 填充的 Buffer 缓存区。

（2）用 buf.write()方法将字符串以默认的字符编码写入缓存区

```
// 写入缓存区
buf =Buffer.alloc(256);
```

```
len = buf.write("https://www.ptpress.com.cn")
console.log("写入字节数: " + len)
```

运行显示为：写入字节数：13。
【代码分析】
buf.write()方法的语法格式如下。

`buf.write(string[,offset[,length]][encoding])`

表示将 string 使用指定的 encoding 写入 buffer 的 offset 处，返回写入了多少个八进制字节。如果 Buffer 没有足够的空间来适应整个 string，那么将以截断的方式写入 string 的一部分。
① string：<string>，表示被写入 Buffer 的数据。
② offet：<number>，可选，默认为 0，表示数据写入 Buffer 的位置。
③ length：<number>，默认为 buffer.length–offset，表示要写入的数据的长度。
④ encoding：<string>，表示写入数据时使用的编码格式，默认为"utf-8"。
　用 buf.toString()方法从缓存区读数据，并以指定编码格式将数据转换为字符串。

```
// 从缓存读取数据
var buf = Buffer.alloc(26);
for(var i = 0; i < 26; i++) {
   buf[i] = i + 97; // 97 是 'a' 的十进制 ASCII 值
}
console.log(buf.toString('ascii'));
console.log(buf.toString('ascii', 0, 5))
console.log(buf.toString('utf-8', 0, 5))
console.log(buf.toString(undefined, 0, 5));
```

运行结果如图 4-6 所示。

```
abcdefghijklmnopqrstuvwxyz
abcde
abcde
abcde
```

图 4-6　运行结果

【代码分析】
buf.toString()方法的语法格式如下。

`buf.toString([encoding[,start[,end]]])`

表示从缓存区读取数据并以指定的字符编码返回字符串。
① encoding：<string>，使用的字符编码，默认值为"utf-8"。
② start：<integer>，开始解码的字节偏移量，默认值为 0。
③ end：<integer>，结束解码的字节偏移量（不包含），默认值为 buf.length。
返回：<string>。
首先创建了一个字节大小为 26、被初值 0 填充的 Buffer 缓存区。97 是 a 的十进制 ASCII 值，for 语句可用来将 26 个小写字母写入新建的缓存区。

"buf.toString('ascii')"读缓存区的值,并用 ASCII 字符编码转为字符串,返回结果为 26 个小写英文字母。"buf.toString('ascii', 0, 5)"读缓存区前 6 个字节的值,并用 ASCII 字符编码转为字符串,返回结果为 6 个小写英文字母 abcde。"buf.toString('utf-8', 0, 5)"读缓存区前 6 个字节的值,并用 utf-8 字符编码转为字符串,返回结果为 6 个小写英文字母 abcde。"buf.toString(undefined, 0, 5)"读缓存区前 6 个字节的值,未指定字符编码就使用默认的 utf-8 字符编码,因此,转换结果仍然为 6 个小写英文字母 abcde。

(3)用 buf.toJSON()方法将缓存区的数据转换为 JSON 对象。

```
// 转为 JSON 对象
var buf = Buffer.from('https://www.ptpress.com.cn');
var json = buf.toJSON('buf')
console.log(json)
```

运行结果如图 4-7 所示。

```
data: [
  119, 119, 119,  46, 98,
   97, 105, 100, 117, 46,
   99, 111, 109
]
```

图 4-7 运行结果

【代码分析】

buf.toJSON()方法返回 buf 的 JSON 格式,用于将 Buffer 缓存区的数据转换为 JSON 对象。当字符串转换为一个 Buffer 实例时会隐式调用 JSON.stringify()方法。

首先创建一个被初值"https://www.ptpress.com.cn"填充的 Buffer 缓存区。然后将这个 Buffer 缓存区的数据转换为 JSON 对象。最后在控制台显示这个对象。

(4)用 buffer.concat ()方法进行缓存区的合并。

```
// 缓存合并
var buffer1 = Buffer.from('人民邮电出版社');
var buffer2 = Buffer.from('https://www.ptpress.com.cn');
var buffer3 = Buffer.concat([buffer1, buffer2]);
console.log("buffer3 内容: " + buffer3.toString())
```

运行显示为:buffer3 内容:人民邮电出版社 https://www.ptpress.com.cn。

【代码分析】

缓存区合并的语法格式为如下。

buffer.concat(list[,totalLength])

返回一个合并了 list 中所有 Buffer 实例的新 Buffer。
list:<Buffer[]> | <Uint8Array[]>,为要合并的 Buffer 数组或 Uint8Array 数组。
totalLength:<integer>,为合并后 list 中的 Buffer 实例的总长度。
返回:<Buffer>。

代码首先创建一个被初值"人民邮电出版社"填充的 Buffer 缓存区 buffer1;然后创建一个被

初值"https://www.ptpress.com.cn"填充的 Buffer 缓存区 buffer2；最后将缓存区 buffer1 和 buffer2 合并成新的缓存区 buffer3。

4.2 fs 文件基本操作

4.2.1 fs 简介

PHP、Java、C#等主流开发语言都提供了对文件读写的操作，但是原生的 JavaScript 语言无法操作文件。因此，Node.js 为前端工程师提供了一组文件操作 API，解决了操作前端开发文件的问题。

Node.js 把所有对文件操作的 API 都封装在 Node.js 的 fs（文件系统）模块中，该模块提供的所有文件操作方法都有同步和异步两个版本。

1. 同步操作

在用 fs 进行同步操作时，异常会被立即抛出，可以使用 try...catch 处理。以下是同步操作的简单示例。

```
const fs = require('fs');
try {
  fs.unlinkSync ('文件');
  console.log('已成功删除文件');
} catch (err) {
  // 处理错误
}
```

同步方法执行完并返回结果后，才能执行后续的代码。一般文件读写都会用到事件循环和进一步的 JavaScript 执行，所以文件读写时间会很长，用户要在线等待很长的时间，最终形成阻塞。

2. 异步操作

用 fs 进行异步操作，是采用回调函数接收和处理返回结果，因此，用户不必在线等待。以下是异步操作的简单示例。

```
const fs = require('fs');
fs.unlink('文件', (err) => {
  if (err) throw err;
  console.log('已成功地删除文件');
});
```

异步方法最后一个参数为回调函数，回调函数的第一个参数包含了错误信息（err）。比起同步方法，异步方法无阻塞，性能更高，速度更快，所以建议 Node.js 的文件操作采用异步方法。

3. fs 基本用法

fs 模块为 Node.js 的核心模块，因此，引用模块时可以通过模块名直接引入，引入方式如下：

```
var fs=require("fs");
```

fs 提供一系列读写方法,这些方法会用到如下一些参数,在这里进行统一的说明。

path:可以取值为<string> | <Buffer> | <URL>,用于说明将要打开的文件路径或文件描述符。大多数 fs 操作接受的文件路径可以指定为字符串,也可以把 Buffer 作为 fs 操作的路径,还可以使用 file:协议的 URL 对象作为 fs 操作的路径。字符串形式的路径会被解释为 UTF-8 字符序列(标识绝对或相对的文件名)。

flags:这个选项的取值可以是字符串也可以是数字,当 flags 选项采用字符串时,各种常用标识及含义归纳见表 4-1。

表 4-1　　　　　　　　　　　flags 选项常用标识及含义

选项字符串	含义
'a'	打开文件用于追加。如果文件不存在,则创建该文件
'a+'	打开文件用于读取和追加。如果文件不存在,则创建该文件
'as+'	打开文件用于读取和追加(在同步模式中)。如果文件不存在,则创建该文件
'r'	打开文件用于读取。如果文件不存在,则会发生异常
'rs+'	打开文件用于读取和写入(在同步模式中)。指示操作系统绕过本地的文件系统缓存
'w+'	打开文件用于读取和写入。如果文件不存在,则创建文件;如果文件存在,则截断文件

mode:可以取值为<string> | <integer>,用于创建文件时给文件制定权限,默认 0o666。

文件系统模块 fs 封装了非常丰富的文件和目录处理 API,这里只学习几个常用的对文件进行打开、关闭、读、写、删除和目录读取的方法。如果在应用中有更多的需要,可以查阅开发手册。

4.2.2　打开/关闭文件

1. 打开文件

fs 模块提供同步与异步两种打开文件的方式,fs.openSync()方法只用于同步打开文件,fs.open()方法提供了很多可选参数,通过选用不同的参数,既可用于异步打开文件,又可用于同步打开文件。

视频 15

(1)同步方式

采用同步方式打开文件的语法如下。

```
fs.openSync(path[, flags, mode])
```

返回:<number>,表示文件描述符为整数。

参数说明如下。

① path:<string> | <Buffer> | <URL>,表示将要打开的文件路径或文件标识符,必选。

② flags:可选,默认值为 r。

(2)异步方式

异步操作打开文件的语法如下。

```
fs.open(path, flags[, mode], callback)
```

返回：<number>，表示文件描述符的整数。
参数说明如下。
① path：<string> | <Buffer> | <URL>，表示将要打开的文件路径或文件标识符，必选。
② flags：可选，默认值为 r。
③ mode:<integer>，默认值：0o666。
④ callback <Function>，异步打开文件的回调函数。
回调函数有如下两个参数。
- err <Error>，异常出错信息。
- fd <integer>，打开后的文件标识。

【示例 4.5】采用同步方式打开文件应用示例。

```
const fs = require('fs');
const fd = fs.openSync('./test.txt', 'rs+');
fs.write(fd, 'How are you?', (err, written, str) => { // 向 fd 指向文件添加内容
    if (err) throw err; // 如果写入失败，将抛出错误
    console.log(written); // 返回写入的字符串所占字节数（注意：1 个汉字占 3 个字节）
    console.log(str); // 返回写入的文件内容
})
```

运行结果如图 4-8 所示。

```
12
How are you?
```

图 4-8　运行结果

【代码分析】
引入 Node.js 文件模块 fs。以同步方式打开当前文件夹中的文件"test.txt"，将返回值设为 fd。向 fd 指向的文件添加内容，并在控制台输出写入的字符串所占字节数及写入的文件内容。

【示例 4.6】采用异步方式打开文件应用示例。

```
const fs = require('fs');          // 操作文件必须引入 fs 文件模块（包）
fs.open('./test.txt', 'rs+', (err, fd) => { // 采用异步方式打开文件，fd 为文件指针，指向所打开的文件
    if (err) {
        console.log('文件打开失败！');
        return false;
    }
    fs.write(fd, 'How are you?', (err, written, str) => { //添加内容
        if (err) throw err;       // 如果写入失败，将抛出错误
        console.log(written);     // 返回写入的字符串所占字节数（注意：1 个汉字占 3 个字节）
        console.log(str);         // 返回写入的文件内容
    })
})
```

运行结果如图 4-9 所示。

```
12
How are you?
```

图 4-9 运行结果

【代码分析】

这段程序采用异步方式打开文件,程序的参数说明及返回结果与示例 4.5 采用同步方式打开程序的参数说明一样。

两段程序的区别在于,采用同步方式打开文件时,直接把返回结果存为 fd,然后再操作 fd 进行打开文件之后的写入操作,写入操作要等打开文件操作完成之后才进行,程序执行过程中有等待、有阻塞。采用异步方式打开文件时,写入过程用到的打开文件标识 fd 是通过回调函数得到的,执行整段程序无须等待、无阻塞。

2. 关闭文件

fs 提供同步与异步两种关闭文件的方式。

(1)同步方式

采用同步方式关闭文件的语法如下。

`fs.closeSync(fd)`

返回:undefined。

参数说明如下。

fd:表示将要关闭的文件标识符,必选。

(2)异步方式

采用异步方式关闭文件的语法如下。

`fs.close(fd, callback)`

除了可能的异常,完成回调没有其他参数。

参数说明如下。

① fd:表示将要关闭的文件标识符,必选。

② callback:<Function>,异步关闭文件的回调函数。

回调函数只有 1 个异常参数 err <Error>,表示异常出错信息。

注意 调用 fs.close() 时,若该文件标识符对应的文件正在被使用,可能导致未定义的行为。

【示例 4.7】关闭文件应用示例。

```
const fs = require('fs');
fs.open('./test.txt', 'rs+', (err, fd) => {
    if (err) {
        console.log('文件打开失败!');
        return false;
    }
    fs.close(fd, err => {
```

```
        if (err) throw err;
        // 关闭文件的回调函数体
        console.log('文件正常关闭！');
    })
})
```

运行显示为：文件正常关闭！

【代码分析】

引入 Node.js 文件模块 fs。以异步方式打开当前文件夹中的文件"test.txt"，如果出现异常，将异常信息传给回调函数的 err 参数；如果正常打开，将返回的文件标识传给回调函数的 fd 参数。最后关闭前面打开的文件标识，如果未出现异常，将在回调函数体中执行 console.log('文件正常关闭！')语句。

4.2.3 读取/写入文件

1. 读取文件

文件模块 fs 读取文件的方法有多个，这里主要介绍 fs.readFile()方法的基本语法规则，如下。

视频 16

fs.readFile(path[, options], callback)

该语法用于异步读取文件的全部内容。

参数说明如下。

（1）path：<string> | <Buffer> | <URL>，表示将要读取的文件路径或文件标识符，必选。

（2）options：<Object> | <string>。

- encoding：<string> | <null>编码方式，默认值为 null。
- flag：<string>，表示参数 flag 的数据类型为字符类型，默认值为 r。

（3）callback：<Function>，说明异步读取文件的回调函数。

回调函数传入两个参数(err, data)。

- err：<Error>，异常出错信息。
- data：<string> | <Buffer>，读取文件内容，如果没有指定字符编码，则返回原始的 Buffer。

 注意

（1）fs.readFile()方法会缓冲整个文件。若要最小化内存成本，则尽可能选择流式 fs.createReadStream()。

（2）任何指定的文件描述符都必须支持读取。

（3）如果将文件描述符指定为 path，则不会自动关闭它。读取文件时将从当前位置开始。

例如，如果文件已经有内容"Hello World"并且使用文件描述符读取了 6 个字节，则使用相同文件描述符调用 fs.readFile()将会返回"World"而不是"Hello World"。

【示例 4.8】读取文件应用示例。

```
const fs = require('fs');
// err 为第 1 个参数，表示错误优先；data 为读取的文件内容
```

```
fs.readFile('./data.json', 'utf-8', (err, data) => {
    if (err) throw err;
    console.log(JSON.parse(data));  // 这里将输出 data.json 的具体内容
})
```

运行结果如图 4-10 所示。

```
[
    { gId: '001', goodName: '华为手机', gPrice: 9999 },
    { gId: '002', goodName: '华为笔记本电脑', gPrice: 10999 }
]
```

图 4-10　运行结果

【代码分析】

引入 Node.js 文件模块 fs。以异步方式打开并读取当前文件夹中的文件 "data.json"。如果出现异常，将异常信息传给回调函数的 err 参数。如果正常读取，将读取内容传入回调函数的 data 参数，同时在回调函数的函数体中将 data 转换为 JSON 对象并在控制台显示。

2. 写入文件

文件模块 fs 用于写入文件的方法有多个，这里主要介绍 fs.write () 方法的基本语法规则，如下。

fs.write(fd, string[, position[, encoding]], callback)

用于将 string 写入 fd 指定的文件。如果 string 不是字符串或具有自有 toString 方法属性的对象，则抛出异常。

参数说明如下。

（1）fd：<integer>，文件路径或文件描述符，必选。

（2）string：<string> | <Object>，要写入的字符串内容。

（3）position：<integer>，指定文件开头的偏移量（数据要被写入的位置）。

（4）encoding：<string>，是期望的字符串编码，默认值为 utf-8。

（5）callback：<Function>，回调函数会接收到参数(err, written, string)，其中，written 指定传入的字符串中被要求写入的字节数，被写入的字节数不一定与被写入的字符串字符数相同。

【示例 4.9】写入文件应用示例。

```
const fs = require('fs');
fs.open('./test.txt', 'rs+', (err, fd) => {
    if (err) {
        console.log('文件打开失败！');
        return false;
    }
    fs.write(fd, 'Web front_end', (err, written, str) => {
        if (err) throw err;
        console.log(written);  // 13
        console.log(str);  // Web front_end
    })
})
```

运行结果如图 4-11 所示。

```
13
Web front_end
```

图 4-11 运行结果

【代码分析】

引入 Node.js 文件模块 fs。以异步方式打开当前文件夹中的文件"test.txt"。如果出现异常，将异常信息传给回调函数的 err 参数。如果正常打开文件，将返回的文件标识传入回调函数的 fd 参数。将字符串"Web front_end"通过打开的文件标识写入该文件，并把写入结果传给回调函数的 written 和 str 两个参数，written 为传入的字符串中被要求写入的字节数，str 为写入的内容。如果没有异常，将在控制台输出这两个传入的参数值。

4.2.4 删除文件

fs 提供同步与异步两种删除文件的方式。

1. 同步方式

采用同步方式删除文件的语法如下。

```
fs.unlinkSync(path)
```

返回：undefined。
参数说明如下。
path：<string> | <Buffer> | <URL>，表示将要删除的文件路径或文件标识符，必选。

2. 异步方式

采用异步方式删除文件的语法如下。

```
fs.unlink(path, callback)
```

采用异步方式删除文件或符号链接。除了可能的异常，完成回调没有其他参数。
参数说明如下。
（1）path：<string> | <Buffer> | <URL>，表示将要删除的文件路径或文件标识符，必选。
（2）callback：<Function>，异步删除文件的回调函数。
回调函数只有 1 个异常参数 err <Error>，表示异常出错信息。

【示例 4.10】删除文件应用示例。

```
const fs = require('fs');
fs.unlink('./test.txt', err => {
    if (err) throw err;
    console.log('删除成功！');
})
```

运行显示为：删除成功！

【代码分析】

引入 Node.js 文件模块 fs。以异步方式删除当前文件夹中的文件"test.txt"。如果未出现异常，将在回调函数体中执行 console.log('删除成功！')语句。如果无此文件，将抛出异常。

4.2.5 读取目录

文件模块 fs 有多个读取目录的方法，这里主要介绍 fs.readdir()方法的基本语法规则，如下。

fs.readdir(path[, options], callback)

用于异步地读取目录的内容，回调函数有两个参数(err, files)。

参数说明如下。

（1）path：<string> | <Buffer> | <URL>，表示将要读取的文件夹或标识符，必选。

（2）options：<string> | <Object>，可选的 options 参数可以是字符编码或具有 encoding 属性（指定用于传给回调的文件名的字符编码）的对象。如果 encoding 被设置为 Buffer，则返回的文件名会作为 Buffer 对象传入。

- encoding：<string>默认值为 utf-8。
- withFileTypes：<boolean>默认值：false。

（3）callback：<Function>，异步地读取文件的回调函数。

回调函数传入两个参数(err, files)。

- err：<Error>，异常出错信息。
- files：<string[]> | <Buffer[]> | <fs.Dirent[]>，files 是目录中文件名称的数组（不包括"."和".."）。

【示例 4.11】读取当前目录的所有文件。

```
var fs = require('fs');
fs.readdir('./',function(err, files){
   if (err) {
      return console.error(err);
   }
console.log( files );
});
```

运行显示为：['4-11readdir.js', 'test1.txt', 'test2.txt']

【代码分析】

引入 Node.js 文件模块 fs。以异步方式打开并读取当前文件夹中的所有文件名。如果出现异常，将异常信息传给回调函数的 err 参数，如果正常读取，读出的内容是一个数组，将该数组传入回调函数的 files 参数，同时在回调函数体中执行 console.log(files)语句并显示在控制台上。

4.2.6 项目实训——JSON 文件数据操作

1. 实验需求

通过文件模块 fs 进行读、写、删除等操作，完成对 JSON 文件的增、删、改和查。

2. 实验步骤

（1）准备 JSON 文件

order.json 文件

```
[
    {
        "gId": "001",
        "goodName": "华为手机",
        "gPrice": 9999
    },
    {
        "gId": "002",
        "goodName": "联想笔记本电脑",
        "gPrice": 10999
    }
]
```

（2）读取 JSON 文件内容

app.js 文件

```
const fs = require('fs');
let orders = [];
// 以下定义将读取现有 JSON 文件的函数
function readOrder(orders) {
    fs.readFile('./order.json', 'utf-8', (err, data) => {
        orders = JSON.parse(data)
        console.log(orders);
    })
}
readOrder(orders) // 调用函数;
```

运行结果如图 4-12 所示。

```
[
    { gId: '001', goodName: '华为手机', gPrice: 9999 },
    { gId: '002', goodName: '联想笔记本电脑', gPrice: 10999 }
]
```

图 4-12 运行结果

【代码分析】

引入 Node.js 文件模块 fs，定义一个空数组 orders、从现有 JSON 文件读出来的函数 readOrder(orders)。以异步方式打开并读取当前文件夹中的文件"order.json"，如果出现异常，将异常信息传给回调函数的 err 参数，如果正常读取，将读取内容传给回调函数的 data 参数，并在回调函数的函数体中将 data 转换为 JSON 对象，并在控制台显示。最后调用函数 readOrder(orders)。

（3）向 JSON 文件添加数据

app.js 文件

```javascript
// 添加数据
let goods = {
    "gId": "003",
    "goodName": "矿泉水",
    "gPrice": 2
};
// 需求：将上面的数据写入 order.json 文件中
function addOrder(goods) {
    // 将 JSON 文件读取出来
    fs.readFile('./order.json', function(err, data) {
        if (err) throw err;
        var order = data.toString(); // 将二进制的数据转换为字符串
        order = JSON.parse(order); // 将字符串转换为 JSON 对象
        order.push(goods); // 将传来的数据装入 order 对象中
        // 因为写入文件只识别字符串或者二进制数，所以把 JSON 对象转换成字符串重新写入 JSON 文件中
        var str = JSON.stringify(order);
        fs.writeFile('./order.json', str, function(err) {
            if (err) throw err;
            console.log('----------新增成功----------');
            readOrder(orders) // 调用函数，显示最新的 JSON 文件内容
        })
    })
}
addOrder(goods) // 调用函数，添加一条记录
```

运行结果如图 4-13 所示。

```
----------新增成功----------
[
    { gId: '001', goodName: '华为手机', gPrice: 9999 },
    { gId: '002', goodName: '联想笔记本电脑', gPrice: 10999 },
    { gId: '003', goodName: '矿泉水', gPrice: 2 }
]
```

图 4-13　运行结果

提示：查看 JSON 文件，新增的数据已加在文件的后面。

【代码分析】

首先定义要添加的数据对象 goods 以及将数据添加到 JSON 文件中的函数 addOrder(goods)。将原有 JSON 文件中的内容读出来，传给回调函数的 data 参数。在回调函数体中，将二进制 data 转换成字符串；将字符串转换为 JSON 对象，执行对象的 push()方法，添加一条内容，再把 JSON 对象转换成字符串重新写入 JSON 文件中；调用函数执行。

（4）修改 JSON 文件指定 gId 的数据

app.js 文件

```javascript
// 需求：将 gId 为 002 的商品的名称由"联想笔记本电脑"。改为"联想台式机"
var params = {
    "goodName": "联想台式机"
}
function changeJson(id, params) {
    fs.readFile('./order.json', function(err, data) {
        if (err) throw err;
        var order = data.toString();
        order = JSON.parse(order);
        // 把数据读出来，然后进行修改
        for (var i = 0; i < order.length; i++) {
            if (id == order[i].gId) {
                for (var key in params) {
                    if (order[i][key]) {
                        order[i][key] = params[key];
                    }
                }
            }
        }
        var str = JSON.stringify(order);
        fs.writeFile('./order.json', str, function(err) {
            if (err) throw err;
            console.log('----------修改成功------------');
            readOrder(orders) // 调用函数，显示最新的 JSON 文件内容
        })
    })
}
changeJson('002', params);
```

运行结果如图 4-14 所示。

```
----------修改成功------------
[
    { gId: '001', goodName: '华为手机', gPrice: 9999 },
    { gId: '002', goodName: '联想台式机', gPrice: 10999 },
    { gId: '003', goodName: '矿泉水', gPrice: 2 }
]
```

图 4-14 运行结果

提示：查看 JSON 文件，gId 为"002"的商品名已改为"联想台式机"。

【代码分析】

首先以参数对象的形式定义修改后的值。然后定义执行修改操作的函数 changeJson(id, params)，函数的参数为要修改的 gId 和修改后的值对象。

函数体的程序代码说明见程序中的注释。

（5）删除 JSON 文件指定 gId 的数据

app.js 文件

```
function deleteJson(id) {
    fs.readFile('./order.json', function(err, data) {
        if (err) throw err;
        var order = data.toString();
        order = JSON.parse(order);
        // 把数据读出来删除
        for (var i = 0; i < order.length; i++) {
            if (id == order[i].gId) {
                order.splice(i, 1);
            }
        }
        var str = JSON.stringify(order);
        // 再把数据写进去
        fs.writeFile('./order.json', str, function(err) {
            if (err) throw err;
            console.log("----------删除成功------------");
            readOrder(orders) // 调用函数，显示最新的 JSON 文件内容
        })
    })
}
deleteJson('003');
```

运行结果如图 4-15 所示。

```
----------删除成功------------
[
    { gId: '001', goodName: '华为手机', gPrice: 9999 },
    { gId: '002', goodName: '联想台式机', gPrice: 10999 }
]
```

图 4-15 运行结果

提示：查看 JSON 文件，gId 为 "003" 的商品记录已被删除。

【代码分析】

首先，定义执行删除操作的函数 deleteJson(id)，函数的参数为要删除的 gId。然后调用函数，并传入要删除的 gId，按指定 gId 删除 JSON 文件中指定的数据。

4.3 流

4.3.1 fs 流简介

流就是一系列从 A 点到 B 点移动的数据，即在实际移动过程中，把大块的数据分割成小块，进行定向且有序的传输，就好像山涧的流水总是从高处流向低处，并且保持相对稳定的流速，这样才能使流动源源不断地进行，不致产生阻塞。

视频 18

假设要对一个很大的数据文件 big.txt 进行网络读写传输，如果用之前学习的 fs.readFile() 方法读数据，然后再用 fs.write() 方法写文件，由于带宽的限制，传输效率极低，

在读数据的过程中内存很可能会不足，或者导致服务器崩溃。因为 fs.readFile()方法和 fs.write()方法的读写过程是对整个文件的全部内容进行一次性的完整读写。

Node.js 怎样让这种大文件的传输，能够像山涧的流水一样，定向、匀速、稳定，且不产生阻塞呢？Node.js fs 模块的 fs 流解决了这个问题。

fs 流是 Node.js 的抽象接口，Node.js 中有很多对象实现了这个接口。例如，HTTP 服务器发起请求的 request 对象就是一个流，标准输出 stdout 也是一个流。

fs 流最大的作用是在读取大文件的过程中，不会一次性地将文件内容读入内存中。每次只会读取数据源的一个数据块。后续过程中可以立即处理该数据块，数据处理完成后会进入垃圾回收机制。

1. 流的类型

fs 流可以是可读的、可写的或可读可写的，有如下 4 种流类型。
（1）readable：可读的流（如 fs.createReadStream()）。
（2）writable：可写的流（如 fs.createWriteStream()）。
（3）duplex：可读写的流（如 net.Socket）。
（4）transform：在读写过程中可以修改和变换数据的 Duplex 流（如 zlib.createDeflate()）。

2. 流的事件

所有的流对象都是事件发射器 EventEmitter 的实例，发射的常用事件有 data 事件、end 事件、error 事件和 finish 事件等。

（1）data 事件

该事件的回调函数有一个参数 chunk <Buffer> | <string> | <any>数据块。对于非对象模式的流，chunk 可以是字符串或 Buffer。对于对象模式的流，chunk 可以是除了 null 以外的任何 JavaScript 值。

流将数据块传送给消费者后触发 data 事件。当调用 readable.pipe()方法、readable.resume()方法或绑定监听器到 data 事件时，流会转换到流动模式。当调用 readable.read()方法且有数据块返回时，也会触发 data 事件。将 data 事件监听器附加到尚未显式暂停的流将会使流切换为流动模式。数据在可用时将会被立即传递。

例如：

```
const readable = getReadableStreamSomehow();
readable.on('data', (chunk) => {
  console.log(`接收到 ${chunk.length} 个字节的数据`);
});
```

（2）end 事件

当流中没有数据可供消费时，触发 end 事件。如果要触发该事件，可以将流转换到流动模式，或反复调用 stream.read()方法直到数据被消费。

例如：

```
const readable = getReadableStreamSomehow();
readable.on('data', (chunk) => {
  console.log(`接收到 ${chunk.length} 个字节的数据`);
});
```

```
readable.on('end', () => {
  console.log('已没有数据');
});
```

(3) error 事件

error 事件可能随时由 Readable 实现触发。如果底层流由于底层内部故障而无法生成数据，或者当流实现尝试推送无效数据块时，监听器回调将会传入一个 Error 对象。

(4) finish 事件

finish 事件在调用 stream.end()方法后，且缓冲区数据都传递给底层系统后，finish 事件被触发。

例如：

```
const writer = getWritableStreamSomehow();
for (let i = 0; i < 100; i++) {
  writer.write(`写入 #${i}!\n`);
}
writer.on('finish', () => {
  console.error('写入已完成');
});
writer.end('写入结尾\n');
```

4.3.2 创建流

1. 创建可读流

创建 fs 可读流后，可从流中读取数据，可读流是对提供的数据来源的一种抽象。客户端的 HTTP 响应、服务器的 HTTP 请求、fs 的读取流等都是可读流的例子。

语法格式如下。

```
fs.createReadStream(path[, options])
```

返回可读流对象。

参数说明如下。

(1) path：<string> | <Buffer> | <URL>。

(2) options：<string> | <Object>。

- flags：<string>，参见文件系统 flag 的支持，默认值为 r。
- encoding：<string>，默认值为 null。
- fd：<integer>，默认值为 null。
- mode：<integer>，默认值为 0o666。
- autoClose：<boolean>，默认值为 true。
- emitClose：<boolean>，默认值为 false。
- start：<integer>。
- end：<integer>默认值为 Infinity。

- highWaterMark：<integer>，默认值为 64 * 1024。
- fs：<Object> | <null>，默认值为 null。

【示例 4.12】创建可读流操作实例。

```
const fs = require('fs');
var data = '';
// 创建可读流
var readerStream = fs.createReadStream('./test.txt');
// 设置编码为 utf8。
readerStream.setEncoding('UTF8');
// 处理流事件 --> data, end, error
readerStream.on('data', function(chunk) { // 当有数据时触发 data 事件
    data += chunk;
});
readerStream.on('end', function() { // 当没有数据时触发 data 事件
    console.log('该文件没有内容！');
});
readerStream.on('error', function(err) { // 当打开文件出现错误时触发该事件
    console.log(err.stack);
});
console.log("程序执行完毕");
```

运行结果如图 4-16 所示。

```
程序执行完毕
该文件没有内容！
```

图 4-16 运行结果

【代码分析】

该示例创建了一个打开并读取文件"test.txt"的可读流，并定义了可读流的字符编码，以及流处理过程中各种触发事件的情况：当有数据时触发 data 事件，当没有数据时触发 data 事件，当打开文件出现错误时触发该事件。各事件的处理程序见示例 4.12 中的代码及注释。

2. 创建可写流

可写流也称为写入流，创建 fs 可写流后写入流数据，语法格式如下。

`fs.createWriteStream(path[, options])`

返回可写流对象。

参数格式如下。

（1）path：<string> | <Buffer> | <URL>。

（2）options：<string> | <Object>。

- flags：<string>，参见文件系统 flag 的支持，默认值为'w'。
- encoding：<string>，默认值为'utf8'。
- fd：<integer>，默认值为 null。
- mode：<integer>，默认值为 0o666。

- autoClose: <boolean>,默认值为 true。
- emitClose: <boolean>,默认值为 false。
- start: <integer>。
- fs: <Object> | <null>,默认值为 null。

【示例 4.13】创建可写流操作实例。

```
var fs = require("fs");
var data = '这是我要写入 test.txt 文件中的内容!';
// 创建一个可以写入的流,写入文件 test.txt 中
var writerStream = fs.createWriteStream('./test.txt');
// 使用 utf8 编码写入数据
writerStream.write(data, 'UTF8');
// 标记文件末尾
writerStream.end();
// 处理流事件 -->finish, error
writerStream.on('finish', function() {
    console.log("写入完成!");
});
writerStream.on('error', function(err) {
    console.log(err.stack);
});
console.log("程序执行完毕!");
```

运行结果如图 4-17 所示。

程序执行完毕!
写入完成!

图 4-17 运行结果

【代码分析】

该示例创建了一个可以写入的流,将定义的 data 字符串信息写入文件 "test.txt" 中,并定义了写入的字符编码,写入完成后,执行 writerStream.end()方法。写入完成及出现异常的处理流事件,将会触发写入流的 finish 事件,在控制台输出 "写入完成!"。如果写入过程中出现异常,则触发 error 事件,在控制台输出出错信息。程序执行完毕,打开 "test.txt" 文件,可以看到已将 data 定义的字符串信息写入文件中。各事件的处理程序见示例 4.13 中的代码及注释。

4.3.3 管道流

管道提供了一个输出流到输入流的机制,通常用于从一个流中获取数据并将数据传递到另外一个流中。管道流是可读流的一种方法,是将可读流与可写流进行管道方式的绑定,将可读流的信息通过管道方式写入可写流的一种数据写入方式,如图 4-18 所示。

语法格式如下。

```
readable.pipe(destination[, options])
```

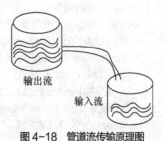

图 4-18 管道流传输原理图

返回目标可写流,如果是 Duplex 流或 Transform 流,则可以形成管道链。
参数格式如下。
(1)destination:<stream.Writable>,数据写入的目标。
(2)options:<Object>,管道选项。
　　end:<boolean>,当读取器结束时终止写入器,默认值为 true。
管道流 readable.pipe()方法绑定可写流到可读流,将可读流自动切换到流动模式,并将可读流的所有数据推送到绑定的可写流。数据流会被自动管理,所以即使可读流更快,目标可写流也不会超负荷。在默认情况下,当来源可读流触发 end 事件时,目标可写流也会调用 stream.end()方法结束写入。若要禁用这种默认行为,end 选项应设为 false,这样目标流就会保持打开状态。
如果可读流发送错误,则可写流目标不会自动关闭。因此,需要手动关闭每个流以防止内存泄露。process.stderr 和 process.stdout 可写流在 Node.js 进程退出之前永远不会关闭,无论指定的选项如何。

【示例 4.14】管道流操作实例。

```
var fs = require("fs");
// 创建一个可读流
var readerStream = fs.createReadStream('input.txt');
// 创建一个可写流
var writerStream = fs.createWriteStream('output.txt');
// 管道读写操作
// 读取 input.txt 文件内容,并将内容写入 output.txt 文件中
readerStream.pipe(writerStream);
console.log("程序执行完毕");
```

运行显示为:程序执行完毕。

【代码分析】

该示例首先创建了一个读取文件"input.txt"信息的可读流和一个写入目标文件"output.txt"的写入流。然后利用可读流的管道方法将写入流与可读流绑定,将可读流自动切换到流动模式,并将可读流的所有数据推送到绑定的可写流,完成文件的读写。运行结束后,打开 output.txt 文件,内容有所改变。

4.3.4　链式流

链式流是通过将输出流与另外一个流连接起来并创建多个流操作链的机制。链式流一般用于管道操作,能够在单个可读流上绑定多个可写流的流操作链。

【示例 4.15】用链式流创建压缩文件。

```
var fs = require("fs");
var zlib = require('zlib'); // 引入用于压缩文件的模块
// 将 input.txt 文件压缩为 input.txt.rar
fs.createReadStream('input.txt')
    .pipe(zlib.createGzip())
    // 这里的 input 最好加上扩展名.txt,否则解压出来的文件没有扩展名
    .pipe(fs.createWriteStream('input.txt.rar'));
console.log("文件压缩完成。");
```

运行显示为：文件压缩完成。

【代码分析】

引入 fs 文件模块和压缩文件模块 zlib，创建一个将要压缩的文件的可读流，将这个可读流同时绑定到两个写入流形成链式机制，一个用于压缩文件，一个用于写入压缩文件。程序执行完毕，可以看到 input.txt.rar 压缩文件已生成。

【示例 4.16】用链式流进行解压缩。

```
var fs = require("fs");
var zlib = require('zlib');
// 将 input.txt.rar 文件解压缩为 input.txt
fs.createReadStream('input.txt.rar')
    .pipe(zlib.createGunzip())
    .pipe(fs.createWriteStream('input.txt'));
console.log("文件解压缩完成。");
```

运行显示为：文件解压缩完成。

【代码分析】

引入 fs 文件模块和压缩文件模块 zlib，创建一个将要解压缩的文件 input.txt.rar 的可读流，将这个可读流同时绑定到两个写入流形成链式机制，一个用于文件的解压缩，另一个用于写入解压缩文件 input.txt。程序执行完毕，可以看到 input.txt 解压缩文件已生成。

4.3.5 项目实训——XML 文件转 JSON 文件

1. 实验需求

读取 XML 数据文件（全国城市省市区），并将其转换为 JSON 文件，要求如下。

视频 19

（1）创建一个 XML 文件，可以使用已有本地数据，也可以在网上自行下载。

（2）可以借助 Node.js 的扩展模块 xml2js 来解析 XML 文件。

（3）创建可读流，读取 XML 文件的内容，并将数据转换为 JSON 格式。

（4）创建可写流，将读取的数据写入指定的 JSON 文件中。

2. 实验步骤

（1）准备 city.xml，存储省级行政区及其所属地级城市数据。

city.xml——城市数据文件

```
<?xml version="1.0" encoding="utf-8"?>
<locality>
    <provinces>
        <province id="1" cid="42" name="Anhui" text="安徽"></province>
        <province id="2" cid="42" name="Beijing" text="北京"></province>
        ……  // 此处省略一些省份数据
    </provinces>
```

```xml
<citys>
    <city id="1" pid="2" name="东城区"></city>
    <city id="2" pid="2" name="西城区"></city>
    ……    // 此处省略一些城市数据
    <city id="376" pid="33" name="澳门"></city>
    <city id="377" pid="34" name="台湾"></city>
</citys>
</locality>
```

【代码分析】

<locality>下有两组数据<provinces>和<citys>。<provinces>标签包含 34 个省级行政区名称和编号，<cities>标签包含所有地级城市的编号和名称，通过 pid 属性说明该城市属于哪个省级行政区。

（2）编写 app.js 文件，实现读取 xml 文件，将数据转换成 JSON 格式，并写入 JSON 文件中。

app.js 文件——实现 xml 文件读写

```javascript
// 引入 node 的扩展模块 xml2js 来解析 xml 文件
const xml2js = require('xml2js');
const fs = require('fs');
// 创建 xml 解析器
var xmlParser = new xml2js.Parser();
//创建读取 xml 文件流
var readXml = fs.createReadStream('./data/city.xml');
// 创建变量用来缓存读取的每行内容
var data = '';
// 读取数据
readXml.on('data', function(rs) {
    data += rs;
    // 将 xml 文本解析成 JSON
    xmlParser.parseString(data, function(err, result) {
        var result = JSON.stringify(result);
        console.log(result);
        // 创建可写流
        var writeXml = fs.createWriteStream('./data/city.json');
        // 将读出的 xml 文件内容转换成 JSON 格式的数据写入 city.json 文件中
        writeXml.write(result, 'UTF8');
        // 写文件结束
        writeXml.end();
    });
});
```

运行结果如图 4-19 所示。

提示：查看 JSON 文件，xml 文件数据已写在文件中。

【代码分析】

首先，加载 xml2js 和 fs 模块，通过 xml2js 的 Parser()方法创建 xml 解析器，fs 的

createReadStream()方法读取 xml 文件，创建 xml 文件流。读取数据时，通过 xml 解析器的 parseString()方法将读取到的 xml 数据解析成 JSON 格式的数据，然后通过 fs 模块的 createWriteStream()方法创建可写流，再将读出的 xml 文件内容转换成 json 格式，以 utf-8 字符集写入 JSON 文件中。

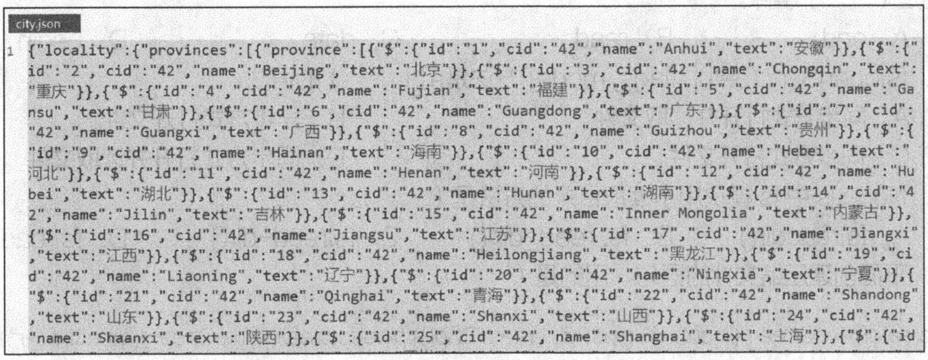

图 4-19 运行结果

4.4 本章小结

本章主要介绍了 Node.js 中与数据 I/O 操作相关的 Buffer 缓存区、fs 文件基本操作、fs 文件流操作。通过本章的学习，读者能够用 Buffer 模块提供的方法创建和应用各种缓存区实例对象；能够用 fs 模块提供的方法进行打开文件、关闭文件、读文件、写文件、删除文件等基本操作。通过学习 fs 流的类型和事件，读者能够用管道流和链式流完成文件传输。

4.5 本章习题

一、填空题

1. 执行语句 console.log(Buffer.alloc(4 ,1)); 控制台显示结果为（　　　）。
2. Buffer 缓存区操作，执行如下代码，控制显示的结果为（　　　）。

```
var buffer1 = Buffer.from('百度网');
var buffer2 = Buffer.from('www.baidu.com');
var buffer3 = Buffer.concat([buffer1, buffer2]);
console.log( buffer3.toString())
```

3. 从 Buffer 缓存区读取数据，执行如下代码，控制显示台的结果为（　　　）。

```
var buf = Buffer.alloc(26);
for(var i = 0; i < 26; i++) {
    buf[i] = i + 97; // 97 是'a'的十进制 ASCII 值
}
console.log(buf.toString('utf-8', 3, 7))
```

4. 当 Node.js Stream 流中数据被完全消费后没有数据可供消费时，会触发（　　　）事件。

5. 将二进制数据翻译为人们能够识别的字符是通过一个规则表来实现的，这个规则表叫作（　　）。

二、单选题

1. 在 Node.js 中，流的常用事件中，当调用 readable.read()方法且有数据块返回时，系统触发的是（　　）事件。
   A. end   B. read   C. data   D. begin
2. fs.openSync(path[, flags, mode])方法是用（　　）的语法。
   A. 同步方式打开并读取文件   B. 异步方式打开文件
   C. 同步方式打开文件   D. 同步方式打开并读取文件
3. Node.js 中 fs 模块用于读取目录的方法是（　　）。
   A. fs.readdir()   B. fs.read_dir()   C. fs.read-dir()   D. fs.readDir()
4. 下面创建压缩文件的语句，用的是（　　）。

fs.createReadStream('input.txt').pipe(zlib.createGzip()).pipe(fs.createWriteStream('input.txt.rar'));

   A. 可读流   B. 可写流   C. 管道流   D. 链式流
5. 语句 fs.unlink('./test.txt', err => {if (err) throw err; console.log('成功！');});用于（　　）。
   A. 解除链接   B. 解除绑定   C. 删除路径   D. 删除文件

三、简答题

1. 请简述 Buffer.allocUnsafe(size).fill(fill)方法和 Buffer.alloc(size, fill)()方法的区别。
2. 请简述 Node.js 中 fs 模块的 fs.write()方法的语法规则和各参数的意义。
3. 请简述用管道流将文件 file1.txt 写入 file2.txt 的操作步骤。

第 5 章 构建Web应用

▶ 内容导学

本章主要介绍构建 Web 应用的方法，HTTP、http 模块、path 模块和 url 模块等内容。通过介绍 HTTP、HTTP 的请求与响应报文，了解浏览器与服务器交互的原理；通过构建 HTTP Web 服务器，了解浏览器与服务器请求与响应的两个对象模型 http.request 和 http.response；通过介绍 path 模块和 url 模块，了解处理路径问题的各种方法。

▶ 学习目标

① 了解 HTTP 原理。
② 掌握服务器的创建方法。
③ 掌握客户端向服务器端发送请求的处理方式。
④ 掌握利用 path 模块处理路径问题的方法。
⑤ 掌握利用 url 模块解析和处理 url 字符串的方法。

5.1 HTTP

为什么在浏览器输入网址，就会跳转到指定网页？浏览器和服务器是如何传输信息的呢？网络上的计算机之间又是如何交换信息的？就像我们要用双方都能理解的语言才能进行沟通和交流一样，网络上的各台计算机之间要互换信息，也要用一种"双方"都明白的、约定好的语言才能实现。这种"双方"约定的沟通语言称为网络协议。不同的计算机之间必须使用相同的网络协议才能进行通信。

视频 20

超文本传输协议（Hyper Text Transfer Protocol，HTTP）是一个专门用于从万维网（World Wide Web，WWW）服务器传输超文本到本地浏览器的传输协议。简单来说，HTTP 用于规范客户端浏览器和服务器端以何种格式进行通信和数据交互，是应用层面向对象的协议。在 HTTP 的底层使用 TCP 传输协议。HTTP 由请求和响应构成，是一个标准的客户端服务器模型，也是一个无状态的协议。

5.1.1 HTTP 原理

HTTP 的原理如图 5-1 所示。

1. HTTP 的请求响应过程

在一次完整的 HTTP 通信过程中，浏览器与 Web 服务器之间将完成下列几个步骤。

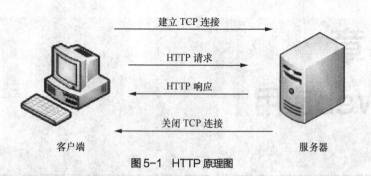

图 5-1 HTTP 原理图

（1）地址解析

地址解析就是浏览器把客户输入的 URL 分解出协议名、主机名、端口、访问对象路径 4 部分。例如，客户端浏览器请求这个页面：https://www.ptpress.com.cn/p/z/1600078334734.html，解析得到的结果如下。

① 协议名：http。

② 主机名：www.ptpress.com.cn。

③ 端口：80。

④ 对象路径：/p/z/1600078334734.html。

如果主机名为域名，需要域名系统（DNS）将域名解析为 IP 地址。

（2）封装 HTTP 请求报文

封装过程就是浏览器将用户输入的 URL 地址按照 HTTP 的格式封装成 HTTP 请求报文存放在客户端的 Socket 对象中。

请求报文应包含如下 4 个方面的信息。

① 请求行（request line）。

② 请求消息头（headers）。

③ 空行（blank line）。

④ 请求体（request body）。

（3）建立 TCP 连接

在 HTTP 工作开始之前，浏览器首先要通过网络与 Web 服务器建立 TCP 连接。因为 HTTP 是应用层的协议，根据连接规则，高层协议要在低层协议建立连接之后才能进行。因此，首先要建立 TCP 连接。

（4）浏览器向 Web 服务器发送请求报文

浏览器与 Web 服务器建立了 TCP 连接之后，就会将存放在客户端 Socket 对象中的请求报文通过 TCP 发送给 Web 服务器。

（5）Web 服务器接收请求并向浏览器发送响应报文

Web 服务器从 Socket 对象中获取报文，并使用 HTTP 规定的方式进行解析。例如，客户端需要访问一个页面，服务器会在解析后将页面需要的数据响应给客户端。

服务器在做出响应时，也会按照 HTTP 的格式将响应数据封装到 HTTP 响应报文中，并存放在服务端的 Socket 对象中，这时客户端从 Socket 对象中获取响应报文，将响应数据解析成自己可以识别的字符。例如，返回数据是 HTML 页面，那么就渲染 HTML 和 CSS、解析和执行 JavaScript 代码等。

响应报文应包含如下 4 个方面的信息。

① 状态行（status line）。

② 响应消息头（headers）。
③ 空行（blank line）。
④ 响应体（response body）。
（6）Web 服务器关闭 TCP 连接

一般情况下，一旦 Web 服务器向浏览器发送了响应数据，然后就要关闭 TCP 连接。但如果浏览器或服务器在其头信息加入 Connection:keep-alive 代码，则 TCP 连接在发送后将仍然保持打开状态。于是，浏览器可以继续通过相同的连接发送请求，保持连接节省了为每个请求建立新连接所需的时间，还节约了网络带宽。

2. HTTP 的主要特点

（1）简单快速：客户向服务器请求服务时，只需传送请求方法和路径。常用的请求方法有 GET、HEAD、POST。每种方法规定了客户与服务器联系的类型。由于 HTTP 简单，因此，HTTP 服务器的程序规模小，通信速度快。

（2）灵活：HTTP 允许传输任意类型的数据对象，如 HTML 文件、图片文件，以及查询结果等。正在传输的类型由 Content-Type 加以标记。

（3）无连接：无连接的含义是限制每次连接只处理一个请求。服务器处理完客户的请求，并收到客户的应答后，即断开连接。采用这种方式可以节省传输时间。

（4）无状态：指协议对于事务处理没有记忆能力。无状态意味着如果后续处理需要前面的信息，则必须重传这些信息，这样可能导致每次连接传送的数据量增大。另外，如果服务器不需要先前信息，它的应答就较快。

（5）支持 B/S 和 C/S 模式。

5.1.2 请求报文

如前所述，HTTP 的请求报文由请求行（request line）、请求消息头（headers）、空行（blank line）、请求体（request body）4 个部分组成，其中，请求头如图 5-2 所示。

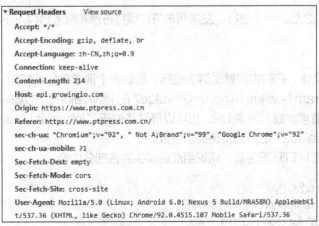

图 5-2 HTTP 请求头

1. 请求行

请求报文的起始行称为请求行。请求行由请求方法字段、URL 字段和 HTTP 版本字段组成，它们用空格分隔。例如，GET/index.htmlHTTP/1.1。

最常见的请求方法为 GET 和 POST，此外还包括 HEAD、PUT、DELETE、OPTIONS、TRACE、CONNECT 等。

使用 GET 方法发送请求时，请求参数和对应的值附加在 URL 后面，利用一个问号"?"代表 URL 的结尾与请求参数的开始，例如，/index.jsp?id=100&op=bind，GET 方法传递参数长度受限制，其服务器响应是将 URL 定位的资源放在响应报文的数据部分回送给客户端。

使用 POST 方法发送请求时，请求参数封装在 HTTP 请求数据中，以 key/value 的形式出现，可以传递大量数据，可用来传递文件。

请求 URL 为请求资源的路径。对应的 URL 地址和报文头的 Host 属性组成完整的请求 URL。

协议及版本号以 HTTP/x.y 的形式出现在请求和响应报文的起始行中，为 HTTP 应用程序提供了一种将自己遵循的协议版本告知对方的方式。版本号说明了应用程序支持的最高 HTTP 版本。

2. 请求消息头

请求消息头由 key/value 对组成，每行一对，key 和 value 用冒号":"（半角符号）分隔。请求头部通知服务器关于客户端请求的信息，典型的请求头如下。

（1）User-Agent：产生请求的浏览器类型。

（2）Accept：客户端可识别的响应内容类型列表，星号"*"用于按范围将类型分组"*/*"表示可接受全部类型，"type/*"表示可接受 type 类型的所有子类型。

（3）Accept-Language：客户端可接受的自然语言。

（4）Accept-Encoding：客户端可接受的编码压缩格式。

（5）Accept-Charset：可接受的应答字符集。

（6）Host：请求的主机名，允许多个域名同处一个 IP 地址，即虚拟主机。

（7）Connection：连接方式（close 或 keepalive）。

（8）Cookie：存储于客户端的扩展字段，向同一域名的服务端发送属于该域的 cookie。

3. 空行

最后一个请求头之后是一个空行，发送回车符和换行符通知服务器以下不再有请求头。

4. 请求体

请求体也称报文体，它的内容就是请求数据，承载多个请求参数的数据。它将一个页面表单中的组件值通过 param1=value1&param2=value2 的 key/value 形式编码成一个格式化串，不但报文体可以传递请求参数，请求 URL 也可以通过类似于"/chapter17/user.html? param1=value1&param2=value2"的方式传递请求参数。

【示例 5.1】创建 HTTP 服务器，认识组成请求头的各部分内容。

```
const http = require('http');
var server = http.createServer(); //创建服务器
server.on("request", function(req, res) {
    // req.headers    打印全部请求头信息——对象形式
    console.log(req.headers);
    // req.rawHeaders    全部头信息——数组形式
    console.log(req.rawHeaders);
```

```
    // req.httpVersion    请求的协议方式
    console.log(req.httpVersion);
    // req.method    请求的方式
    console.log(req.method);
    // req.url    请求的路径
    console.log(req.url);
    res.end();
})
server.listen(9000, function() {
    console.log("localhost://9000 服务器已开启");
}
```

运行显示为:

在地址栏输入 localhost://9000,按<F12>键,在控制台的 Network 中的 Headers 查看结果。

请求头信息如下。

```
[
  'Host',
  'localhost:9000',
  'Connection',
  'keep-alive',
  'Cache-Control',
  (略)
]
请求的协议版本:
1.1
请求方法:
GET
请求路径:
/
```

【代码分析】

首先引入 http 模块。利用 http.createServer()方法创建 HTTP 服务器。服务器监听客户端的请求。

(1) req.headers:以对象形式打印全部请求头信息。
(2) req.rawHeaders:以数组形式打印全部请求头信息。
(3) req.httpVersion:获取请求的协议方式。
(4) req.method:获取请求的方式。
(5) req.url:获取请求的路径。
(6) res.end():结束响应并向客户端发送响应数据。

5.1.3 响应报文

HTTP 的响应报文由状态行(status line)、响应消息头(headers)、空行(blank line)、响应体(response body)4 个部分组成,其中,响应头如图 5-3 所示。

```
Response Headers    View source
Cache-Control: private
Connection: keep-alive
Content-Length: 54
Content-Type: application/json;charset=UTF-8
Date: Fri, 17 Sep 2021 10:31:34 GMT
Expires: Thu, 01 Jan 1970 08:00:00 CST
```

图 5-3 HTTP 响应头

1. 状态行

响应报文的起始行称为响应状态行。状态行由 HTTP 版本、一个表示成功或错误的整数代码（状态码）和对状态码进行描述的文本信息 3 个部分组成，它们用空格分隔。例如，HTTP/1.1 200 OK。

状态代码由 3 位数字组成，表示请求是否被理解或被满足。HTTP 响应状态码的第一个数字定义了响应的类别，后面两位数字没有具体的分类，第一位数字有 5 种可能的取值，具体介绍如下所示。

（1）1xx：表示请求已接收，需要继续处理。
（2）2xx：表示请求已成功被服务器接收、理解并接受。
（3）3xx：为完成请求，客户端需要进一步细化请求。
（4）4xx：客户端的请求有错误。
（5）5xx：服务器端出现错误。

常用的 HTTP 状态码如下。
（1）200：请求成功。
（2）404：请求的资源没有被找到。
（3）400：客户端请求语法有误。
（4）403：服务器拒绝请求。
（5）500：服务器端错误。
（6）502：服务器作为网关或代理，从上游服务器收到无效响应。

2. 响应消息头

状态行后紧接着的是若干响应消息头，服务器端通过响应消息头向客户端传递附加信息，包括服务程序名、被请求资源需要的认证方式、客户端请求资源的最后修改时间、重定向地址等。

3. 空行

最后一个响应头之后是一个空行，发送回车符和换行符，通知服务器以下不再有响应头。

4. 响应体

响应体负责响应数据，包括服务器返回给客户端的文本信息。

【示例 5.2】创建 HTTP 服务器，认识响应报文的各部分内容。

```
var http = require("http");
var server = http.createServer(); // 创建服务器
```

```js
server.on("request", function(req, res) {
    res.statusCode = 404; // 响应码
    res.statusmessage = "not found"; // 响应消息
    res.setHeader('Content-Type', 'text/plain;charset=utf-8');
    res.writeHead(404, 'not found', {
        'Content-Type': 'text/plain;charset=utf-8'
    });
    // 1.写内容
    res.write("这是发向前端的内容! ");
    // 2. 每个请求都必须要调用的一个方法 res.end();
    // 结束响应（请求）
    // 告诉服务器该响应的报文头、报文体等全部已经响应完毕了，可以考虑本次响应结束
    // res.end() 如果要响应数据，数据必须是 String 类型或者是 Buffer 类型
    res.end();
    // 3.设置 http 响应状态码(放置于响应信息的最前面)
    res.statusCode = 200; // 响应码
    res.status.message = "OK"; // 响应消息
    // 4. 通过 res.setHeader() 来设置响应报文头
    res.setHeader('Content-Type', 'text/plain;charset=utf-8')
    // 5. writeHeader 书写响应报文头(包括响应状态码和设置头内容)
    res.writeHead(404, 'not found', {
        'Content-Type': 'text/palin;charset=utf-8'
    });
})
server.listen(9000, function() {
    console.log("localhost:9000 服务器已开启");
});
```

运行结果如图 5-4 所示。

【代码分析】

这段代码用到了 http 模块的知识点，通过运行这段代码，打开浏览器的开发者工具，查看代码中对响应报文的设置是否体现在响应报文中。

```js
res.statusCode = 404; // 设置响应状态码
res.statusmessage = "not found"; // 设置响应消息
res.setHeader('Content-Type', 'text/plain;charset=utf-8');
res.writeHead(404, 'not found', {    // 向请求发送响应头
    'Content-Type': 'text/plain;charset=utf-8'
});
res.write("这是发向前端的内容! ");   // 响应体内容
res.end() // 响应结束
// 响应结束之后，以下设置不起作用
res.statusCode = 200; // 响应码
res.status.message = "OK"; // 响应消息
// res.setHeader() 要在 res.write() 和 res.end() 之前设置
```

图 5-4 运行结果

【代码分析】

因为即使不设置响应报文头，系统也会默认有响应报文头，并且默认将响应报文头发送给浏览器，如果已经发送过响应报文头，就不能再通过 res.setHeader()方法来再次设置响应报文头了，否则会报错。

5.2 http 模块

5.2.1 http 模块介绍

视频 21

前面学习了 HTTP，它是一个专门用来在浏览器和 Web 服务器之间传送数据的应用层协议，是互联网数据通信的基础。那么，Node.js 怎样创建 Web 服务器，它提供哪些 API 来实现浏览器与服务器之间的请求与响应呢？在 Node.js 内置模块中，有一个非常重要的核心模块 http，通过使用封装在这个核心模块中的方法，可以很轻松地创建一个 HTTP 服务器，实现浏览器与 Web 服务器之间的请求与响应。

1. http 模块引入方式

http 模块是 Node.js 的核心模块，因此，模块引用时可以通过 require 模块名直接引入，引入方式如下。

```
var http=require("http");
```

2. http 模块对 HTTP 服务端的支持

（1）http.createServer()方法

该方法用于创建 HTTP Web 服务器，返回 HTTP 服务器对象实例。它是 http 模块的重要方法，所有基于 Node.js 的 HTTP Web 服务操作都必须先搭建 Node.js 的 HTTP Web 服务器实例对象。

（2）http.Server 服务器实例对象

该对象是一个事件发射器 EventEmitter，会发射 request、connection、close、checkContinue、connect、upgrade 和 clientError 事件。

http.Server 对象有一个很重要的事件 request，它是一个监听函数 function(request, response){}，该事件传入两个参数：request 和 response。request 是一个 http.IncomingMessage 实例，response 是一个 http.ServerResponse 实例。

http.Server 对象有一个重要方法 server.listen()，调用 server.listen()方法后 http.Server 就可以接收客户端传入的连接。

（3）http.ServerResponse 服务器响应对象

该对象用于响应处理客户端请求。http.ServerResponse 是 HTTP 服务器（http.Server）内部创建的对象，作为第二个参数传递给 request 事件的监听函数。http.ServerResponse 实现了 Writable Stream 接口，其对于客户端的响应本质上是对这个可写流的操作，它还是一个事件发射器 EventEmitter，发射 close、finish 事件。

3. http 模块对 HTTP 客户端的支持

http 模块不仅为 HTTP 服务器提供支持，也提供了创建 HTTP 客户端对象的方法，使用客户端对象可以创建对 HTTP 服务的访问。

（1）http.request(options[, callback])

该方法用于创建 HTTP 请求，其回调函数会返回一个 http.ClientRequest 对象，是 http.createClient()方法的替代方法。http.request()方法会返回一个 http.ClientRequest 类的实例。

（2）http.ClientRequest

http.ClientRequest 对象由 http.request()方法创建并返回，它是一个正在处理的 HTTP 请求，其头部已经在队列中，它还是一个事件发射器 EventEmitter，会发射 response、socket、upgrade、continue 事件。

5.2.2 HTTP 服务端

http 模块的 http.createServer()方法可以创建 HTTP Web 服务器实例。

1. http. createServer()方法

http.createServer()方法用于创建 HTTP 服务器，其语法规则如下。

http.createServer([options][, requestListener])

这个方法有多个可选参数，但一般只接收一个可选传入参数 requestListener。

返回：新创建的 HTTP 服务器实例。

http.createServer()方法的主要可选参数说明如下。

（1）options，<Object>。
- IncomingMessage：<http.IncomingMessage>，指定要使用的 IncomingMessage 类，默认值为 IncomingMessage。
- ServerResponse：<http.ServerResponse>，指定要使用的 ServerResponse 类，默认值为 ServerResponse。
- insecureHTTPParser：<boolean>，指定是否使用不安全的 HTTP 解析器，默认值为 false。
- maxHeaderSize：<number>，设定请求头的最大长度（以字节为单位），默认值为 16384（16KB）。

（2）requestListener 参数是一个函数，传入后将作为 http.Server 的 request 事件监听器，定义在这个函数中的 HTTP 请求会被自动添加到 request 事件。如果在创建服务器时不传入 requestListener 事件监听器，则需要通过在 http.Server 对象的 request 事件中单独添加。

2. Server 实例对象的 server.listen()方法

创建服务器实例后，可用此方法启动一个服务来监听连接端口信息。调用 server.listen()方法后 http.Server 就可以接收客户端传入连接。语法规则如下。

server.listen([port[, host[, backlog]]][, callback])

sever.listen()方法的可选参数说明如下。

（1）port：<number>，设定端口号。
（2）host：<string>，设定主机名。
（3）backlog：<number>，server.listen()方法的通用参数。
（4）callback：<Function>，服务器启动后的回调函数。

返回：服务器实例对象。

3. http. ServerResponse 对象的常用方法和属性

http.ServerResponse 对象是由 HTTP 服务器在内部创建的，它会作为第二个参数传给 request 事件。http.ServerResponse 对象的几个常用方法如下。

（1）response.writeHead()方法

此方法用于向请求发送响应头，语法规则如下。

response.writeHead(statusCode[, statusMessage][, headers])

response.writeHead()方法的主要参数说明如下。

① statusCode：<number>，它是一个 3 位数的 HTTP 状态码，如 404。

② statusMessage：<string>，可选，用户可读的 statusMessage。
③ headers：<Object>，要发送的响应头信息。
例如，

```
res.writeHead(404,'not found',{
    'Content-Type':'text/plain;charset=utf-8'
    });
```

此方法只能在消息上调用一次，并且必须在调用 response.end()方法之前调用。当使用 response.setHeader()方法多次设置响应头，response.writeHead()方法输出响应头时，所有设置的响应头合并。

（2）response.setHeader(name, value)

为隐式响应头设置单个响应头的值。

参数说明如下。

① name <string>：响应头字段名称。

② value <any>：响应头字段的值。

例如，

```
response.setHeader(['type=ninja', 'language=javascript']);
```

当使用 response.setHeader()方法设置响应头时，它们将与传给 response.writeHead()方法的任何响应头合并，其中 response.writeHead()方法的响应头优先。

（3）response.write()方法

该方法用于发送一块响应主体，可以多次调用该方法以提供连续的响应主体片段。语法规则如下。

```
response.write(chunk[, encoding][, callback])
```

返回：<boolean>。

response.write()方法的主要参数说明如下。

① chunk：<string> | <Buffer>，响应主体的数据，可以是字符串也可以是 Buffer。如果 chunk 是一个字符串，则第二个参数指定如何将其编码为字节流。当刷新此数据块时，将调用 callback。

② encoding：<string>，字符编码，默认值为 utf-8。

③ callback：<Function>，回调函数。

第一次调用 response.write()方法时，它会将缓冲的响应头信息和主体的第一个数据块发送给客户端。第二次调 response.write()方法时，Node.js 假定数据将被流式传输，并分别发送新数据。也就是说，响应被缓冲到主体的第一个数据块。如果将整个数据成功刷新到内核缓冲区，则返回 true。如果全部或部分数据在用户内存中排队，则返回 false。当缓冲区再次空闲时，则触发 drain 事件。

（4）response.end()方法

此方法用于向服务器发出信号，表明已发送所有响应头和主体，该服务器应该视为此消息已完成。

语法规则如下。

```
response.end([data[, encoding]][, callback])
```

返回：<this>。
response.end()方法的可选参数说明如下。
① data：<string> | <Buffer>，响应主体信息，可选。
② encoding：<string>。
③ callback：<Function>。
必须在每个响应上调用此 response.end()方法。
如果指定了 data，则相当于调用 response.write(data, encoding)方法之后再调用 response.end(callback)方法。如果指定了 callback，则当响应流完成时调用它。

（5）message.headers 属性
message.headers 为请求或响应的消息头对象，如 request.headers。消息头的名称和值为键值对的对象形式，消息头的名称都是小写字母。
例如：

```
{ 'user-agent': 'curl/7.22.0',
  host: '127.0.0.1:8000',
  accept: '*/*' }
console.log(request.headers);
```

（6）message.rawHeaders
原始请求头/响应头的列表为数组，与上面接收到的请求/响应消息头内容完全一致，但消息头名称不是小写字母，并且不会合并重复项。
例如：

```
[ 'user-agent',
  '这是无效的，因为只能有一个值',
  'User-Agent',
  'curl/7.22.0',
  'Host',
  '127.0.0.1:8000',
  'ACCEPT',
  '*/*' ]
```

（7）message.httpVersion 属性
message.httpVersion 为 HTTP 版本信息。在服务器请求的情况下，它表示客户端发送的 HTTP 版本。在客户端响应的情况下，它表示连接到服务器的 HTTP 版本，可能是 1.1 或 1.0。

（8）message.method
message.method 获取只读的 http.Server 请求方式，其值为 GET、POST 等。

（9）message.statusCode
message.statusCode 获取或设置 3 位数的 HTTP 响应状态码。
例如，res.statusCode = 404; // 响应码

（10）message.statusMessage
message.statusMessage 获取或设置响应状态消息。
例如，res.statusmessage="not found"; // 响应消息

（11）message.url

message.url 为请求的 URL 字符串，它仅包含实际的 HTTP 请求中存在的 URL。

【示例5.3】创建 http.Server 对象，并传入 requestListener 事件监听器。

```
var http = require("http"); // 引入 http 模块
http.createServer(function(req, res) { // 创建后台服务
    res.writeHead(200, { // 设置响应头
        "content-type": "text/plain"
    });
    res.write("Hello NodeJS!"); // 输出结果到前端
    res.end();    // 结束响应（请求）
}).listen(3000,function() {
    console.log("localhost://3000 服务器已开启");
});
```

运行结果如图 5-5 所示。

在控制台显示：
localhost://3000 服务器已开启

图 5-5 运行结果

打开浏览器在地址栏输入：http://localhost:3000/，结果如图 5-6 所示。

在开发者工具中可以查看到，设置的响应头已出现在响应报文的头部信息中，如图 5-7 所示。

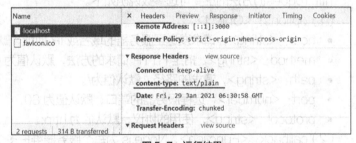

图 5-6 运行结果　　　　　　　　图 5-7 运行结果

【代码分析】

该示例用 http.createServer()方法创建 HTTP 服务器，并用服务器的 listen()方法监听端口号 3000。在创建服务器时，同时传入 requestListener 事件监听器。在这个监听器中，用 res.writeHead()方法设置响应头信息，用 res.write()方法输出结果到前端，用 res.end()方法结束响应。

【示例5.4】创建 http.Server 对象，并通过 server 对象的 request 事件添加事件监听器。

```
var http = require("http"); // 引入 http 模块
var server = new http.Server();// 创建后台服务
server.on("request", function(req, res){ //server.on()方法用于创建 request 事件监听器
    res.writeHead(200, { // 设置响应头
        "content-type": "text/plain"
    });
    res.write("Hello NodeJS!"); // 输出结果到前端
```

```
        res.end(); // 结束响应（请求）
    });
server.listen(3000,function() {
    console.log("localhost://3000 服务器已开启");
});
```

运行结果也如图 5-5 所示。

打开浏览器在地址栏输入：http://localhost:3000/，显示结果如图 5-6 所示。

在开发者工具中可以查看到，设置的响应头已出现在响应报文的头部信息中，如图 5-7 所示。

【代码分析】

本示例与示例 5.3 的运行结果一样，不同之处在于：用 http.Server 类创建服务器实例对象时没有传入参数，通过 server.on()方法创建 request 事件监听器，用 server.listen()方法设置监听端口及回调函数。

5.2.3 HTTP 客户端

HTTP 客户端由 http.request()方法实现，执行该方法会在内部自动返回一个 http.ClientRequest 类的实例对象。http.request()方法的语法规则如下。

http.request(options[, callback])

返回：<http.ClientRequest>。

http.request()方法的主要可选参数说明如下。

（1）options：<Object>。
- host：<string>，请求发送至服务器的域名或 IP 地址，默认值为 localhost。
- method：<string>，指定 HTTP 请求的方法，默认值为 GET。
- path：<string>，请求的路径，默认值为/。
- port：<number>，远程服务器的端口，默认值为 80。
- protocol：<string>，使用的协议，默认值为 http:。

（2）callback：<Function>，Node.js 为每个服务器维护多个连接以发送 HTTP 请求。此函数允许显式地发送请求。可选的 callback 参数会作为单次监听器被添加到 response 事件。

http.request()方法返回 http.ClientRequest 类的实例。ClientRequest 实例是一个可写流。如果需要使用 POST 请求上传文件，则将其写入 ClientRequest 对象。在成功的请求中会触发 response 事件和 res 对象的 end 事件。

【示例 5.5】创建访问百度服务器首页的 HTTP 客户端请求。

```
var http = require("http");
var options = {
    hostname: "www.baidu.com",
    port: 80,
    methods: "GET",
    path: '/',
}
var req = http.request(options, function(res) {
    console.log("STAUS: " + res.statusCode);
```

```
            console.log("HRADERS: " + JSON.stringify(res.headers));
            res.setEncoding("utf-8");
            res.on('data', function(chunk) { // 监听 data 事件,如果有数据,将执行回调函数
                console.log(chunk);
            })
        })
        req.end();
```

运行结果如图 5-8 所示。

```
STAUS: 200
HRADERS: {"accept-ranges":"bytes","cache-control":"no-cache","content-length":"14615","content-type":"text/html","da
<!DOCTYPE html><!--STATUS OK-->
<html>
<head>
        <meta http-equiv="content-type" content="text/html;charset=utf-8">
        <meta http-equiv="X-UA-Compatible" content="IE=Edge">
        <link rel="dns-prefetch" href="//s1.bdstatic.com"/>
        <link rel="dns-prefetch" href="//t1.baidu.com"/>
        <link rel="dns-prefetch" href="//t2.baidu.com"/>
        <link rel="dns-prefetch" href="//t3.baidu.com"/>
        <link rel="dns-prefetch" href="//t10.baidu.com"/>
        <link rel="dns-prefetch
" href="//t11.baidu.com"/>
        <link rel="dns-prefetch" href="//t12.baidu.com"/>
        <link rel="dns-prefetch" href="//b1.bdstatic.com"/>
        <title>百度一下,你就知道</title>
        <link href="http://s1.bdstatic.com/r/www/cache/static/home/css/index.css" rel="stylesheet" type="text/css" /
        <!--[if lte IE 8]><style index="index" >#content{height:480px\9}#m{top:260px\9}</style><![endif]-->
        <!--[if IE 8]><style index="index" >#ul a.mnav,#ul a.mnav:visited{font-family:simsun}</style><![endif]-->
        <script>var hashMatch = document.location.href.match(/#+(.*wd=[^&].+)/);if (hashMatch && hashMatch[0] && has
        <script>function h(obj){obj.style.behavior='url(#default#homepage)';var a = obj.setHomePage('//www.baidu.com
        <noscript><meta http-equiv="refresh" content="0; url=/baidu.html?from=noscript"/></noscript>
        <script>window.__ASYNC_START=new Date().getTime();</script>
</head>
<body link="#0000cc"><div id="wrapper" style="display:none;"><div id="u"><a href="//www.baidu.com/gaoji/preferences.
<script>window.__async_strategy=2;</script>
<script>var bds={se:{},su:{urdata:[],urSendClick:function(){}},util:{},use:{},comm : {domain:"http://www.baidu.com",
<script>if(!location.hash.match(/[^a-zA-Z0-9]wd=/)){document.getElementById("ftCon").style.display='block';document.
<script type="text/javascript" src="http://s1.bdstatic.com/r/www/cache/static/jquery/jquery-1.10.2.min_f2fb5194.js">
<script>(function(){var index_content = $('#content');var index_foot = $('#ftCon');var index_css= $('head [index]');
<script>window.__switch_add_mask=1;</script>
<script type="text/javascript" src="http://s1.bdstatic.com/r/www/cache/static/global/js/instant_search_newi_redirect
<script>initPreload,$("#u,#ul").delegate("#lb",'click',function(){try{bds.se.login.open();}catch(e){}});if(navigat
<script>$(function(){for(i=0;i<3;i++)u($($('.s_ipt_wr')[i]),$($('.s_ipt')[i]),$($('.s_btn_wr')[i]),$($('.s_btn')[i]
<script type="text/javascript" src="http://s1.bdstatic.com/r/www/cache/static/home/js/bri_7f1fa703.js"></script>
<script>(function(){var _init=false;window.initIndex=function(){if(_init){return;}_init=true;var w=window,d=document
</body></html>
```

图5-8 运行结果

【代码分析】

通过 options 设置目标服务器对象参数:主机名、端口号、请求方式及请求路径。使用 http.request()方法,传入 options 参数及请求监听函数,并把响应对象传入该函数。

(1)res.statusCode 为响应状态码。

(2)JSON.stringify(res.headers))为 JSON 格式的请求头。

(3)res.setEncoding("utf-8")设置响应信息的字符编码。

(4)res.on('data', function(chunk){}监听 data 事件,如果有数据,将执行回调函数。

(5)req.end()结束接收,把响应体发送给客户端浏览器。

【示例5.6】创建用 http.get 请求方式访问百度服务器首页的 HTTP 客户端请求。

```
var http = require("http");
var options = {
    hostname: "www.baidu.com",
    port: 80,
```

```
        methods: "GET",
        path: '/',
    }
    var req = http.request(options, function(res) {
        console.log("STAUS: " + res.statusCode);
        console.log("HRADERS: " + JSON.stringify(res.headers));
        res.setEncoding("utf-8");
        res.on("data", function(chunk) { // 监听 data 事件，如果有数据，将执行回调函数
            console.log(chunk);
        })
    })
    req.end();
    var http = require("http");
    var options = {
        hostname: "www.baidu.com",
    }
    var req = http.get(options, function(res) {
        console.log("STAUS: " + res.statusCode);
        console.log("HRADERS: " + JSON.stringify(res.headers));
        res.setEncoding("utf-8");
        res.on("data", function(chunk) {
            console.log(chunk);
        })
    })
```

运行的结果与示例 5.5 的运行结果相同。

【代码分析】

这段代码与示例 5.5 相比，不同之处之一是 options 的参数只定义了主机名，其他未指定按照默认取值，仍然为"port:80,methods:"GET",path:'/'"。另一个不同之处是使用 http.get 发送客户端请求。http.get()方法是 http.request()方法的快捷方法，这个方法自动设置 HTTP 的请求方式为 GET，请求完成自动调用 req.end()方法。因此，两个示例的运行结果一样。

5.2.4　http.ServerRequest 和 http.request

http.ServerRequest 和 http.ServerResponse 这两个对象一般由 HTTP 服务器（也就是 http.Server）建立而非用户自己手动建立。它们分别作为 request 事件的第一个参数和第二个参数，是一个可写流。

http.request 一般由 HTTP 客户端手动建立。执行 http.request()自动返回的是 http.ClientRequest 类的实例。

5.2.5　项目实训——前后端交互显示省份信息

1. 实验需求

在后端解决跨域。

视频 22

创建后端服务，并解决跨域问题，将 4.3.5 节生成的 city.json 文件发向前端并在前端将省（自治区、直辖市）渲染出来。

2. 实验步骤

（1）准备好 city.json 文件，存储省级行政区及其所属地级城市数据。
city.json——城市数据文件

```
{
    "locality":{
        "provinces":[
            {
                "province":[
                    {
                        "$":{
                            "id":"1",
                            "cid":"42",
                            "name":"Anhui",
                            "text":"安徽"
                        }
                    },
                    ……    // 此处省略一些省份数据
                    {
                        "$":{
                            "id":"2",
                            "cid":"42",
                            "name":"Beijing",
                            "text":"北京"
                        }
                    }
                ]
            }
        ],
        "citys":[
            {
                "city":[
                    {
                        "$":{
                            "id":"1",
                            "pid":"2",
                            "name":"东城区"
                        }
                    },
                    ……    // 此处省略一些城市数据
                    {
                        "$":{
                            "id":"2",
                            "pid":"2",
```

```
                    "name":"西城区"
                }
            ]
        }
    ]
}
```

【代码分析】

JSON 文件数据结构对应上面的 city.xml 文件结构，包含 provinces 和 citys 两个数组。provinces 数组中包含 34 个省级行政区名称和编号，city 数组中包含所有地级城市的编号和名称，通过 pid 属性说明该城市属于哪个省级行政区。

（2）编写 http.js 文件，构建 HTTP 服务器，监听 3000 端口。

```
const http = require('http');
const fs = require('fs');
// 创建服务器
const server = http.createServer();
// 处理前端请求
server.on('request',(req,res)=>{
    // 解决跨域问题
    res.setHeader('Access-Control-Allow-Origin', '*');   // *表示所有 IP 都能访问
    res.setHeader("Access-Control-Allow-Headers", "X-Requested-With");
    res.setHeader("Access-Control-Allow-Methods", "PUT,POST,GET,DELETE,OPTIONS");
    res.setHeader('Content-Type','text/plain;charset=utf-8');
    let data = fs.readFileSync('./data/city.json')
    res.end(data);
}).listen(3000);
```

运行结果如图 5-9 所示。

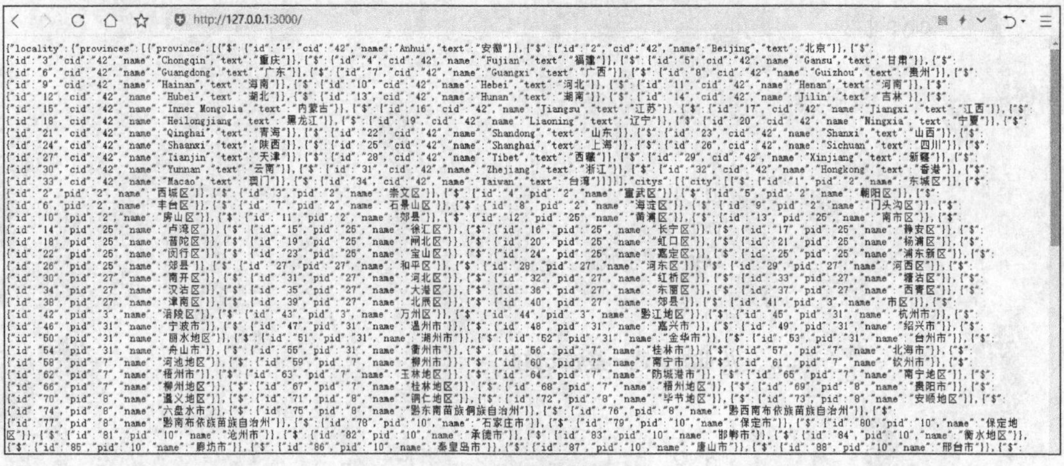

图 5-9 运行结果

提示：先使用 node 命令或者在 HBuilder 中运行该文件，然后打开浏览器，输入 http://127.0.0.1:3000，开启 HTTP 服务器。

【代码分析】

首先，加载 http 和 fs 模块，创建 HTTP 服务器，一旦服务器接收到前端页面发来的 request 请求，设置 3 个属性 Access-Control-Allow-Origin、Access-Control-Allow-Headers、Access-Control-Allow-Methods 的值来解决跨域问题，读取 JOSN 文件的内容，并将读取到的内容通过 res.end()方法响应给客户端。

（3）编写 index.html 客户端页面，向服务器发送请求，并接收响应数据。

index.html 文件

```html
<!DOCTYPE html>
<html>
    <head>
        <meta charset="utf-8">
        <title></title>
    </head>
    <body>
        <ul class="city"></ul>
    </body>
    <script src="js/jquery.js"></script>
    <script>
        $.ajax({
            url: 'http://127.0.0.1:3000'
        }).then(res=>{
            var data = JSON.parse(res).locality.provinces[0].province
            for(var i in data){
                $('.city').append('<li class="item">'+data[i].$.text+'</li>')
            }
        })
    </script>
</html>
```

运行显示结果如图 5-10 所示。

提示：先运行 http.js 文件，然后打开浏览器，输入 http://127.0.0.1:3000，确保开启 HTTP 服务器。

【代码分析】

客户端的 HTML 页面通过 AJAX 向服务器地址 http://127.0.0.1:3000 发送请求。如前面分析，HTTP 接收请求后，读取 JSON 文件的内容响应给 HTML 页面，再通过 JSON.parse(res)方法解析获得的数据，根据 JSON 文件的数据结构，JSON.parse(res).locality.provinces[0].province 取得所有省份数据，数据结构是一个数组，再通过 for 循环，取得每一个省份值，使用列表项输出。

- 安徽
- 北京
- 重庆
- 福建
- 甘肃
- 广东
- 广西
- 贵州
- 海南
- 河北
- 河南
- 湖北
- 湖南
- 吉林
- 内蒙古
- 江苏
- 江西
- 黑龙江
- 辽宁
- 宁夏
- 青海
- 山东
- 山西
- 陕西
- 上海
- 四川
- 天津
- 西藏
- 新疆
- 云南
- 浙江
- 香港
- 澳门
- 台湾

图 5-10　客户端请求输出的数据

5.3　path 模块和 url 模块

5.3.1　path 模块

在实际应用中，会涉及很多文件和路径操作的问题，解决这些问题除了需要用到 Node.js 的 fs 模块外，还要用到 Node.js 的 path 模块，path 模块包含一系列处理和转换文件路径的工具集。

视频 23

1. path 模块引入方式

path 模块是 Node.js 的内置核心模块，因此可以通过模块名直接引入，引入方式如下。

```
var path = require('path');
```

2. path 模块的主要方法

（1）path.dirname(path)方法

path.dirname(path)方法用于获取文件目录。

例如：

```
path.dirname('/foo/bar/baz/asdf/a.txt')); //返回: '/foo/bar/baz/asdf'
```

（2）path.basename(path[, ext])方法

path.basename(path[, ext])方法用于获取路径的最后一个部分，即文件名，参数 ext 为需要截掉的后缀内容。

例如：

```
path.basename('/foo/bar/baz/asdf/a.txt');        //返回: a.txt
path.basename('/foo/bar/baz/asdf/a.txt','.txt'));  //返回: a
```

（3）path.normalize(path)方法

path.normalize(path)方法用于规范给定的 path，处理冗余的 ".." "." "/" 字符。当发现多个 "/" 时，会替换成一个 "/"。如果路径末尾只包含一个 "/"，则保留。如果 path 是长度为 0 的字符串，则返回 "."，表示当前工作目录。

例如：

```
path.normalize('/foo/bar//baz/aa/bb/..'); //返回: \foo\bar\baz\aa
path.basename ('C:\\temp\\\\foo\\bar\\..\\'); //返回: C:\temp\foo\
path.normalize(''); //返回: .
```

（4）path.join([...paths])方法

用于将所有给定的 path 片段连接到一起，然后规范化生成的路径。长度为 0 的 path 片段会被忽略。如果连接后的路径字符串长度为 0，则返回 "."，表示当前工作目录。

例如：

```
path.join('/////./a', 'b////c', 'user/'); //返回: \a\b\c\user
path.join('a', '../../', 'user/');   //返回: ..\user\
```

（5）path.resolve([from ...], to)方法

path.resolve([from ...], to)方法用于将 to 参数解析为绝对路径，给定的路径序列会被从右到左处理，后面的每个 path 会被追加到前面，直到构造出绝对路径。如果在处理完所有给定的 path 片段之后还未生成绝对路径，则会使用当前工作目录。生成的路径会被规范化，并且尾部的 "/" 会被删除（除非路径被解析为根目录）。

如果没有传入 path 片段，则 path.resolve()方法会返回当前工作目录的绝对路径。

例如：

```
path.resolve('/foo', '/bar', 'baz'); //返回: /bar/baz
path.resolve('/foo/bar', './baz');   //返回:/foo/bar/baz
```

（6）path.parse(pathString)方法

path.parse(pathString)方法用于将 path 字符串转为 path 对象，其属性表示 path 的有效元素，返回的对象具有以下属性。

① dir: <string>。

② root: <string>。

③ base：<string>。
④ name：<string>。
⑤ ext：<string>，尾部的目录分隔符会被忽略。

例如：

```
path.parse('C:\\目录 1\\目录 2\\文件.txt');
```

返回：

```
{ root: 'C:\\',
  dir: 'C:\\目录 1\\目录 2',
  base: '文件.txt',
  ext: '.txt',
  name: '文件' }
```

【示例 5.7】path.normalize()方法编程应用。

```
var path = require("path");
var myPath1 = path.normalize('/foo/bar//baz/aa/bb/..');
var myPath2 =path.normalize('C:\\\\temp\\\\\\foo\\bar\\..\\\\');
var myPath3 =path.normalize('');
console.log(myPath1);
console.log(myPath2);
console.log(myPath3);
```

运行结果如图 5-11 所示。

```
\foo\bar\baz\aa
C:\temp\foo\
```

图 5-11　运行结果

【代码分析】

　　path.normalize('C:\\\\temp\\\\\\foo\\bar\\..\\\\');规范化时省略了冗余的"．．""．""/"字符，将"/"替换成了"\"。

　　path.normalize('')规范化时 path 是长度为 0 的字符串，则返回"．"，表示当前工作目录。

【示例 5.8】path.join()方法编程应用。

```
var path = require("path");
var path1 = 'path1',
    path2 = 'path2/pp',
    path3 = '/path3';
var myPath = path.join(path1, path2, path3);
console.log(myPath);
```

运行显示为：path1\path2\pp\path3。

【代码分析】

　　将所有给定的 path 片段连接到一起，然后规范化生成的路径。

【示例 5.9】path.resolve()方法编程应用。

```
var path = require("path");
var myPath = path.resolve('path1', 'path2', 'a/b\\c/');
console.log(myPath);
```

运行显示为：E:\project\path1\path2\a\b\c。

【代码分析】

本示例在处理完所有给定的 path 片段之后还未生成绝对路径，因此，要将当前工作目录 E:\project 追加到前面，构成绝对路径。

【示例 5.10】path.parse()方法编程应用。

```
var path = require('path');
var obj = path.parse('/Users/laihuamin/Documents/richEditor/editor/src/task.js');
console.log(obj);
```

运行结果如图 5-12 所示。

```
{
    root: '/',
    dir: '/Users/laihuamin/Documents/richEditor/editor/src',
    base: 'task.js',
    ext: '.js',
    name: 'task'
}
```

图 5-12　运行结果

【代码分析】

代码把字符串类型的路径转换为对象类型。

5.3.2　url 模块

在实际应用中，经常会涉及需要从完整的 url 请求路径中提取出各个属性及其值的问题，或者把各个属性值构造成一个完整的 url 请求字符串等问题。如"http://www. ptpress.com.cn/shopping/buy?bookId=0bbbf65b-c861-4b13-b61a-99ec01bb3809"这个 GET 请求的 url 就包含了协议、主机名、请求路径，以及"?"后面的查询字符串等。服务器收到这个请求之后，需要提取出协议、主机名、请求路径、查询参数等内容。Node.js 的 url 模块为解决这类问题提供了相应的方法。

1. url 模块引入方式

url 模块是 Node.js 的内置核心模块，因此可以通过模块名直接引入，引入方式如下。

```
var url = require('url');
```

2. url 模块的主要方法

（1）url.parse()方法

此方法用于把字符串形式的 url 转成对象形式的 url。

语法规则如下。

url.parse(urlString[, parseQueryString[, slashesDenoteHost]])

返回：url 对象。
参数说明如下。
① urlString：<string>，需要解析的 url 字符串。
② parseQueryString：<boolean>，为 true 时将使用查询模块分析查询字符串，默认为 false。
③ slashesDenoteHost：<boolean>，默认为 false，//foo/bar 形式的字符串将被解析成 {pathname:'//foo/bar'}，如果设置成 true，//foo/bar 形式的字符串将被解析成 {host: 'foo', pathname:'/bar'}

（2）url.format() 方法

此方法用于把 JSON 对象形式的 url 格式化成字符串形式的 url。
语法规则如下。

url.format(urlObject)

返回：字符串形式的 url。
format 方法的作用与 parse 相反，它的参数是一个 JSON 对象，返回一个组装好的 url 地址。
【示例 5.11】用 url.parse() 方法把字符串形式的 url 转成对象形式的 url。

```
var url = require("url")
var myurl = " https://www.ptpress.com.cn/shopping/buy?bookId=5e6fe0f3-6ee7-40c2-8c25-9cdf9b0c87e6"
var parsedUrl = url.parse(myurl);
console.log(parsedUrl);
```

运行显示为：

```
Url {
  protocol: 'https:',
  slashes: true,
  auth: null,
  host: 'www.ptpress.com.cn',
  port: null,
  hostname: 'www.ptpress.com.cn',
  hash: null,
  search: '?bookId=5e6fe0f3-6ee7-40c2-8c25-9cdf9b0c87e6',
  query: 'bookId=5e6fe0f3-6ee7-40c2-8c25-9cdf9b0c87e6',
  pathname: '/shopping/buy',
  path: '/shopping/buy?bookId=5e6fe0f3-6ee7-40c2-8c25-9cdf9b0c87e6',
  href: 'https://www.ptpress.com.cn/shopping/buy?bookId=5e6fe0f3-6ee7-40c2-8c25-9cdf9b0c87e6'
}
```

【代码分析】

该示例调用的 url.parse() 方法只传入字符串形式的 url 参数，可选参数 parseQueryString 和

slashesDenoteHost 均取默认值为 false。

【示例 5.12】用 url.format() 方法把 JSON 对象形式的 url 格式化成字符串形式的 url。

```
var url = require("url");
var testObj1 = {
protocol: 'https:',
    slashes: true,
    auth: null,
    host: 'www.ptpress.com.cn',
    port: null,
    hostname: 'www.ptpress.com.cn',
    hash: null,
    search: '?bookId=5e6fe0f3-6ee7-40c2-8c25-9cdf9b0c87e6',
    query: 'bookId=5e6fe0f3-6ee7-40c2-8c25-9cdf9b0c87e6',
    pathname: '/shopping/buy',
    path: '/shopping/buy?bookId=5e6fe0f3-6ee7-40c2-8c25-9cdf9b0c87e6',
    href: 'https://www.ptpress.com.cn/shopping/buy?bookId=5e6fe0f3-6ee7-40c2-8c25-9cdf9b0c87e6'
}
var rsUrl = url.format(testObj1);
console.log(rsUrl);
```

运行显示为：https://www.ptpress.com.cn/shopping/buy?bookId=5e6fe0f3-6ee7-40c2-8c25-9cdf9b0c87e6

【代码分析】

该示例调用 url.format() 方法，返回一个组装好的 url 地址。

（3）url.resolve() 方法

该方法接收两个参数，为 URL 或 href 插入或替换原有的标签。语法规则如下。

```
url.resolve(from, to)
```

from 表示源地址，to 表示需要添加或替换的标签。

【示例 5.13】用 url.resolve() 方法，为 URL 或 hre 插入或替换原有的标签。

```
var url = require('url');
var url1 = url.resolve('/one/two/three', 'four'); // '/one/two/four'
console.log(url1);
var url2 = url.resolve('https://www.ptpress.com.cn/', '/about');
console.log(url2);
var url3 = url.resolve('https://www.ptpress.com.cn/newsInfo/', '/list');
console.log(url3);
```

运行结果如图 5-13 所示。

```
/one/two/four
https://www.ptpress.com.cn/about
https://www.ptpress.com.cn/list
```

图 5-13 运行结果

【代码分析】

① "url.resolve('/one/two/three', 'four')" 语句将 "/three" 替换成 "/four"。

② "url.resolve('https://www.ptpress.com.cn/', '/about')" 语句直接在源地址后面添加

"/about"。

③ "url.resolve('https://www.ptpress.com.cn/newsInfo/', '/list')"语句将域名后面的路径"/newsInfo"替换成"/list"。

5.3.3 项目实训——为前端提供数据接口

1. 实验需求

分别创建 HTTP 和 HTTPS 服务，并为前端提供数据接口，要求如下。
（1）安装 OpenSSL。
（2）利用 OpenSSL 生成密钥。
（3）创建 JSON 数据文件，内容可以自定。
（4）分别创建 HTTP 和 HTTPS 服务。

2. 实验步骤

（1）安装 OpenSSL

下载安装 OpenSSL，安装完成后，设置环境变量。假如安装在 C:\OpenSSL-Win64，则将"C:\OpenSSL-Win64\bin"复制到 Path 中，如图 5-14 所示。

图 5-14 添加 Path

打开命令行程序 CMD（以管理员身份运行），输入 OpenSSL 按<Enter>键，确认是否安装成功，如图 5-15 所示。

图 5-15 运行 openssl 命令

（2）使用 OpenSSL 生成密钥

打开命令行程序 CMD，切换目录至"c:\key"，如图 5-16 所示，然后生成密钥文件。

图 5-16　切换目录

① 运行以下命令，如图 5-17 所示。

openssl genrsa –out privatekey.pem 1024

图 5-17　运行命令 1

② 运行以下命令，如图 5-18 所示。

openssl req –new –key privatekey.pem –out certrequest.csr

图 5-18　运行命令 2

③ 运行以下命令，如图 5-19 所示。

openssl x509 –req –in certrequest.csr –signkey privatekey.pem –out certificate.pem

最终在项目文件夹根目录下生成 3 个密钥文件，如图 5-20 所示。

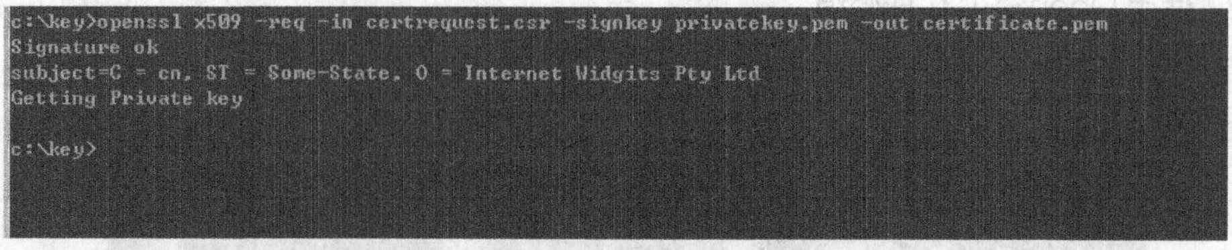

图 5-19 运行命令 3

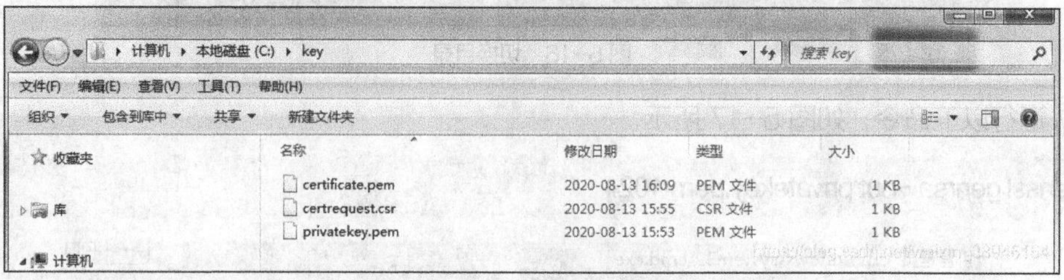

图 5-20 生成的密钥文件

（3）Mock 数据

product.json——商品数据文件

```
{
"data": [
        {
                "product_id": "1",
                "product_name": "Redmi K30",
                "category_id": "1",
                "product_title": "120Hz 流速屏，全速热爱",
                "product_intro": "120Hz 高帧率流速屏/ 索尼6400 万像素前后六摄 / 6.67英寸小孔径全面屏 / 最高可选 8GB+256GB 大存储 / 高通骁龙 730G 处理器 / 3D 四曲面玻璃机身 / 4500mAh+27W 快充 / 多功能 NFC",
                "product_picture": "Redmi-k30.png",
                "product_price": "2000",
                "product_selling_price": "1599",
                "product_num": "10",
                "product_sales": "0"
        },
        {
                "product_id": "2",
                "product_name": "Redmi K30 5G",
                "category_id": "1",
                "product_title": "双模 5G,120Hz 流速屏",
                "product_intro": "双模 5G / 三路并发 / 高通骁龙 765G / 7nm 5G 低功耗处理器 / 120Hz 高帧率流速屏 / 6.67'小孔径全面屏 / 索尼 6400 万前后六摄 / 最高可选 8GB+256GB 大存储 / 4500mAh+30W 快充 / 3D 四曲面玻璃机身 / 多功能 NFC",
                "product_picture": "Redmi-k30-5G.png",
                "product_price": "2599",
                "product_selling_price": "2599",
                "product_num": "10",
                "product_sales": "0"
        },
```

...
}

（4）配置 HTTPS

把上面生成的 3 个密钥文件复制到 node 项目文件夹中，此时文件目录结构如图 5-21 所示。

图 5-21　文件目录结构

HTTP 与 https 同时服务，源码如下。

http.js 文件

```
var fs = require('fs');
var http = require('http');
var https = require('https');
var path = require('path');
// 读取 SSL 密钥
var privateKey = fs.readFileSync('./key/privatekey.pem', 'utf8'); // 密钥路径
var certificate = fs.readFileSync('./key/certificate.pem', 'utf8');
var credentials = {
    key: privateKey,
    cert: certificate
};
// 创建 HTTP 服务器
var httpServer = http.createServer();
// 创建 HTTPS 服务器
var httpsServer = https.createServer(credentials);
var PORT = 81; // 设置 HTTP 端口
var SSLPORT = 443; // 设置 HTTPS 端口
// 读取 JSON 文件
let data = fs.readFileSync(path.resolve(__dirname, './data/product.json'))
// 处理 HTTP 前端请求
httpServer.on('request', (req, res) => {
    res.setHeader('Content-Type', 'text/plain;charset=utf-8');
    res.end(data);
});
// 处理 HTTP 前端请求
httpsServer.on('request', (req, res) => {
    res.setHeader('Content-Type', 'text/plain;charset=utf-8');
    res.end(data);
});
```

```javascript
// 监听 HTTP 端口设置
httpServer.listen(PORT, function() {
    console.log('HTTP Server is running on: http://localhost:%s', PORT);
});
// 监听 HTTPS 端口设置
httpsServer.listen(SSLPORT, function() {
    console.log('HTTPS Server is running on: https://localhost:%s', SSLPORT);
});
```

(5) 启动服务

① 客户端访问 HTTP。

在浏览器地址栏中输入地址：http://localhost:81，按<Enter>键查看数据，如图 5-22 所示。

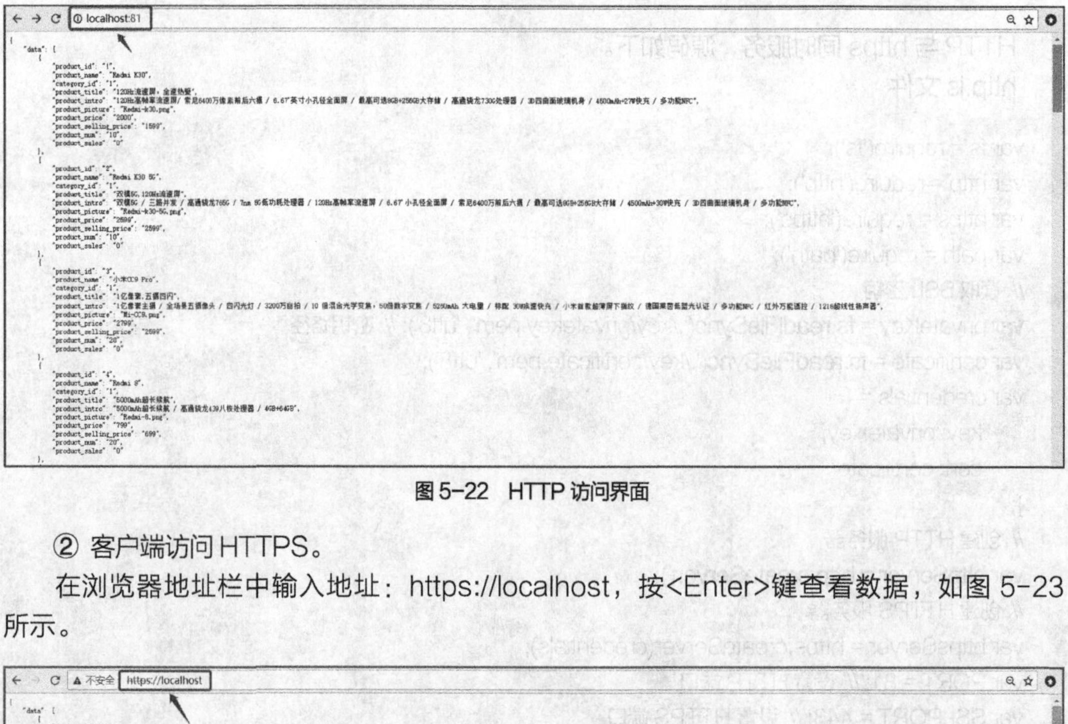

图 5-22 HTTP 访问界面

② 客户端访问 HTTPS。

在浏览器地址栏中输入地址：https://localhost，按<Enter>键查看数据，如图 5-23 所示。

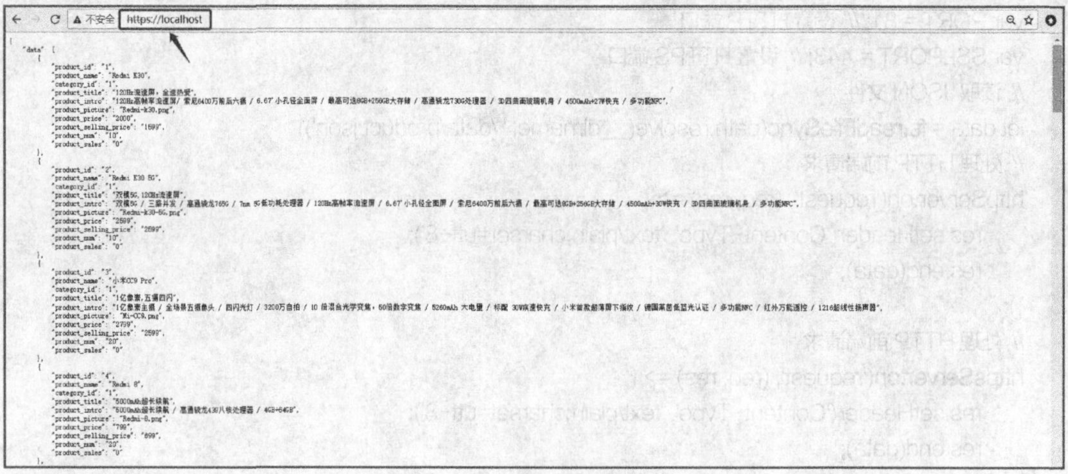

图 5-23 https 访问界面

5.4 本章小结

本章主要介绍了 Node.js 的 3 个核心模块：http 模块、path 模块和 url 模块。通过本章的学习，读者可以了解 HTTP 原理和客户端向服务器端发送请求的处理方式。此外，本章还介绍了利用 path 模块处理路径以及利用 url 模块解析和处理 url 字符串的方法。

5.5 本章习题

一、填空题

1. path.format({ root: '/ignored', dir: '/home/user/dir', base: 'file.txt'})方法返回结果为（　　）。
2. path.resolve('/目录 1/目录 2', './目录 3')方法返回结果为（　　）。
3. path.basename('/目录 1/目录 2/文件.html'); 返回结果为（　　）。
4. path.join('/目录 1', '目录 2', '目录 3/目录 4', '目录 5', '..'); 返回结果为（　　）。
5. 创建服务器实例 server，锁定 server 实例对象后，可用（　　）方法启动一个服务来监听连接端口信息。

二、判断题

1. HTTP 中 http.ServerResponse 是一个可读流。（　　）
2. HTTP 中 http.request()返回一个 http.ClientRequest 类的实例。（　　）
3. 服务器在做出响应时，会将数据封装在 HTTP 响应报文中。（　　）
4. HTTP 中 http.IncomingMessage 对象一般由 http.Server 的 request 事件发送，作为第二个参数传递。（　　）
5. 使用 HTTP 可以搭建一个完整的 Web 服务器。（　　）
6. HTTP 中 server 对象的 response 事件调用 end()函数结束响应后还能再发送一次数据。（　　）
7. 客户端向服务器端发送请求时，需要等待上次请求的返回结果。（　　）
8. 在 HTTP 中结束响应之前，我们能多次向客户端发送数据。（　　）
9. 两台计算机之间可以使用不同的网络协议进行通信。（　　）
10. http.Server 是一个基于事件的 HTTP 服务器。（　　）

三、简答题

1. 请简述浏览器与 Web 服务器完成一次完整 HTTP 请求响应过程的主要步骤。
2. 请简述 HTTP 的主要特点。
3. 请简述 HTTP 请求报文和响应报文各由几部分组成。

第 6 章
Express框架

▶ 内容导学

本章主要介绍基于 Node.js 的轻量级 Web 开发框架：Express 框架。通过本章的学习，读者将掌握该框架的安装、路由配置、中间件的使用以及请求与响应等相关知识，以便使用 Express 框架轻松搭建 Web 应用。

▶ 学习目标

① 掌握利用 Express 搭建后台项目环境的方法。
② 掌握路由配置的方法。
③ 掌握前后台的请求与响应的处理方法。
④ 掌握中间件的使用方法。
⑤ 掌握 cookie 和 session 的运用方法。
⑥ 掌握 Postman 软件的使用方法。

6.1 Express 简介与安装

6.1.1 Express 简介

Node.js 的 Web 框架发展至今，第一个知名的框架为 Connect 框架。Connect 框架类似于一个中间件（Middleware）的脚手架，只能提供调用逻辑，不实现具体的处理逻辑。中间件概念的引入为 Express 框架奠定了基础。Express 框架继承了 Connect 框架的大部分思想，依赖 Connect 的源码。在 Express 3.x 及以下的版本中内置了许多中间件。由于中间件的更新会导致整个 Express 的更新，因此，在 Express 4.x 版本中去除 Connect，将除 static 以外的中间件独立出来，保留核心的路由处理等功能。Express 5.x alpha 版本的 API 文档目前正在完善中。

视频 24

Express 网站对该框架的定位为："基于 Node.js 平台，快速、开放、极简的 Web 开发框架"。Express 框架实现简单，配置方便，易于控制，提供了强大的功能，可以方便地创建各种 Web 应用。

6.1.2 Express 安装

Express 的安装主要分两种：局部安装和全局安装。局部安装，安装的模块只对当前的项目有效；全局安装，将模块安装在操作系统，整个计算机可使用。

1. 局部安装

（1）创建项目路径

局部安装，首先进入安装的项目路径。例如，在 D 盘下建立 myFirstExpress 文件夹，并且打开 CMD 窗口，进入该目录，如图 6-1 所示。

图 6-1　进入 myFirstExpress 项目目录

（2）生成 package.json 文件

在 CMD 窗口中进入项目目录后，输入以下命令生成 package.json 文件。

```
npm init
```

安装过程中提示输入，可直接按<Enter>键，采用默认参数。生成的 package.json 文件定义了项目开发者、版本和脚本等信息。

（3）安装 Express

使用 npm 命令安装 Express，并保存到 package.json 文件的依赖列表中。在 CMD 窗口中进入项目目录后，输入以下命令。

```
npm install express --save
```

（4）测试运行

在 myFirstExpress 文件夹下建立 app.js 文件，确认 Web 应用程序是否能正常运行。

【示例 6.1】建立 app.js 文件，并运行该应用。

app.js——项目入口文件

```
const express = require('express');
const app = express();
app.get('/',function(req,res){
    res.send('This is my first express!') // 当访问网站首页时，页面返回该字符串
})
app.listen(3000);   // 监听端口
```

在 CMD 窗口中输入以下命令。

```
node app.js
```

运行该应用后，打开浏览器，输入网址 http://localhost:3000，运行后便可以看到网页返回了"This is my first express!"，如图 6-2 所示。

图 6-2 浏览器显示页面

【代码分析】

app.js 中的代码定义了 Express 实例,当 Express 服务器收到 HTTP 请求时,访问的路径为"/",即在访问网站首页时,页面返回字符串"This is my first express!",且定义了 HTTP 连接的端口为 3000。因此,打开浏览器,输入本地回环地址加端口号"http://localhost:3000",即可访问网站的首页,首页显示了指定的字符串。

该 Web 应用程序只是实现了一个简单的 HTTP 服务器,后面的章节将进一步介绍请求与响应、路由的配置等内容。

2. 全局安装

(1) 全局安装 Express

打开 CMD 窗口,输入以下命令,全局安装 Express。

```
npm install express -g
```

(2) 全局安装 Express 生成器 express-generator

在 Express 4.x 版本中,express-generator 已经分离出来,需要单独安装。打开 CMD 窗口,输入以下命令。

```
npm install express-generator -g
```

(3) 查看 Express 版本

安装完 Express 和生成器 express-generator 后,查看 Express 版本信息。打开 CMD 窗口,输入以下命令。

```
express --version
```

如果能够查看版本信息,表示 Express 安装成功,如图 6-3 所示。接下来,就可以在 CMD 窗口中使用命令行工具 express 生成基于 Express 框架的项目包了。

```
C:\WINDOWS\system32>express --version
4.16.1
```

图 6-3 查看 Express 版本信息

6.1.3 项目实训——搭建框架项目

1. 实验需求

利用 Express 框架搭建第一个后台项目环境。

全局安装 Express 后，搭建后台项目环境。

2. 实验步骤

（1）使用 Express 生成项目。

Express 可以直接在当前目录下生成项目。在 CMD 窗口中将当前路径切换到想要创建项目包的目录，输入以下命令。

```
express projectName
```

例如，在 D 盘下生成项目，项目名称为 myGlobalExpress，如图 6-4 所示。

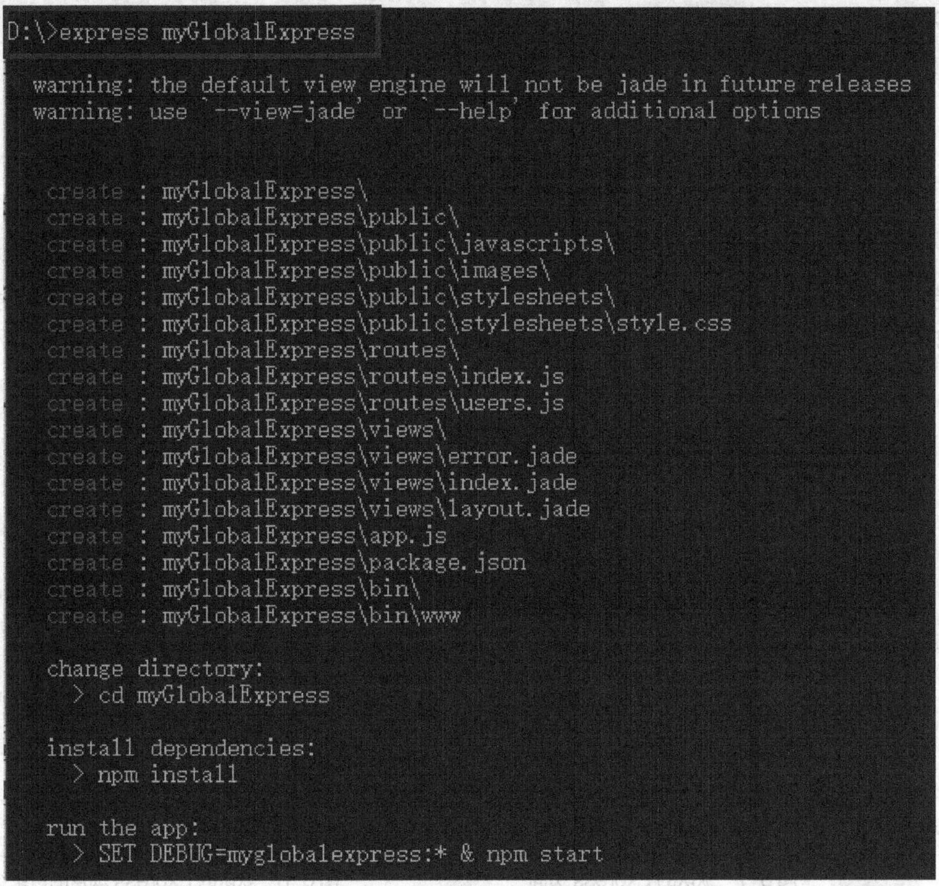

```
D:\>express myGlobalExpress

  warning: the default view engine will not be jade in future releases
  warning: use `--view=jade' or `--help' for additional options

  create : myGlobalExpress\
  create : myGlobalExpress\public\
  create : myGlobalExpress\public\javascripts\
  create : myGlobalExpress\public\images\
  create : myGlobalExpress\public\stylesheets\
  create : myGlobalExpress\public\stylesheets\style.css
  create : myGlobalExpress\routes\
  create : myGlobalExpress\routes\index.js
  create : myGlobalExpress\routes\users.js
  create : myGlobalExpress\views\
  create : myGlobalExpress\views\error.jade
  create : myGlobalExpress\views\index.jade
  create : myGlobalExpress\views\layout.jade
  create : myGlobalExpress\app.js
  create : myGlobalExpress\package.json
  create : myGlobalExpress\bin\
  create : myGlobalExpress\bin\www

  change directory:
    > cd myGlobalExpress

  install dependencies:
    > npm install

  run the app:
    > SET DEBUG=myglobalexpress:* & npm start
```

图 6-4　Express 生成项目

（2）进入项目目录并安装依赖包

项目生成后进入项目的目录，安装依赖列表中的所有模块，在 CMD 窗口中输入以下命令。

```
cd projectName
npm install
```

例如，打开 D 盘下的 myGlobalExpress，并安装依赖包，如图 6-5 所示。

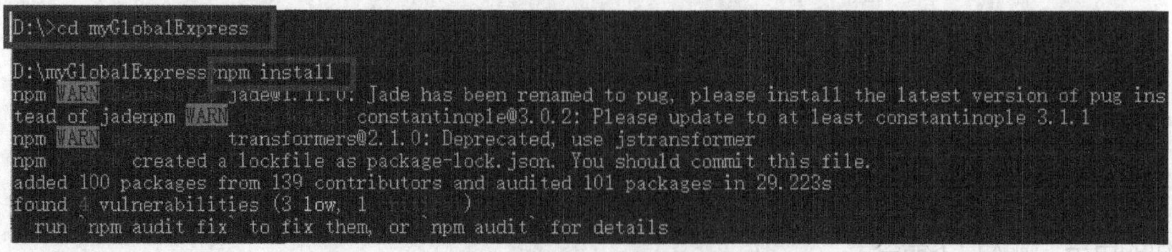

图 6-5 Express 生成项目

（3）启动项目。

在该目录下启动项目应用，在 CMD 窗口中输入以下命令，如图 6-6 所示。

```
npm start
```

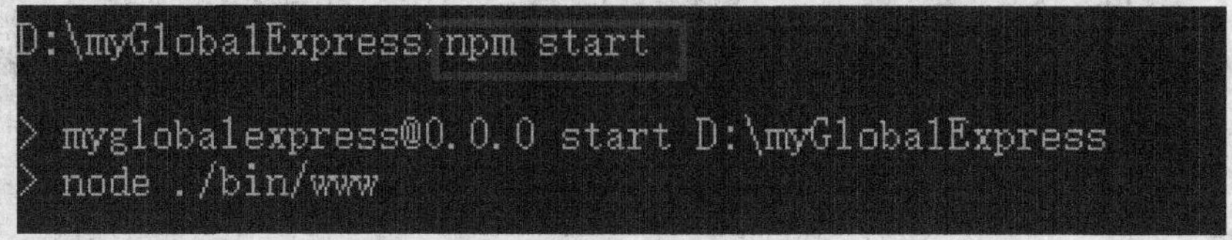

图 6-6 启动 myGlobalExpress 项目

启动应用后，在浏览器中输入 http://localhost:3000，运行后的页面如图 6-7 所示。通过生成器创建的项目，一般有以下目录结构，如图 6-8 所示。

图 6-7 默认的 Express 页面

图 6-8 默认的 Express 项目的目录结构

具体的目录及文件作用如下。

① node_modules：存放项目的依赖模块，默认的有 body-parser、cookie-parser、express、morgan、serve-favicon 等常用模块。

② bin：存放启动项目的脚本文件，默认为 www，该文件中定义了 HTTP 访问的默认端口为 3000。

③ public：静态资源文件夹，包括 images、javascripts、stylesheets 这 3 个文件夹。

④ routes：路由文件，包括 index.js 和 users.js。

⑤ views：页面视图文件（或页面模板文件），Express 框架默认的为 jade 模板（pug 模板），

因此，默认的有 error.jade、index.jade 和 layout.jade 文件。

⑥ app.js：应用的关键配置文件，也是项目入口文件。

⑦ package.json：项目包描述文件，包含项目基本信息和依赖列表。

⑧ package-lock.json：锁定安装时包的版本号，用来记录当前状态下实际安装的各个 npm 包的具体来源和版本号。

本章以下各节内容都基于 express-generator 生成项目应用，默认目录结构与图 6-8 所示一致，后续章节不再赘述。

6.2 路由配置

6.2.1 路由介绍

路由是 Express 框架中最重要的功能之一。路由决定了应用程序如何根据用户请求的路径（URI）和 HTTP 请求方法（GET、POST 等）处理请求。客户端向服务器发送请求，请求中的 URI 和请求方法被称为端点（Endpoint）。服务器根据客户端访问的端点选择相应处理逻辑的方式叫作路由。每个路由有一个或多个处理函数，在路由匹配的时候执行。

视频 25

6.2.2 App 级别路由

通过路由才能根据客户端的不同 URI 和请求方法返回相应的内容。路由定义的语法结构如下。

`app.METHOD(PATH, HANDLER)`

其中：

（1）app：Express 的应用实例。

（2）METHOD：HTTP 的请求方法，支持 get、post、put、delete 等所有的 HTTP 请求方法，注意这些请求方式要使用小写字母。

（3）PATH：请求路径。

（4）HANDLER：路由匹配时执行的函数。

例如，请求路径为 "/"，也就是网站根目录或首页，如果请求方法为 "get"，则写为：

```
app.get('/', function(req,res){
    res.send('This is home page!')
})
```

function(req,res){} 是路由匹配时执行的函数，其中 req 和 res 分别对应 request 和 response 对象，这两个对象将在后续章节中详细介绍。该函数中的语句 "res.send('This is home page!')" 返回了页面内容，即在用户访问该网站时，在其页面上显示 "This is home page!"

【示例 6.2】建立 app 级别路由。

（1）在 D 盘下搭建项目环境，进入项目目录后，安装依赖包。

```
express myapp
cd myapp
npm install
```

（2）修改 app.js 文件，定义 app 级别路由。

app.js——项目入口文件

```
var express = require('express');
var path = require('path');
var cookieParser = require('cookie-parser');
var logger = require('morgan');
var indexRouter = require('./routes/index');
var usersRouter = require('./routes/users');
var app = express();
app.get('/', (req, res)=> {
    res.send('hello world')
})
// view engine setup
app.set('views', path.join(__dirname, 'views'));
app.set('view engine', 'jade');
app.use(logger('dev'));
app.use(express.json());
app.use(express.urlencoded({ extended: false }));
app.use(cookieParser());
app.use(express.static(path.join(__dirname, 'public')));
app.use('/', indexRouter);
app.use('/users', usersRouter);
// catch 404 and forward to error handler
app.use(function(req, res, next) {
  next(createError(404));
});
// error handler
app.use(function(err, req, res, next) {
  // set locals, only providing error in development
  res.locals.message = err.message;
  res.locals.error = req.app.get('env') === 'development' ? err : {};
  // render the error page
  res.status(err.status || 500);
  res.render('error');
});
module.exports = app;
```

> **说明** 本例中黑体代码表示后续程序中会替换该部分代码。

（3）在 CMD 窗口输入以下命令。

```
npm start
```

（4）启动该应用后，在浏览器地址栏中输入网址 http://localhost:3000，运行后便可以看到网页返回了"hello world"，如图 6-9 所示。

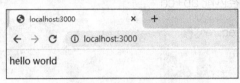

图 6-9 页面运行效果

【代码分析】

Express 生成器生成项目应用后，app.js 文件已经自动生成。示例中黑体代码为更新的代码。更新的代码定义了一个 app 级别的路由，当使用 get 请求方法访问网站首页时，网页返回"hello world"。

1. 基于字符串的路由路径

【示例 6.3】创建字符串形式路由路径匹配的 app 路由。

修改示例 6.2 中黑体代码。

（1）app.js-路由路径匹配/root

```
app.get('/', function(req, res) {
    res.send('root');
})
```

（2）app.js-路由路径匹配/about

```
app.get('/about', function(req, res) {
    res.send('about');
})
```

（3）app.js-路由路径匹配/login.php

```
app.get('/login.php', function(req, res) {
    res.send('login.php');
})
```

【代码分析】

根据不同的路由路径匹配执行不同的函数。例如，如果路由匹配"/login.php"，则配置路由名为 login.php，执行向客户端发送字符串"login.php"的函数。注意：匹配路由名"login.php"，类似于伪造了一个 php 文件，并不是真正地启动或加载 php 文件。

2. 基于字符串模板的路由路径

【示例 6.4】创建字符串模板的路由路径匹配的 app 路由。

修改示例 6.2 中的黑体代码。

（1）app.js——路由路径匹配 ab?cd

```
app.get('/ab?cd', function(req, res) {
    res.send('ab?cd');
})
```

（2）app.js——路由路径匹配 ab+cd

```
app.get('/ab+cd', function(req, res) {
    res.send('ab+cd');
})
```

（3）app.js——路由路径匹配 ab*cd

```
app.get('/ab*cd', function(req, res) {
    res.send('ab*cd');
})
```

（4）app.js——路由路径匹配 ab(cd)?e

```
app.get('/ab(cd)?e', function(req, res) {
    res.send('ab(cd)?e');
})
```

【代码分析】

"ab?cd"中的"?"表示至多一个，在该表达式中表示至多一个 b，因此可以是"acd"，也可以是"abcd"。"ab+cd"中的"+"表示至少一个，在该表达式中表示至少一个 b，因此可以是"abcd"，也可以是"abbcd"，还可以是"abbbcd"等。"ab*cd"中的"*"表示任意数量的字符，因此"ab"和"cd"之间可以有任意多个字符。"ab(cd)?e"中的"()?"表示括号里可以有字符，也可以无字符，因此，可以是"abe"，也可以是"abcde"。

3. 基于路由正则写法的路由路径

【示例 6.5】创建路由正则写法的路由路径匹配的 app 路由。

修改示例 6.2 中的黑体代码。

（1）app.js——路由路径匹配包含 a 字母的任意路径

```
app.get('/a/', function(req, res) {
    res.send('/a/');
})
```

（2）app.js——路由路径匹配 fly 结尾的任意路径

```
app.get('/.*fly$', function(req, res) {
    res.send('/.*fly$');
})
```

【代码分析】

"a/"和".*fly$"符合正则表达式的规范。

4. 基于路由参数的路由路径

路由参数用来获取路由路径中的值,并且该值会赋给 req.params。注意,路由参数必须是由大写字母、小写字母、数字和下划线组成。

【示例 6.6】创建基于路由参数的路由路径的 app 路由。

修改示例 6.2 中的黑体代码。

app.js——路由路径为动态路由

```
app.get('/users/:uid/movies/:mid', function(req, res) {
    res.send(req.params);
})
```

访问 http://localhost:3000/users/1/movies/3,运行后的页面如图 6-10 所示。

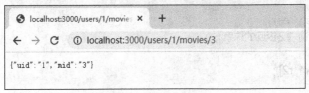

图 6-10 页面显示参数

【代码分析】

路由路径中 "users/:uid/movies/:mid" 的 uid 和 mid,可从用户请求的 URI 中获取相应的值,在该例中 uid 为 1,mid 为 3。同时,将这些键值对存入 req.params 中,并返回页面显示。

5. 不同的请求方式

【示例 6.7】创建不同请求方式的 app 路由。

修改示例 6.2 中的黑体代码。

(1) app.js-get 请求方式

```
app.get('/', function(req,res){
    res.send('This is get page!')
})
```

(2) app.js-post 请求方式

```
app.post('/', function(req,res){
    res.send('This is post page!')
})
```

(3) app.js-all 请求方式,接收任意的 http 方法

```
app.all('/secret', function(req,res,next){
    res.send('This is all request page!')
})
```

【代码分析】

路由中的请求方式要使用小写字母。HTTP 的特殊方法 all 表示能够接受任意请求方法。

6. 数组形式的执行函数

【示例 6.8】创建数组形式的执行函数 app 路由。

修改示例 6.2 中的黑体代码。

app.js——执行函数为数组形式

```
var r0 = function(req, res, next) {
    console.log('这是请求 0 返回的结果');
    next();
}
var r1 = function(req, res, next) {
    console.log('这是请求 1 返回的结果');
    next();
}
var r2 = function(req, res) {
    res.send('这是请求 2 返回的结果');
}
app.get('/test', [r0, r1, r2]);
```

访问 http://localhost:3000/test，运行后页面如图 6-11 所示。

图 6-11 控制台与页面显示结果

【代码分析】

当创建路由的执行函数为数组形式时，会依次执行数组中的函数，先执行第一个函数 r0，然后执行第二个函数 r1，直到最后一个函数 r2 执行完成。前面两个函数都带有 next 参数，用于传递中间件的控制权。数组形式的执行函数与 6.3 节中的中间件非常相似。

7. 组合形式的执行函数

【示例 6.9】创建组合形式的执行函数的 app 路由。

修改示例 6.2 中的黑体代码。

app.js——执行函数为组合形式

```
var cb0 = function(req, res, next) {
    console.log('CB0');
    next();
}
var cb1 = function(req, res, next) {
    console.log('CB1');
    next();
}
```

```
app.get('/demo', [cb0, cb1], function(req, res, next) {
    console.log('the response will be sent by the next function ...');
    next();
},
function(req, res) {
    res.send('Hello from D!');
})
```

访问 http://localhost:3000/demo，运行后的页面如图 6-12 所示。

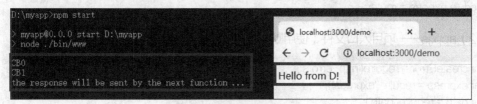

图 6-12　控制台和页面显示结果

【代码分析】

当路由路径匹配时，依次执行组合函数中的各个函数，首先执行[cb0, cb1]，在终端输出"CB0" "CB1"，然后执行终端输出 "the response will be sent by the next function ..."，最后返回页面显示 "Hello from D!"，中间的函数都带有 next 参数，以便顺序输出。

6.2.3　Router 级别路由

在 6.2.2 节中，创建路由都是在项目入口文件 app.js 中进行的。但是，在实际工程项目中，这么做显然是不可行的。所有的路由集中在一个文件中不但不利于阅读维护，而且不便于多人合作开发。因此，需要将不同的路由分开管理，模块化的路由就必不可少了。

使用 express 生成器生成的项目包中，routes 文件夹用于存放所有模块化路由文件，默认有两个文件：index.js 和 users.js。在 Express 框架中，可以使用 express.Router()方法创建可挂载的模块化路由。

【示例 6.10】建立 router 级别路由。

（1）index.js——商品信息路由文件

```
var express = require('express');
var router = express.Router();
let goods = [
    {
        gid: '0001',
        gname: 'Web 前端课程',
        gprice: 21999
    },
    {
        gid: '0002',
        gname: 'Java 大数据课程',
        gprice: 24999
    },
```

```
    {
        gid: '0003',
        gname: 'Python 人工智能课程',
        gprice: 24999
    }
]
router.get('/goods', function(req, res, next) {
  res.json(goods);
});
module.exports = router;
```

（2）app.js——项目入口文件（使用默认文件，保持不变）

```
var createError = require('http-errors');
var express = require('express');
var path = require('path');
var cookieParser = require('cookie-parser');
var logger = require('morgan');
var indexRouter = require('./routes/index');
var usersRouter = require('./routes/users');
var app = express();
// view engine setup
app.set('views', path.join(__dirname, 'views'));
app.set('view engine', 'jade');
app.use(logger('dev'));
app.use(express.json());
app.use(express.urlencoded({ extended: false }));
app.use(cookieParser());
app.use(express.static(path.join(__dirname, 'public')));
app.use('/', indexRouter);
app.use('/users', usersRouter);
// catch 404 and forward to error handler
app.use(function(req, res, next) {
   next(createError(404));
});
// error handler
app.use(function(err, req, res, next) {
  // set locals, only providing error in development
  res.locals.message = err.message;
  res.locals.error = req.app.get('env') === 'development' ? err : {};
// render the error page
  res.status(err.status || 500);
  res.render('error');
});
module.exports = app;
```

启动该应用后，打开浏览器，输入网址 http://localhost:3000/goods，运行后的页面如图 6-13 所示。

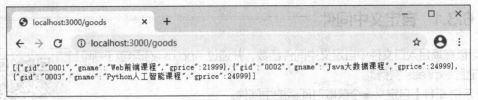

图 6-13　页面显示数据

【代码分析】

在 index.js 文件中使用 "router = express.Router()" 生成模块化路由，该 router 与 app 级别的路由的使用方法一致，它定义了匹配 "/goods" 路径时返回商品的 JSON 字符串。同时，在项目入口文件 app.js 中，通过 "var indexRouter = require('./routes/index')" 引入 index 子路由，且通过 "app.use('/', indexRouter)" 语句进行挂载，这样，就可以顺利访问 index 中的路由了。

路由是 Express 框架中非常重要的概念，只有深入理解路由的实现方法，根据不同的应用场景生成不同级别的路由，才能灵活使用该框架。

6.3　中间件使用

中间件不是 Express 独有的，它在软件工程领域已经被广泛应用。在 Express 框架中，中间件也是非常重要的概念，Express 的应用本质上就是在调用各种中间件。

服务器的生命周期一般是：接收请求—处理请求—发出响应，这是一个请求-响应的循环周期。处理请求部分一般较为复杂。为了逻辑单元独立和便于维护，可以将这部分拆分成一个个子单元，此时子单元的请求处理就是中间件。服务器接收到请求时会依次执行每个中间件，直到调用终止，发出响应给客户端。

中间件的功能如下。

（1）执行任何代码。

（2）修改请求和响应对象。

（3）结束请求-响应周期。

（4）调用下一个中间件。

那么什么是中间件呢？中间件其实是一个函数，该函数除了能够访问请求对象 req 和响应对象 res，还有一个 next 参数。

```
function middleware(req,res,next){
    // 处理业务的逻辑代码
    next();  // 调用下一个函数
}
```

next 参数其实也是一个函数，next() 将控制权交给下一个中间件，调用下一个函数。如果没有 next()，就无法调用下一个函数。需要注意，如果当前的中间件没有调用 next()，也没有结束请求-响应的周期，那么，请求将会被挂起。

中间件主要分为自定义中间件、第三方中间件、内置中间件和错误中间件。

6.3.1 自定义中间件

可以在项目入口文件中自定义中间件函数，并通过 app.use()语句将中间件绑定到 express 实例。

【示例 6.11】自定义一个获取时间戳的中间件。

修改示例 6.2 中的黑体代码。

app.js——自定义中间件

视频 26

```
function getTimestamp(req, res, next) {
    let t1 = Date.parse(new Date());
    let t2 = (new Date()).valueOf();
    let t3 = new Date().getTime();
    console.log(t1, t2, t3);
    next();
}
app.use(getTimestamp);  // 使用中间件
app.get('/',function(req,res){
    res.send('This is self-defined middleware!')
})
```

访问 http://localhost:3000，运行后页面如图 6-14 所示。

图 6-14 控制台与页面显示结果

【代码分析】

以上代码定义了名为 getTimestamp 的中间件，在终端输出 t1、t2、t3 这 3 个时间值。使用"app.use(getTimestamp)"语句加载该中间件。当用户访问网站首页发出 get 请求时，服务器首先执行中间件，然后在终端输出字符串。根据路由匹配，返回的首页显示"This is self-defined middleware!"。

6.3.2 第三方中间件

Express 框架是轻量级框架，精简灵活，当需要实现某个功能时，可以通过第三方中间件来添加，只需安装所需功能的模块即可。安装完模块后，可以在 app 级路由中加载，也可以在 router 级路由中加载。

【示例 6.12】使用第三方中间件 multiparty，实现文件上传。

（1）在 D 盘下搭建项目环境，进入项目目录后，安装依赖包。

```
express myMiddleware
cd myMiddleware
npm install
```

（2）安装第三方中间件 multiparty。

```
npm install multiparty –save
```

（3）在 public 目录下创建 files 文件夹，将上传的文件都上传到该文件夹中。
（4）在 routes 目录下创建 upload.js 文件，使用第三方中间件 multiparty 实现文件上传的逻辑。

upload.js——上传文件处理文件

```
var express = require('express');
var router = express.Router();
// 引入上传文件的第三方中间件
var multiparty = require('multiparty');
// 引入格式化字符串模块
var util = require('util');
// 引入文件处理模块
var fs = require('fs');
/* 上传页面渲染 */
router.get('/', function(req, res, next) {
    res.sendfile('./views/index.html');
});
/* 文件上传处理 */
router.post('/', function(req, res, next) { // 上传文件用 post 请求
    /* 生成 multiparty 对象，并配置上传目标路径 */
    var form = new multiparty.Form();
    /* 设置编码 */
    form.encoding = 'utf-8';
    //设置文件存储路径
    form.uploadDir = './public/files'; // 这个文件夹最好先手动创建
    //设置文件大小限制
    form.maxFilesSize = 20 * 1024 * 1024; // 不能超过 20M
    // form.maxFields = 1000;  // 设置所有文件的大小总和
    //上传后处理
form.parse(req, function(err, fields, files) {
    var filesTemp = JSON.stringify(files, null, 2);
    if(err) {
      console.log('parse error:' + err);
    }else {
var inputFile = files.inputFile[0];
 var uploadedPath = inputFile.path;
      var dstPath = './public/files/' + inputFile.originalFilename;
      //重命名为真实文件名
fs.rename(uploadedPath, dstPath, function(err) {
        if(err) throw err;
          })
    }
    // res.end(util.inspect({fields: fields, files: filesTemp})) // 上传文件信息
        res.end();
```

```
    })
})
module.exports = router;
```

(5) 在 app.js 中引入 upload.js 自定义中间件，并使用它。

app.js——项目入口文件

```
var createError = require('http-errors');
var express = require('express');
var path = require('path');
var cookieParser = require('cookie-parser');
var logger = require('morgan');
var indexRouter = require('./routes/index');
var usersRouter = require('./routes/users');
var uploadRouter = require('./routes/upload');
var app = express();
// view engine setup
app.set('views', path.join(__dirname, 'views'));
app.set('view engine', 'jade');
app.use(logger('dev'));
app.use(express.json());
app.use(express.urlencoded({ extended: false }));
app.use(cookieParser());
app.use(express.static(path.join(__dirname, 'public')));
app.use('/', indexRouter);
app.use('/users', usersRouter);
app.use('/uploading', uploadRouter);
// catch 404 and forward to error handler
app.use(function(req, res, next) {
  next(createError(404));
});
// error handler
app.use(function(err, req, res, next) {
  // set locals, only providing error in development
  res.locals.message = err.message;
  res.locals.error = req.app.get('env') === 'development' ? err : {};
  // render the error page
  res.status(err.status || 500);
  res.render('error');
});
module.exports = app;
```

(6) 在 views 目录下建立 index.html 文件。

index.html——上传文件的网页文件

```
<!DOCTYPE html>
<html lang="en">
    <head>
```

```html
        <meta charset="UTF-8">
        <title>上传文件</title>
    </head>
    <body>
        上传文件
        <form method='post', action='/uploading', enctype='multipart/form-data'>
            <input type="file" name="inputFile">
            <input type="submit" value="上传">
        </form>
    </body>
</html>
```

（7）在 CMD 窗口输入以下命令。

```
npm start
```

（8）启动该应用后，打开浏览器，输入网址 http://localhost:3000/uploading，运行后便可以看到文件上传的页面，如图 6-15 所示。

（9）测试文件上传功能。

单击图 6-15 中的"选择文件"按钮，选择想要上传的文件，选择完成后，单击"上传"按钮完成文件的上传。文件上传完成后，在 myMiddleware 项目目录的 public 文件夹下建立的 files 文件夹中查看文件是否已经成功上传到该目录下。

图 6-15 通过浏览器访问文件上传网页

【代码分析】

以上代码依次完成了：安装第三方中间件 multiparty→创建自定义中间件 upload.js，并在该中间件中使用第三方中间件 multiparty→在项目入口文件 app.js 中引入并使用自定义中间件 upload.js。

upload.js：通过 require 语句引入上传文件的第三方中间件 multiparty，设置文件上传的编码、存储路径和大小等相关参数，并进行文件上传后的处理。同时，进行页面渲染，定义渲染的页面路径为"./views/index.html"，也就是示例中的 index.html 文件。

app.js：在原来的文件上增加"var uploadRouter = require('./routes/upload');"，引入 upload.js 自定义中间件，"app.use('/uploading', uploadRouter);"与路由匹配"/uploading"时，使用该中间件。

index.html：文件上传的主页面。

6.3.3 内置中间件

从 Express 4.x 版本开始，Express 不再依赖 Content，即 Express 以前的内置中间件已经作为单独模块存在，express.static 是 Express 框架唯一的内置中间件，通过该中间件可以指定要加载的静态资源，方便用户访问图片、JavaScript 和 CSS 等静态文件。

视频 27

```
express.static(root, [options]);
```

其中，root 为加载静态资源的路径；options 为可选参数，具有以下属性。

（1）dotfiles：是否对外输出以"."开头的文件名文件，有效值包括"allow""deny"和"ignore"。
（2）etag：启用或禁用 etag 生成。
（3）extensions：用于设置后备文件扩展名。
（4）index：发送目录索引文件，该参数设置为 false 时，表示禁用建立目录索引。
（5）lastModified：将 lastModified 的头设置为操作系统上上次修改该文件的日期，有效值包括"true""false"。
（6）maxAge：设置 Cache-Control 头的 max-age 属性（以毫秒为单位）。
（7）redirect：当路径名是目录时重定向到结尾的"/"。
（8）setHeaders：用于设置随文件一起提供的 HTTP 头的函数。

【示例 6.13】内置中间件 express.static。

修改示例 6.2 中的黑体代码。

app.js——项目入口文件

```
var options = {
  dotfiles: 'ignore',
  etag: false,
  extensions: ['htm', 'html'],
  index: false,
  maxAge: '1d',
  redirect: false,
  setHeaders: function (res, path, stat) {
    res.set('x-timestamp', Date.now());
  }
}
app.use(express.static('public', options));
```

可以在 public 目录中添加任意文件，然后通过浏览器访问文件。例如，默认 public 文件夹下有一个 stylesheets 文件夹，在其内有 style.css 文件。通过访问 http://localhost:3000/stylesheets/style.css 就可以访问这个 CSS 文件，页面如图 6-16 所示。

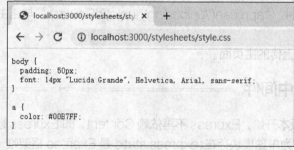

图 6-16 页面显示 CSS 文件代码

【代码分析】

内置中间件的 options 可省略，采用默认值，写成"app.use(express.static('public'));"，也可以在一个应用中设置多个静态目录。

```
app.use(express.static('public'));
app.use(express.static('uploads'));
app.use(express.static('files'));
```

6.3.4 错误中间件

错误中间件与其他中间件的定义类似，但是错误中间件必须有 4 个参数：err、req、res 和 next。即使不需要 next 参数，也必须声明，否则会被识别为普通中间件，不能处理错误。注意：错误中间件只有放在所有中间件、路由函数的后面才可以生效。

【示例 6.14】错误中间件。

index.js——抛出错误路由文件

```
var express = require('express');
var router = express.Router();
router.get('/test',(req,res,next)=>{
    throw new Error('程序发生了未知错误！');
})
module.exports = router;
```

app.js——项目入口文件

```
var createError = require('http-errors');
var express = require('express');
var path = require('path');
var cookieParser = require('cookie-parser');
var logger = require('morgan');
var indexRouter = require('./routes/index');
var usersRouter = require('./routes/users');
var app = express();
// view engine setup
app.set('views', path.join(__dirname, 'views'));
app.set('view engine', 'jade');
app.use(logger('dev'));
app.use(express.json());
app.use(express.urlencoded({ extended: false }));
app.use(cookieParser());
app.use(express.static(path.join(__dirname, 'public')));
app.use('/', indexRouter);
app.use('/users', usersRouter);
// catch 404 and forward to error handler
app.use(function(req, res, next) {
   next(createError(404));
});
// 错误处理中间件
app.use((err,req,res,next)=>{
   console.log('您出错了');
   res.status(500).send(err.message);
```

```
})
module.exports = app;
```

打开浏览器，输入网址 http://localhost:3000/test，控制台与页面均显示错误，如图 6-17 所示。

图 6-17 控制台与页面显示结果

【代码分析】

app.js 文件中定义并使用了错误处理中间件，在终端输出"您出错了！"；index.js 代码定义了在匹配"/test"路由路径时抛出错误提示信息。

6.3.5 项目实训——中间件访问静态文件

1. 实验需求

开发中间件，实现静态文件访问。

（1）开发一个应用级中间件，以检查每个请求中是否含有 token（认证牌），如果含有，就继续执行。

（2）开发一个应用级中间件，以记录网站访问日志，将访问当前后台的 IP 写入日志文件中，用于记录或查看哪些计算机访问过系统。

（3）使用 express.static 内置中间件访问静态文件。

2. 实验步骤

（1）在 D 盘下搭建项目环境，进入项目目录后，安装依赖包。

```
express middleware
cd middleware
npm install
```

（2）在 app.js 文件中添加两个中间件，并实现静态文件的访问。文件之间的目录层次如图 6-18 所示。

图 6-18 文件目录

app.js——项目入口文件

```js
var createError = require('http-errors');
var express = require('express');
var path = require('path');
var cookieParser = require('cookie-parser');
var logger = require('morgan');
var indexRouter = require('./routes/index');
var usersRouter = require('./routes/users');
var app = express();
// 实验问题 3 代码开始
var options = {
    dotfiles: 'ignore', // 是否对外输出以点（.）开头的文件名的文件
    etag: false, // 是否启用 etag 生成
    extensions: ['htm', 'html'], // 设置默认文件扩展名（遇到这些扩展名时，可以省略）
    index: false, // 发送目录索引文件，设置为 false 禁用目录索引
    maxAge: '1d', // 以毫秒或者其字符串格式设置 Cache-Control 头的 max-age 属性
    redirect: false, // 当路径为目录时，重定向至 "/"
    setHeaders: function(res, path, stat) { // 设置 HTTP 头以提供文件的函数
        res.set('x-timestamp', Date.now());
    }
}
// 设置静态文件默认访问路径
app.use(express.static('./public', options));
// 实验问题 3 代码结束
// 实验问题 1 代码开始
app.use((req, res, next) => {
    // 自定义一个 token
    let token = 'ldjfkdjfjOIKLJLKJ9780';
    var accessToken = req.query.token;
    //检查请求中是否含有"认证牌"，如果含有，就继续执行
    if(accessToken == token) {
        next();
    } else {
        res.send({
            code: 1,
            message: '请求必须包含 token'
        });
    }
});
// 实验问题 1 代码结束
// 实验问题 2 代码开始
/* 需求：记录网站访问日志中间件 */
app.use((req, res, next) => {
    let fs = require('fs');
    let ip = req.ip;
    let time = new Date().toLocaleString();
    let data = fs.readFileSync('./web.log');
```

```javascript
        data += '访问时间: ' + time + ' IP: ' + ip;
        fs.writeFileSync('./web.log', data);
        next();
    })
    // 实验问题 2 代码结束
    // view engine setup
    app.set('views', path.join(__dirname, 'views'));
    app.set('view engine', 'jade');
    app.use(logger('dev'));
    app.use(express.json());
    app.use(express.urlencoded({
        extended: false
    }));
    app.use(cookieParser());
    app.use(express.static(path.join(__dirname, 'public')));
    app.use('/', indexRouter);
    app.use('/users', usersRouter);
    // catch 404 and forward to error handler
    app.use(function(req, res, next) {
        next(createError(404));
    });
    // error handler
    app.use(function(err, req, res, next) {
        // set locals, only providing error in development
        res.locals.message = err.message;
        res.locals.error = req.app.get('env') === 'development' ? err : {};
        // render the error page
        res.status(err.status || 500);
        res.render('error');
    });
    module.exports = app;
```

（3）在项目根目录下建立 web.log 文件，存放访问日志。

（4）打开浏览器，输入网址 http://localhost:3000，没有显示 token，如图 6-19 所示。

图 6-19　浏览器访问不带 token 的网站

（5）打开浏览器，输入网址 http://localhost:3000/?token=ldjfkdjfjOIKLJLKJ9780，运行后显示首页，如图 6-20 所示。

（6）访问日志 web.log 文件，运行后显示内容如图 6-21 所示。

（7）打开浏览器，输入网址 http://localhost:3000/stylesheets/style.css，访问静态文件，运行后页面如图 6-22 所示。

第 6 章
Express 框架

图 6-20　浏览器访问带有 token 的网站 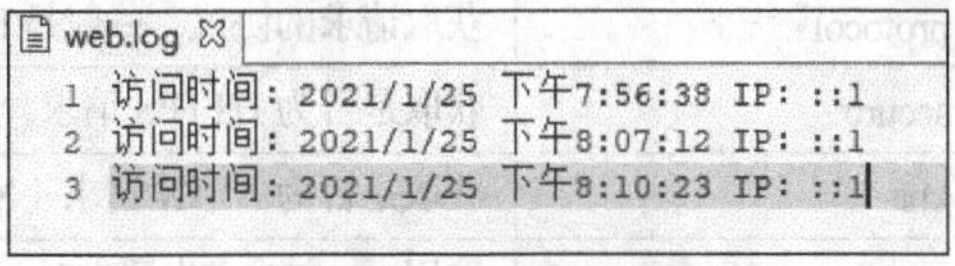　　　　图 6-21　日志文件

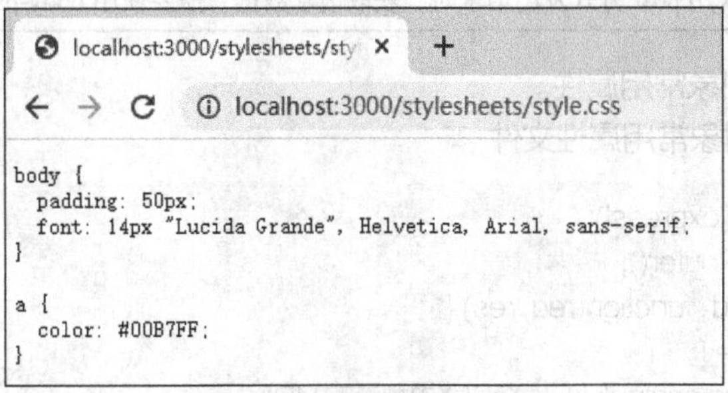

图 6-22　浏览器访问静态文件

【代码分析】

首先使用 express.static() 语句设置静态文件的访问，完成实验需求（3）。然后定义 token，确认请求中是否含有已定义的 token，如果包含，则继续执行之后的程序；如果未包含，返回"请求必须包含 token"，完成实验需求（1）。最后，读取请求的 IP 地址，并将其相关信息存入 web.log 文件中，完成实验需求（2）。

6.4　请求与响应

使用 Express 框架搭建 Web 应用时，express 模块提供了请求对象和响应对象来完成客户端的请求和服务器端的响应。接下来介绍请求对象和响应对象对应的属性和方法。

视频 28

6.4.1　请求对象

请求对象包含请求的相关信息，如请求方法、路径、参数等，以便服务器可以正确地处理客户端的请求。请求对象 req 常用的属性见表 6-1。

表 6-1　请求对象 req 常用的属性

属性	描述
originalUrl	获取路由配置的 URL
hostname	获取请求的域名
ip	获取请求的 IP 地址，可用来设置白名单
method	获取请求的方法
params	获取路由动态参数中的内容

139

续表

属性	描述
path	获取 URL 请求中的路径
protocol	获取请求的协议，一般是 HTTP 或 HTTPS
secure	获取是否为 HTTPS 请求，返回 true 或 false
xhr	获取是否为 AJAX 请求（XMLHttprequest），返回 true 或 false
query	采用 get 方式发出请求时，获取请求的 URL 查询字符串部分的参数
body	采用 post 方式发出请求时，获取请求数据，需要使用 body-parser 中间件

【示例 6.15】请求对象常用属性。

index.js——请求对象常用属性文件

```javascript
var express = require('express');
var router = express.Router();
router.get('/aa/bb/cc/:id', function(req, res) {
    var reqAttributes = {
        'originalUrl': req.originalUrl, // 获取路由配置的 URL
        'hostname': req.hostname, // 获取用户请求的域名
        'ip': req.ip, // 获取用户请求的 IP 地址
        'method': req.method, // 获取用户请求的方法
        'params': req.params, // 获取路由动态参数中的内容
        'path': req.path, // 获取 URL 请求中的路径
        'protocol': req.protocol, // 获取客户端请求的协议
        'secure': req.secure, // 判断用户是否为 HTTPS 请求
        'xhr': req.xhr, // 判断是否是 Ajax 请求
        'query': req.query // 获取 URL 查询字符串部分的参数
    }
    res.send(reqAttributes);
})
module.exports = router;
```

打开浏览器，输入网址 http://localhost:3000/aa/bb/cc/3?a=1&b=2，显示各参数的返回值，运行后页面如图 6-23 所示。

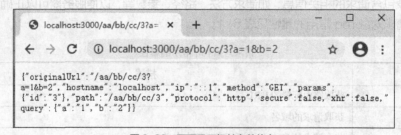

图 6-23 页面显示相关参数信息

【代码分析】

（1）输入的网址为 http://localhost:3000/aa/bb/cc/3?a=1&b=2。

（2）originalUrl：返回完整的 URL "aa/bb/cc/3?a=1&b=2"，也可以用 req.url 获取。
（3）hostname：主机名为本机地址，为"localhost"。
（4）ip：返回 IPv6 地址"::1"，相当于 IPv4 的回环地址 127.0.0.1。
（5）method：请求方式为 GET。
（6）params：请求的路由动态参数 id，其值为 3。
（7）path：请求的 URL 路径为 aa/bb/cc/3。
（8）protocol：采用的协议为 HTTP。
（9）secure：未采用 HTTPS，返回 false。
（10）xhr：未使用 AJAX，返回 false。
（11）query：查询字符串参数，a=1&b=2，因此，返回 a 为 1，b 为 2。

当使用 get 方式发出请求时，可以获取请求对象的很多参数，如 URL 中的动态参数 params、查询字符串参数等，可以根据这些获取的值，进一步处理相关的逻辑业务。

【示例 6.16】获取 req.query 和 req.params 的值。

（1）index.js——获取请求对象 query 和 params 属性对应值的文件

```
var express = require('express');
var router = express.Router();
router.get('/login', function(req, res) {
    // 发送 get 请求，用 req.query 接收传过来的值
    let account = req.query.account;
    let password = req.query.password;
    console.log(account,password);
    res.send("login!")
});
// 获取动态路由的值
router.get('/foods/:id',(req,res)=>{
    console.log(req.params.id);
    let id = req.params.id;
    if(id == '1'){
        res.render('foods1');
    }else if(id == '2'){
        res.render('foods2');
    }
})
module.exports = router;
```

（2）foods1.jade——在 views 目录下建立的美食页面 1

```
doctype html
html
    head
        meta(charset="utf-8")
        title 美食分类
    body
        p 美食分类界面 1
```

（3）foods2.jade——在 views 目录下建立的美食页面2

```
doctype html
html
    head
        meta(charset="utf-8")
            title 美食分类
    body
        p 美食分类界面2
```

打开浏览器，输入网址 http://localhost:3000/login/?account=express&password=123456，运行后页面效果如图 6-24 所示。

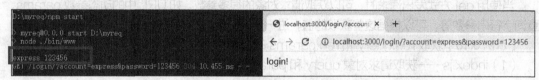

图 6-24　控制台与页面显示结果

打开浏览器，输入网址 http://localhost:3000/foods/1 和 http://localhost:3000/foods/2，不同参数下的页面效果如图 6-25 所示。

图 6-25　不同参数下的页面效果

【代码分析】

可以通过 req.query 获取 get 请求中请求对象的 URL 查询字符串的参数值。示例中 URL "account=express&password=123456" 的参数值可以通过 req.query 获取。req.query.account 为 "express"，req.query.password 为 "123456"；也可以通过 req.params 获取请求对象路由参数的具体值，并通过匹配不同的路由路径，访问不同的网页。示例中 "/foods/1" 的路由参数 "1" 可以通过 req.params.id 获取，然后根据该值渲染 foods1.jade 页面。"/foods/2" 中的 "2" 通过 req.params.id 获取，根据该值渲染 foods2.jade 页面。

请求对象的部分属性，如 body 属性，需要在 post 方式下，使用 body-parser 中间件获取请求数据。使用 body-parser 中间件，需要先安装，命令如下。

```
npm install body-parser --save
```

安装完成后，在路由文件中引入并对请求体进行解析。body-parser 提供 JSON、raw、urlencoded 等解析器。urlencoded 解析器的使用方法如下。

```
bodyParser.urlencoded({extended:[option] })
```

其中，option 的取值为 true 或 false。

【示例 6.17】使用 body-parser 中间件，通过属性 body 获取请求数据。

express 生成器生成 Web 应用的同时，安装 body-parser 中间件，命令如下。

```
npm install body-parser --save
```

（1）index.js——请求对象 body 属性文件

```
var express = require('express');
var router = express.Router();
var bodyParser = require('body-parser');
/* 配置使用 body-parser 中间件 */
router.use(bodyParser.urlencoded({extended:false}));
/* 登录页面 */
router.get('/login', function(req, res) {
    res.sendfile('./views/index.html');
});
/* 获取 body 参数 */
router.post('/login', function(req, res) {
    var account = req.body.account;
    var password = req.body.password;
    console.log(account,password);
    console.log(req.body);
});
module.exports = router;
```

（2）index.html——在 views 目录下建立的登录页面文件

```
<!DOCTYPE html>
<html lang="en">
    <head>
        <meta charset="UTF-8">
        <title>登录</title>
    </head>
    <body>
        登录页面
        <form method="post" action="" >
            账号：<input type="text" name="account">
            <br/>
            密码：<input type="password" name="password">
            <br/>
            <input type="submit" value="登录">
        </form>
    </body>
</html>
```

打开浏览器，输入网址 http://localhost:3000/login，在账号和密码对应的文本框中输入"express"和"123456"后，单击"登录"按钮，控制台显示结果如图 6-26 所示。

【代码分析】

通过引入使用中间件 body-parser 可以获取请求的 req.body 信息，也就是 post 请求提交的参数。在示例中，页面提交了账号"express"和密码"123456"，服务器端将其提交的数据获取后打印输出，显示在终端。

图 6-26　控制台与页面显示结果

6.4.2　响应对象

路由处理函数也会接收响应对象，调用响应对象的方法发送 HTTP 响应到客户端。如果路由函数不给出任何响应，即不调用响应对象的任何方法，则客户端会被挂起直到超时。

响应对象 res 常用的方法见表 6-2。

表 6-2　　　　　　　　　　　响应对象 res 常用的方法

方法	描述
res.json()	返回 JSON 数据
res.send()	根据不同的内容，返回不同格式的 HTTP 响应
res.render()	渲染模板页面
res.redirect()	重定向到指定的 URL
res.status()	设置响应状态码，如 200、404、500 等
res.set()	设置响应报头信息
res.end()	结束请求-响应循环

（1）res.json()

【示例 6.18】返回 JSON 数据。

index.js——响应对象方法配置文件

```
var express = require("express");
var router = express.Router();
var goods = {
    "iphonex": {
        "nums": 100,
        "price": 1999.98,
        "color": "red"
    },
    "car": {
        "nums": 100,
        "price": 9999999,
        "color": "black"
    }
}
```

```
router.get("/", function(req, res, next) {
    // res.json():给客户端发送 JSON 数据
    res.json({error: 0,data: goods});
});
module.exports = router;
```

打开浏览器，输入网址 http://localhost:3000，运行后页面显示 JSON 数据，如图 6-27 所示。

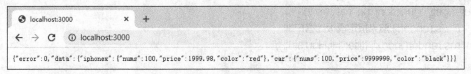

图 6-27　页面显示 JSON 数据

（2）res.send()

【示例 6.19】返回数据给客户端。

index.js——响应对象方法配置文件

```
var express = require('express');
var router = express.Router();
var goods = {
    "iphonex": {
        "nums": 100,
        "price": 1999.98,
        "color": "red"
    },
    "car": {
        "nums": 100,
        "price": 9999999,
        "color": "black"
    }
}
router.get('/', function(req, res, next) {
    // res.send():发送数据给客户端，可以是字符串、JSON 对象或 Buffer
    res.send('success');
    //    res.send(goods);
    //    res.send(Buffer.from('Hi,Harrison!'));});
module.exports = router;
```

打开浏览器，输入网址 http://localhost:3000，运行后页面显示指定的字符串，如图 6-28 所示。

图 6-28　页面返回字符串

【代码分析】

res.send()方法除了可以返回给客户端字符串，还可以返回 JSON 对象或 Buffer 数据。

（3）res.render()

【示例 6.20】渲染模板页面。

index.js——响应对象方法配置文件

```
var express = require('express');
var router = express.Router();
router.get('/', function(req, res, next) {
    // res.render():渲染指定模板给客户端
    res.render('index', {title: 'Hi,Hou sir!'});
});
module.exports = router;
```

打开浏览器，输入网址 http://localhost:3000，运行后页面如图 6-29 所示。

【代码分析】

示例通过 res.render()方法将 title 值"Hi，Hou sir！"传递到 views 目录下的 index.jade 页面，渲染后显示到客户端浏览器。

（4）res.redirect()

【示例 6.21】重定向。

index.js——响应对象方法配置文件

```
var express = require('express');
var router = express.Router();
router.get('/', function(req, res, next) {

    res.redirect('/login');   // res.redirect():重定向
});
router.all('/login', (req, res, next) => {
    res.render('index', {title: '请登录'});
})
module.exports = router;
```

打开浏览器，输入网址 http://localhost:3000，页面如图 6-30 所示。

图 6-29 首页显示

图 6-30 登录页面

【代码分析】
示例将路由重定向至"/login",匹配该路由时,返回渲染页面,其 title 为"请登录"。
(5) res.status()
【示例 6.22】设置状态码。
index.js——响应对象方法配置文件

```
var express = require('express');
var router = express.Router();
router.get('/', function(req, res, next) {
    // res.status():设置响应 header 状态码,比如 200、301、404、500 等
    res.status(200).send('success');
});
module.exports = router;
```

打开浏览器,输入网址 http://localhost:3000,运行后页面如图 6-31 所示。

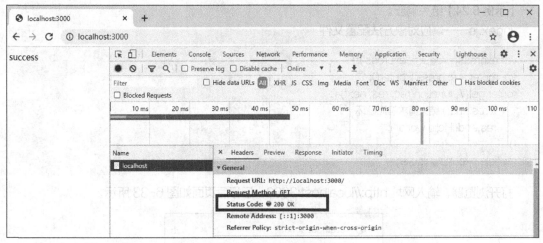

图 6-31 浏览器查看状态码

【代码分析】
示例将状态码设为"200",并且通过 res.send()方法使页面显示"success"。
(6) res.set()
【示例 6.23】设置响应报头。
index.js——响应对象方法配置文件

```
var express = require('express');
var router = express.Router();
router.get('/', function(req, res, next) {
    // res.set():设置响应报头信息,如 content-type、content-lenght 等
    res.setHeader('Content-Type', 'text/html;charset=utf8');
    res.set({'Content-Type': 'application/json'});
    console.log(res.get('Content-Type'));
    res.end();
});
module.exports = router;
```

打开浏览器，输入网址 http://localhost:3000，运行后终端显示设置的响应报头信息，如图 6-32 所示。

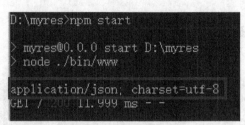

图 6-32　控制台显示信息

【代码分析】
示例通过 res.setHeader()方法和 res.set()方法设置响应的报头信息，通过 res.get()语句获取报头信息，并将其显示在终端。

（7）res.end()

【示例 6.24】结束响应。
index.js——响应对象方法配置文件

```
var express = require('express');
var router = express.Router();
router.get('/', function(req, res, next) {
    // res.end():结束请求响应循环
    res.end('Hello world!');
});
module.exports = router;
```

打开浏览器，输入网址 http://localhost:3000，运行后页面如图 6-33 所示。

图 6-33　页面显示文字

【代码分析】
示例输出"Hello world!"并结束请求。

6.5　cookie

6.5.1　cookie 工作原理

视频 29

Web 应用程序中使用的是 HTTP。HTTP 为无状态的协议，也就是说，客户端与服务器完成业务数据交互后，它们之间的连接会关闭，每次请求都会是一个全新的请求。由于交互式 Web 应用的需求增加，管理会话、识别用户的身份应运而生。例如，用户 A 进入购物网站，选择商品放入购物车，他只能将商品放在用户 A 的购物车中，而不能放入用户 B 或用户 C 的购物车。

服务器如何识别谁是用户 A，谁是用户 B，谁是用户 C 呢？服务器给每个用户发一个 cookie 来标识和认证用户。cookie 本质上是存储在浏览器中的一小段文本信息，由服务器生成，发送给浏览器，浏览器将其保存在本地目录。当用户再次向服务器发出请求时，浏览器就会将请求的数据与 cookie 一起发给服务器，服务器识别 cookie，辨认用户信息。

6.5.2 cookie 的设置与获取

在 Express 框架中，处理 cookie 数据的第三方中间件为 cookie-parser，请求对象和响应对象都提供了 cookie 属性或方法来获取和设置 cookie。

1. 获取请求 cookie

获取 cookie 的命令如下。

```
req.cookies
```

2. 设置 cookie

设置 cookie 的命令如下。

```
res.cookie(name,value[, options])
```

其中，name 为 cookie 名称，value 为 cookie 值，options 说明如下。

（1）domain：域名，默认为当前域名。

（2）(key:value)：键值对，可以设置要保存的 key:value，注意这里的 key 不能和其他属性项的名称相同。

（3）expires：过期时间（秒），在设置的某个时间点后该 cookie 就会失效，如 expires=Wednesday, 09-Nov-21 23:12:40 GMT。如果 expires 未设置或设置为 0，浏览器关闭后，cookie 就会失效。

（4）maxAge：最大失效时间（毫秒）。

（5）secure：当 secure 值为 true 时，cookie 在 HTTP 中无效，只有在 HTTPS 中才有效。

（6）path：表示在哪个路由下可以访问 cookie。

（7）httpOnly：微软对 cookie 进行的扩展。如果在 cookie 中设置了 "httpOnly" 属性，通过程序（JS 脚本、applet 等）将无法读取到 cookie 信息，防止 XSS 攻击。

（8）singed：表示是否对 cookie 签名，如果将 signed 设置为 true，则会对这个 cookie 签名，这就需要用 res.signedCookies 而不是 res.cookies 访问 cookie。被篡改的签名 cookie 会被服务器拒绝，并且 cookie 值会重置为原始值。

接下来，通过示例来学习安装配置中间件 cookie-parser，设置获取 cookie。

【示例 6.25】cookie 的安装配置与设置获取。

（1）在 D 盘下搭建项目环境，进入项目目录后，安装依赖包。

```
express mycookie
cd mycookie
npm install
```

（2）安装第三方中间件 cookie-parser。

```
npm install cookie-parser --save
```

（3）修改 index.js 文件，设置并获取 cookie。

index.js——设置并获取 cookie

```
var express = require("express");
var cookieParser = require("cookie-parser");
var router = express.Router();
// 设置中间件
router.use(cookieParser());
router.get("/", function(req, res) {
    res.send("首页");
});
//设置 cookie
router.get("/set", function(req, res) {
    res.cookie("userName", 'Harrison', {
        maxAge: 20000,
        httpOnly: true
    });
    res.send("设置 cookie 成功");
});
//获取 cookie
router.get("/get", function(req, res) {
    console.log(req.cookies.userName);
    res.send("获取 cookie 成功, cookie 为: " + req.cookies.userName);
});
module.exports = router;
```

（4）在 CMD 窗口输入以下命令。

```
npm start
```

（5）启动该应用后，打开浏览器，输入网址 http://localhost:3000，运行后显示首页如图 6-34 所示。

（6）打开浏览器，输入网址 http://localhost:3000/set，设置 cookie，运行后页面如图 6-35 所示。

图 6-34　首页

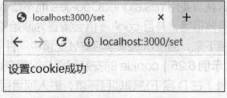

图 6-35　设置 cookie 页面

（7）打开浏览器，输入网址 http://localhost:3000/get，获取 cookie，运行后效果如图 6-36 所示。

图 6-36　获取 cookie

【代码分析】

示例中，在匹配"/set"路由的时候，通过响应对象的 res.cookie()方法向浏览器发送 cookie 数据，该 cookie 的名称为"userName"，cookie 值为"Harrison"，过期时间为 20 秒，客户端 JS 无法访问。在匹配"/get"路由时，通过请求对象的 req.cookies()方法获取 cookie 的数据，并在终端和页面中输出显示。

6.5.3　项目实训——cookie 验证登录

1. 实验需求

使用 cookie 验证登录。

在没有 cookie（没有登录）的情况下不能进入网站的首页（未经授权禁止翻墙进入当前网站）进行编程处理，要求如下。

（1）创建登录界面。

（2）创建网站首页。

（3）利用 Express 搭建后台，实现前后台交互，并满足以上需求。

视频 30

2. 实验步骤

（1）搭建项目环境

搭建项目环境命令如下。

```
express validate_cookie
```

（2）切换目录并安装依赖包。

切换目录并安装依赖包命令如下。

```
cd validate_cookie
npm install
```

（3）在 public→data 目录下创建 user.json 文件

user.json——用户数据

```
[
    {
        "id":"001",
        "username":"admin",
        "password":"admin"
    },
    {
```

```
            "id":"002",
            "username":"hsp",
            "password":"hsp123"
        },
        {
            "id":"003",
            "username":"xuwei",
            "password":"xw666"
        }
    ]
```

【代码分析】

这些 JSON 数据是合法的登录账号和密码，只有在登录表单中输入上述账号和密码才能成功登录。

（4）修改 routes→index.js 文件

index.js——登录验证

```
var express = require('express');
var router = express.Router();
var fs = require('fs');
var { resolve } = require('path');
// 检查是否登录
router.get('/checklogin', function(req, res) {
  // 检查浏览器是否有 cookie
  let cookie = req.cookies.userName;
  if (!cookie) { // 如果没有 cookie，返回一段 js 代码
    res.send('alert("请登录以后再操作！ ");location.href="./login.html";');
  } else {
    res.send('0');
  }
});
// 设置登录路由
router.post('/login', (req, res, next) => {
  // 获取前端发送过来的账号和密码
  let usr = req.body.username,
    pwd = req.body.password;
  // 还没学到 MySQL 数据库操作，这里先 mock 一组用户信息，用以验证用户登录
  let users = fs.readFileSync(resolve(__dirname,
  '../public/data/user.json'));
  users = JSON.parse(users);
  // 账号验证
  for (var i = 0; i < users.length; i++) {
    // 验证通过
    if (users[i].username == usr&&users[i].password == pwd) {
      res.cookie("userName", usr, {
        maxAge: 36000000,
        httpOnly: true
      });
      res.send({
```

```
                code: 0,
                msg: 'ok'
            })
            return;
        }
    }
    // 验证没通过
    if (i == users.length) {
        res.send({
            code: 1,
            msg: 'error'
        })
    }
})
module.exports = router;
```

【代码分析】

代码中处理了一个 get 请求和 post 请求。当客户端请求"/checklogin"时，先检查浏览器是否有 cookie，如果没有 cookie，返回一段 JS 代码：弹出一个提示登录的对话框，然后跳转至登录页。当服务器接收到"/login"的 post 请求时，说明单击了登录页面的"登录"按钮，获取前端发送过来的账号和密码，根据 JSON 文件中的账号信息验证登录，若用户提交的账户在 JSON 文件中存在，表示登录成功，设置 cookie。

（5）修改 app.js 文件

app.js——项目入口文件

```
var createError = require('http-errors');
var express = require('express');
var path = require('path');
var cookieParser = require('cookie-parser');
var logger = require('morgan');
var {resolve} = require('path');

var indexRouter = require('./routes/index');
var usersRouter = require('./routes/users');

var app = express();

// view engine setup
app.set('views', path.join(__dirname, 'views'));
app.set('view engine', 'jade');

app.use(logger('dev'));
app.use(express.json());
app.use(express.urlencoded({ extended: false }));
app.use(cookieParser());
app.use(express.static(path.join(__dirname, 'public')));
```

```
//设置静态路径
app.use(express.static(resolve(__dirname,'public/html')));
app.use('/', indexRouter);
app.use('/users', usersRouter);

// catch 404 and forward to error handler
app.use(function(req, res, next) {
  next(createError(404));
});

// error handler
app.use(function(err, req, res, next) {
  // set locals, only providing error in development
  res.locals.message = err.message;
  res.locals.error = req.app.get('env') === 'development' ? err : {};

  // render the error page
  res.status(err.status || 500);
  res.render('error');
});

module.exports = app;
```

【代码分析】
代码中引入 path 模块,将目录"public/html"设置为静态路径。
(6)在 public->html 目录下创建 index.html
index.html——首页

```
<!DOCTYPE html>
    <html>
        <head>
            <meta charset="utf-8">
            <title>首页</title>
            <!-- 检查有没有 cookie,即检查用户是否登录 -->
            <script src="/checklogin"></script>
        </head>
        <body>
            <p>该网站正在建设中,敬请期待……</p>
        </body>
    </html>
```

【代码分析】
登录成功后跳转到首页,会检查是否有 cookie,即检查用户是否登录。
(7)在 public->html 目录下创建 login.html
login.html——登录页面

```
<!DOCTYPE html>
<html>
```

```html
<head>
    <meta charset="utf-8">
    <title>请登录</title>
    <link href="css/bootstrap.css" rel="stylesheet">
    <style>
        .login{
            padding: 30px 20px;
            margin-top: 200px;
            border: 1px solid #999;
            background-color: #eee;
            box-shadow: 5px 5px 10px #999;
        }
        .login h3{
            text-align: center;
            margin: -10px 0 20px;
        }
    </style>
</head>
<body>
    <!-- 栅格布局 -->
    <div class="container">
        <div class="row">
            <div class="col-md-3"></div>
            <div class="col-md-6 login">
                <h3>中慧科技请您登录</h3>
                <form action="">
                    <div class="input-group mb-3">
                        <div class="input-group-prepend">
                            <span class="input-group-text">用户名：</span>
                        </div>
                        <input type="text" class="form-control" name="username" placeholder="请输入您的账号" aria-label="Username" aria-describedby="basic-addon1">
                    </div>

                    <div class="input-group mb-3">
                        <div class="input-group-prepend">
                            <span class="input-group-text">密     码：</span>
                        </div>
                        <input type="password" class="form-control" name="password" placeholder="请输入密码" aria-label="Username" aria-describedby="basic-addon1">
                    </div>

                    <input type="button" id="btnLogin" value="登录" class="btn btn-primary form-control">
                </form>
            </div>
            <div class="col-md-3"></div>
```

```
            </div>
        </div>
    </body>
    <script src="js/jquerx.js"></script>
    <script>
        $('#btnLogin').click(function(){
            $.ajax({
                type: 'post',
                url: '/login',
                data: $('form').serialize()
            }).then(function(res){
                if(res.msg == 'ok'){
                    location.href = './index.html'
                }else{
                    alert('您输入的账号或密码错误,请重新输入! ');
                    $('input[name=username]').val('');
                    $('input[name=password]').val('');
                    $('input[name=username]').focus();
                }
            })
        })
    </script>
</html>
```

【代码分析】

显示登录表单,单击登录按钮,会向"/login"发送一个 post 请求,将表单中输入的账号信息提交至服务器。当服务器响应消息为"ok"时,表示验证登录通过,跳转至首页;否则提示账号错误。

(8)启动项目

启动项目命令如下。

```
npm start
```

(9)验证登录

在浏览器地址栏输入 http://localhost:3000/login.html,输入账号 admin 和密码 admin,查看是否登录成功,然后完成跳转;再输入错误的账号或密码,查看效果。

登录页面如图 6-37 所示。

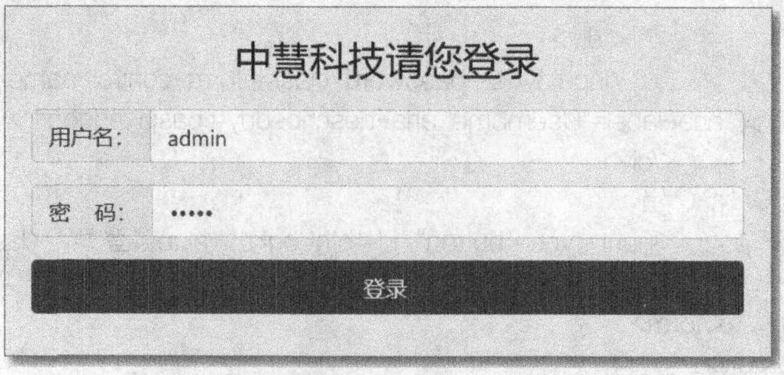

图 6-37 登录页面

登录成功页面如图 6-38 所示。登录失败页面如图 6-39 所示。

图 6-38　登录成功，进入页面

图 6-39　登录失败，提示错误

在浏览器的 Application 中删除 cookie，手动在地址栏中输入：http://localhost:3000/index.html，在没有 cookie（即没有登录）的情况下将会自动跳转到登录页面，不能打开首页，如图 6-40 所示。

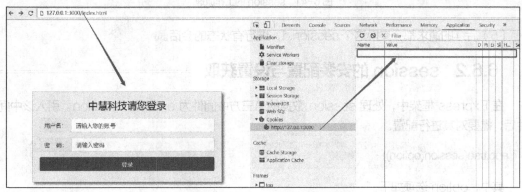

图 6-40　清除 cookie，跳转至首页

6.6　session

6.6.1　session 工作原理

session 和 cookie 类似，都是用于维持客户端和服务器之间会话状态的技术。cookie 存储在客户端，但是 session 存储在服务器，安全性更高。

session 称为"会话控制"。session 对象存储特定用户会话所需的属性及配置信息。服务器通过 session 对象将用户的信息临时保存在服务器，客户是无法修改的，用户离开网站后 session 才会被注销。

session 的工作原理如图 6-41 所示。

（1）客户端第一次请求服务器时，服务器会生成一个 sessionid。

（2）服务器将生成的 sessionid 通过 cookie 的方式返回给客户端。

（3）客户端收到 sessionid 后将它保存在 cookie 中，当客户端再次访问服务器时，就会携带此 sessionid。

（4）当服务器再次接收到该客户端的请求时，先检查是否存在这个 sessionid。如果不存在，就新建一个 sessionid [重复步骤（11）~步骤（12）的流程]；如果存在，就遍历服务器的 session 文件，找到与这个 sessionid 相对应的文件，文件中的键为这个 sessionid，值为当前用户的一些信息。

图 6-41 session 的工作原理

（5）后续的请求都会交换这个 sessionid，进行有状态的会话。

6.6.2 session 的安装配置与设置获取

在 Express 框架中，处理 session 数据的第三方中间件为 express-session。引入该中间件后，需要对其进行配置。

```
app.use(session(option))
```

其中，option 选项如下。

（1）name：cookie 的名字，默认为 connect.sid。
（2）store：session 存储实例。
（3）secret：对 session cookie 签名，防止被篡改。
（4）cookie：设置 session cookie，默认为{ path: '/', httpOnly: true,secure: false, maxAge: null }。
（5）genid：生成新 session ID 的函数。
（6）rolling：在每次请求时强行设置 cookie，这将重置 cookie 过期时间，默认为 false。
（7）resave：强制保存 session，默认为 true，建议设置为 false。
（8）proxy：当设置了 secure cookies 时，信任反向代理。当设定为 true 时，"x- forwarded-之不理 proto"的 header 信息将被使用；当设定为 false 时，所有 headers 将被忽略。当该属性没有被设定时，将使用 Express 的 trust proxy。
（9）saveUninitialized：强制存储未初始化的 session。当新建了一个 session 且未设定属性或值时，它就处于未初始化状态。在设定一个 cookie 前，对于登录验证、减轻服务端存储压力以及权限控制是有帮助的，默认为 true。
（10）unset：控制 req.session 是否取消，可以使 session 保持存储状态但忽略修改或删除的请求，默认为 keep。

请求对象提供了 session 属性，可以使用以下语句来获取。

```
req.session
```

接下来，通过示例来学习第三方中间件 express-session 的安装配置、设置获取 session。
【示例 6.26】session 的安装配置与设置获取。

(1)在 D 盘下搭建项目环境,进入项目目录后,安装依赖包。命令如下。

```
express mysession
cd mysession
npm install
```

(2)安装第三方中间件 express-session。命令如下。

```
npm install express-session --save
```

(3)修改 index.js 文件,配置中间件,设置并获取 session。
index.js——配置中间件,设置并获取 session

```
const express = require("express");
const session = require("express-session");
var router = express.Router();
// 配置中间件
router.use(session({
    secret: "keyboard cat",
    resave: false,
    saveUninitialized: true,
    cookie: ('name', 'value', {
        maxAge: 5 * 60 * 1000,
        secure: false
    })
}));
router.use('/login', function(req, res) {
    // 设置 session
    req.session.userinfo = 'Harrison';
    res.send("登录成功! ");
});
router.use('/', function(req, res) {
    // 获取 session
    if (req.session.userinfo) {
        res.send("Hello " + req.session.userinfo + ", welcome");
    } else {
        res.send("未登录");
    }
});
module.exports = router;
```

(4)在 CMD 窗口输入以下命令。

```
npm start
```

(5)启动该应用后,打开浏览器,输入网址 http://localhost:3000/login,运行后显示登录成功,如图 6-42 所示。

（6）打开浏览器，输入网址 http://localhost:3000，运行后显示登录信息，如图6-43所示。

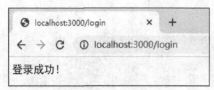

图6-42　登录页面　　　　　　　　图6-43　首页

【代码分析】

首先引入 express-session 中间件并进行配置。在匹配"/login"路由的时候，设置 session 的 userinfo 值为"Harrison"，并显示登录成功。在匹配"/"路由的时候，如果查询到 session 的 userinfo 信息，则显示欢迎语句，如果没有查询到 session 的 userinfo 信息，则提示未登录。由于已经通过访问 http://localhost:3000/login 网页，成功设置了服务器的 session 信息，因此，页面显示了欢迎语句。

6.7　Postman 接口测试

用户在开发调试 Web 相关程序的时候，需要在发出网页请求时监控数据的变化。Postman 就是一款非常流行的 WebAPI 的 HTTP 请求调试工具，可以发送几乎所有类型的 HTTP 请求。Postman 简化构建 API 的每个步骤并使其协作开发，这样就可以更快速地创建更好的 API。

视频32

6.7.1　软件安装

在 Postman 官网下载 Postman，根据自己的计算机是 32bit 的操作系统还是 64bit 的操作系统，结合版本选择相应的安装包，如图6-44所示。

图6-44　下载 Postman 界面

下载完成后，安装 Postman。以 Postman-win64-7.36.1-Setup.exe 安装包为例，双击该安装包，将会出现安装界面，如图 6-45 所示。

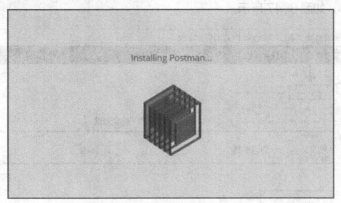

图 6-45　Postman 安装界面

安装成功后，若出现注册页面，关闭即可，关闭后会自动打开图 6-46 所示界面。

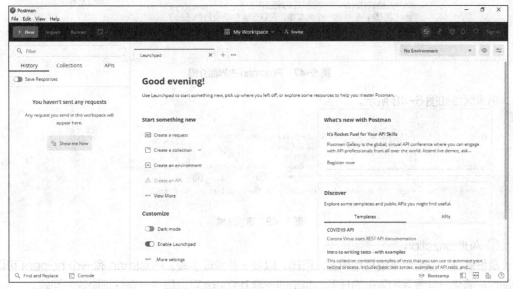

图 6-46　Postman 主界面

出现 Postman 主界面后，说明软件安装完成。

Postman 主界面由左右两部分组成。下面以"create a request"为例进行说明。

1. 左界面

（1）History：接口请求历史记录。
（2）Collections：接口集。可以根据不同的项目，自定义保存接口请求集合，方便测试、记录。

2. 右界面

（1）请求方式：支持几乎所有的请求方式，如 get、post、put 等。
（2）请求参数：输入请求参数的 key 和 value。

（3）响应部分：响应内容（pretty 为格式化 JSON 或 XML 形式；raw 仅仅是响应体的一个大文本，显示是否压缩；preview 为在沙盒的 iframe 中渲染响应的内容）、HTTP 响应状态码、响应时间及响应大小，如图 6-47 所示。

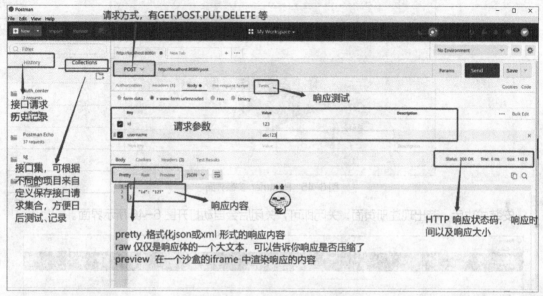

图 6-47　Postman 主界面介绍

请求区域如图 6-48 所示。

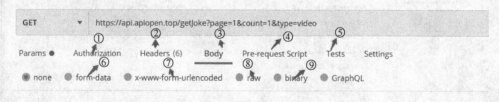

图 6-48　请求区域

① Authorization

身份验证，主要用来填写用户名、密码，以及一些验证字段。Postman 有一个 helpers 可以帮助用户简化一些重复和复杂的任务，当前的一套 helpers 可以解决一些认证协议的问题。

② Headers

Headers 是请求的头部信息。

③ Body

Body 是采用 Post 方式发出请求时必须要带的参数，里面为 key:value 键值对。

④ Pre-request Script

Pre-request Script 可以在请求之前自定义请求数据，运行在请求之前，使用 JavaScript 语句。

⑤ Tests

Tests 标签功能比较强大，通常用来写测试，它是运行在请求之后，支持 JavaScript 语法。Postman 每次执行 request 的时候，会执行 Tests。测试结果会在 Tests 的 tab 上面显示通过的数量及对错情况。它也可以用来设计用例，例如要测试返回结果是否含有某一字符串。

⑥ form-data

form-data 将表单数据处理为一条消息，以标签为单元，用分隔符分开。既可以单独上传键值对，又可以直接上传文件。当上传字段是文件时，会用 Content-Type 来说明文件类型，但该文件不会作为历史文件保存，只能在每次需要发送请求时重新添加文件，如图 6-49 所示。

图 6-49　上传文件

⑦ x-www-form-urlencoded

x-www-form-urlencoded 对应的信息头为"application/x-www-from-urlencoded"，会将表单内的数据转换为键值对。

⑧ raw

raw 可以上传任意类型的文本，比如 TEXT、JSON、XML 等，所有填写的 TEXT 都会随着请求发送。

⑨ binary

binary 对应信息头为"Content-Type:application/octet-stream"，只能上传二进制文件，且没有键值对，一次只能上传一个文件，也不能保存历史文件，每次都需要选择文件，提交。

6.7.2　接口测试与导出接口集

在请求接口测试中，最常用的是 get 和 post 方式。接下来一起学习接口测试。

选择"Collections"，单击"New Collection"新建一个集合，如图 6-50 所示。接着输入集合的名字，如"接口测试"，如图 6-51 所示。

图 6-50　创建一个文件集

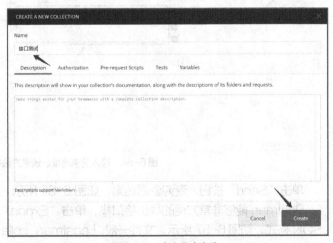

图 6-51　命名集合名称

单击"Add Request"项添加请求接口，命名后单击"Save to 接口测试"按钮，如图 6-52 和图 6-53 所示。

图 6-52 添加请求接口　　　　图 6-53 请求接口命名

输入请求地址、请求方法等各项参数，如图 6-54 所示。

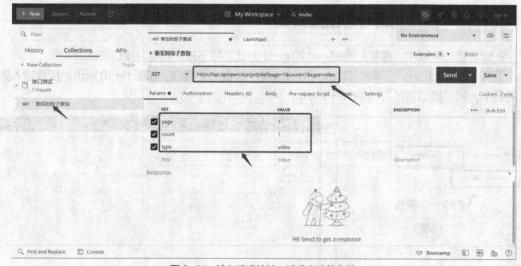

图 6-54 输入请求地址、请求方法等参数

单击"Send"按钮，查询返回结果，如图 6-55 所示。

Postman 能够非常方便的导出接口集，单击"Export"项，如图 6-56 所示。导出的数据为 JSON 格式，如图 6-57 所示。文件一般以 postman_collection.json 命名。

图 6-55 查询接口请求返回的结果

图 6-56 选择导出

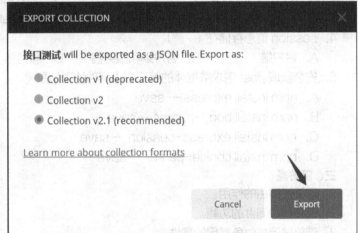

图 6-57 导出请求的结果

6.8 本章小结

本章主要介绍了 Express 框架的开发方法,其中,路由配置和中间件的使用是核心内容,需要重点掌握。希望通过本章的学习,读者能够使用 Express 框架轻松、熟练地开发 Web 应用程序,为后续的框架使用打下良好的基础。

6.9 本章习题

一、填空题

1. Express 生成器创建好项目包后,还需要进入项目文件夹内,通过(　　)命令安装

package.json 描述的依赖包。

2. 登录表单输入账号信息进行数据验证，路由处理代码为：router.（　　）('/login', ...)。
3. cookie 是存储在（　　）端的。
4. 客户端向服务器发送请求，请求中的 URI 和请求方法被称为（　　）。
5. 中间件，除了能够访问请求对象 req、响应对象 res，还有一个参数（　　）。
6. 响应对象的方法（　　）可以结束请求-响应循环。

二、单选题

1. Express 生成器安装完成后，使用其创建项目文件夹 student 的语句是（　　）。
   A. express -e student　　　　　　B. npm student -g
   C. install student　　　　　　　　D. express student
2. 在 Express 路由文件中，使用（　　）获取地址栏"/"后面的数据，如取得/detail/13，取到值 13。
   A. req.params　　B. req.query　　C. req.body　　D. req.path
3. Express 路由文件中，使用（　　）获取 URL 的地址栏参数，比如"/news?catID=1"中取得 catID 接收到的值。
   A. req.params.catID　　　　　　　B. req.query.catID
   C. req.body.catID　　　　　　　　D. req.path.catID
4. session 信息存储在（　　）。
   A. 客户端　　B. 客户端和服务器　　C. 服务器　　D. 以上都对
5. 安装获取 post 请求数据体的第三方中间件的语句是（　　）。
   A. npm install express --save
   B. npm install body-parser --save
   C. npm install express-session --save
   D. npm install cookie-parser --save

三、简答题

1. 请简述路由的作用。
2. 请简述中间件的功能。
3. 请简述请求对象常用的属性。

第 7 章
Express模板引擎

▶ 内容导学

本章主要学习常用的 pug 模板引擎、ejs 模板引擎及 Express 框架中的集成模板引擎。模板引擎可以实现显示界面与逻辑处理的分离,在应用中使用静态模板文件,在运行时替换模板文件中的变量,将渲染后的 HTML 文件发送给客户端,让我们将更多的精力关注在视图层。

本章重点介绍 pug 模板引擎和 ejs 模板引擎。pug 模板文件体积小,但是学习成本高。ejs 模板利用普通的 JavaScript 代码生成 HTML 页面,对于已掌握 HTML 知识的读者来说,比较容易过渡到 ejs 模板的学习,但是页面代码结构有些复杂,不如 pug 模板整洁。通过本章的学习、读者将掌握 pug 模板引擎和 ejs 模板引擎的标签、语法等相关知识,并在 Express 框架中灵活使用,pug 模板引擎方便用户更轻松地设计 HTML 页面,实现前端页面的自动化构建。

▶ 学习目标

① 了解 pug 模板引擎模板语法。
② 了解 ejs 模板引擎模板语法。
③ 了解集成模板引擎的运用方法。

7.1 pug 模板引擎

7.1.1 pug 模板简介

pug 模板在较旧的版本中被称为 jade 模板,pug 是 jade 更名后的叫法,二者本质一样,为什么会有两种叫法呢?因为 jade 这个名词涉嫌已注册商标侵权问题,所以不得不更换一个名字,也可以认为 pug 是 jade 的升级更新。需要注意的是,原有的 jade 项目不影响使用。pug 是 Express 框架的默认模板引擎,pug 集成模板与 HTML 非常相似,它们的标签一致,但是 pug 不需要关闭标签,用缩进来表示标签直接的嵌套关系。

视频 33

下面通过示例来展示 pug 模板与 HTML 页面的不同。

【示例 7.1】HTML 页面与 pug 模板的对比。
firstDemo.pug——pug 集成模板文件

```
doctype html
html
    head
        meta(charset='utf-8')
```

```
            title First file of pug
        body
            h1 This is my first pug
            div
            .div1
                p that some content in here
                i point
```

firstDemo.html——HTML 页面

```
<!DOCTYPE html>
<html>
    <head>
        <meta charset="utf-8">
        <title>First file of pug </title>
    </head>
    <body>
        <h1>This is my first pug </h1>
        <div></div>
        <div class="div1">
            <p>that some content in here </p><i>point</i>
        </div>
    </body>
</html>
```

【代码分析】

从示例 7.1 可以看到，pug 集成模板文件的标签与 HTML 是一致的，但是 pug 集成模板没有关闭标签，缩进非常严格，而且语法也是不同的。

7.1.2 pug 模板文件的编译

可以基于 Node.js 环境实现 pug 模板文件的编译，主要步骤如下。

1. 全局安装 pug

打开 CMD 窗口，输入如下命令。

```
npm install pug-cli -g
```

安装 pug 后查看其版本，如果能正常显示版本信息，则表示安装成功。

2. 编译 pug 模板文件

若生成的是一个压缩后的 HTML 文件，在 CMD 窗口中输入如下命令。

```
pug fileName.pug
```

若生成的是一个没压缩的 HTML 文件，在 CMD 窗口中输入如下命令。

```
pug fileName.pug -P
```

实时监听 .pug 文件，如果文件内容有改动，会自动生成一个没压缩的 HTML 文件，在 CMD 窗口中输入如下命令。

```
pug fileName.pug -P -w
```

编译 .pug 文件后写入 dist 目录中，并进行实时监听，在 CMD 窗口中输入如下命令。

```
pug fileName.pug -P -w -o dist
```

例如：pug firstDemo.pug -P -w -o dist
功能是输出 firstDemo.pug 文件至同目录下的 dist 文件夹中。

7.1.3 pug 语法

接下来介绍各个 HTML 标签及其属性在 pug 集成模板中的标签语法。

1. doctype

文档声明的对应语法如下。

- pug

```
doctype html
```

- HTML

```
<!DOCTYPE html>
```

2. 标签

标签的基本语法主要分为 3 种：标签语法、标签属性和标签文本。
（1）标签语法
在默认情况下，在每行文本的开头书写 HTML 标签的名称；使用缩进来表示标签间的嵌套关系，这样可以构建一个 HTML 代码的树状结构。

- 列表——pug

```
ul
  li Item A
  li Item B
  li Item C
```

- 列表——HTML

```
<ul>
    <li>Item A</li>
    <li>Item B</li>
    <li>Item C</li>
</ul>
```

pug 也可识别哪个元素是自闭合的。
- 图片——pug

```
img
```

- 图片——HTML

```
<img />
```

为了节省空间，pug 为嵌套标签提供了一种内联式语法，如下。
- 嵌套标签——pug

```
a: img
```

- 嵌套标签——HTML

```
<a><img /></a>
```

【示例 7.2】标签语法 HTML 页面与 pug 模板的对比。
tag.pug——pug 模板文件

```
doctype html
html
    head
        title pug 模板
    body
        h1 这是一个 pug 模板案例
            div
            ul
                li
            span
            p
            input
```

tag.html——HTML 页面

```
<!DOCTYPE html>
<html>
    <head>
        <title>pug 模板</title>
    </head>
    <body>
        <h1>这是一个 pug 模板案例
            <div></div>
            <ul>
                <li></li>
            </ul>
            <span></span>
            <p></p>
```

```
            <input>
        </h1>
    </body>
</html>
```

（2）标签属性

标签属性和 HTML 语法非常相似，但它们的值就是普通的 JavaScript 表达式。

① 属性

属性一般以逗号作为分隔符，不加逗号也可以被识别。

- 属性——pug

```
a(href='https://www.ptpress.com.cn/') 人民邮电出版社
a(class='button' href='https://www.ptpress.com.cn/') 人民邮电出版社
a(class='button', href='https://www.ptpress.com.cn/') 人民邮电出版社
```

- 属性——HTML

```
<a href="baidu.com">人民邮电出版社</a>
<a class="button" href="https://www.ptpress.com.cn/">人民邮电出版社</a>
<a class="button" href="https://www.ptpress.com.cn/">人民邮电出版社</a>
```

② 运行 JavaScript 的属性

所有 JavaScript 表达式都能用。

- 运行 JS 的属性——pug

```
- var authenticated = true
body(class=authenticated ? 'authed' : 'anon')
```

- 运行 JS 的属性——HTML

```
<body class="authed"></body>
```

在三元表达式"authenticated？'authed'：'anon'"中，如果变量"authenticated"为 true，则"class=authed"；如果变量"authenticated"为 false，则"class=anon"。

③ 多行属性

如果有很多属性，也可以把它们分多行书写。

- 多行属性——pug

```
input(
  type='checkbox'
  name='agreement'
  checked
)
```

- 多行属性——HTML

```
<input type="checkbox" name="agreement" checked="checked" />
```

④ 布尔值属性

在 pug 中，布尔值属性是经过映射的。当没有指定值的时候，默认是 true。

- 布尔值属性——pug

```
input(type='checkbox' checked)
input(type='checkbox' checked=true)
input(type='checkbox' checked=false)
```

- 布尔值属性——HTML

```
<input type="checkbox" checked="checked" />
<input type="checkbox" checked="checked" />
<input type="checkbox" />
```

⑤ 样式属性

样式（style）属性可以是一个字符串，也可以是一个对象。

- 样式属性——pug

```
a(style={color: 'red', background: 'green'})
```

- 样式属性——HTML

```
<a style="color:red;background:green;"></a>
```

⑥ 类属性

类（class）属性可以是一个字符串，也可以是一个包含多个类名的数组。

- 类属性——pug

```
- var classes = ['foo', 'bar', 'baz']
a.button
a(class=classes)
//- class 属性也可以在合并的数组中重复使用
a.bang(class=classes class=['bing'])
//- 如果省略标签名称，默认为<div>标签
.content
```

- 类属性——HTML

```
<a class="button"></a>
<a class="foo bar baz"></a>
<a class="bang foo bar baz bing"></a>
<div class="content"></div>
```

⑦ id 属性

id 属性可以使用#idname 语法来定义，与类属性一样，如果省略标签名称，默认为<div>标签。

- id 属性——pug

```
a#main-link
#content
```

- id 属性——HTML

```html
<a id="main-link"></a>
<div id="content"></div>
```

【示例 7.3】标签属性 HTML 页面与 pug 模板的对比。
attribute.pug——pug 模板文件

```pug
doctype html
html
    head
        title 标签属性
    body
        //- 1.标签属性看起来与 html 相似，但是它们的值只是一般的 JavaScript
        div(class="box") this is a div element
        //- 2.可直接运行 javaScript 代码
        - var bool = true
        div(class=bool?"true":"false") // 三元运算
        //- 3.当属性很多时，可以换行显示
        input(
            type="text"
            class="username"
            name="username"
            id="username"
        )
        //- 4.布尔属性（默认为 true）
        input(type='checkbox', checked)
        //- 5.样式属性（可以是字符串，也可以是对象）
        p(style="color:#999999;font-size:18px")
        h2(style={color:"#666666","font-size":"20px"})
        //- 6.类属性（可以是字符串，比如普通属性，也可以是数组）
        div.foo
        div.foo.bar
        div(class="foo bar")
        -var classes = ['box1','box2','box3']
        div(class=classes)
        div.bing(class=classes)
        //- 7.id 属性
        div#box1
        div(id="box2")
        //- 由于 div 是标签常见的选择，因此可以省略，div 也是标签的默认值
        .box
        #wrapper
        #header.box.banner
```

attribute.html——HTML 页面

```html
<!DOCTYPE html>
<html>
    <head>
        <title>标签属性</title>
    </head>
    <body>
        <div class="box">this is a div element</div>
        <div class="true">//- 三元运算</div>
        <input class="username" type="text" name="username" id="username">
        <input type="checkbox" checked>
        <p style="color:#999999;font-size:18px"></p>
        <h2 style="color:#666666;font-size:20px;"></h2>
        <div class="foo"></div>
        <div class="foo bar"></div>
        <div class="foo bar"></div>
        <div class="box1 box2 box3"></div>
        <div class="bing box1 box2 box3"></div>
        <div id="box1"></div>
        <div id="box2"></div>
        <div class="box"></div>
        <div id="wrapper"></div>
        <div class="box banner" id="header"></div>
    </body>
</html>
```

（3）标签文本

pug 提供了不同的方法处理纯文本。

① 行内文本

添加一段行内的纯文本，最简单的方法是：在标签后加一个空格，空格后面为标签的文本内容。

- 行内文本——pug

```
p 这是一段纯洁的<em>文本</em>内容.
```

- 行内文本——HTML

```
<p>这是一段纯洁的<em>文本</em>内容.</p>
```

② 动态输出文本

通过 JavaScript 动态输出文本内容。

- 动态输出文本——pug

```
- var obj = {name:'pug'}
p #{obj.name} is learning
```

- 动态输出文本——HTML

```html
<p>pug is learning</p>
```

③ 输出属性值

- 输出属性值——pug

```
- url = 'https://www.ptpress.com.cn/'
a(href=url)人民邮电出版社
```

- 输出属性值——HTML

```html
<a href="https://www.ptpress.com.cn/">人民邮电出版社</a>
```

④ 多行文本

多行文本可以用管道文本和文本块来实现。

管道文本：添加纯文本的方法就是在一行文本前面加一个管道符号（|），这个字符在类 UNIX 系统下常用作"管道"功能，因此而得名。

- 管道文本——pug

```
p
  | 管道符号总是在最开头，
  | 不算前面的缩进。
```

- 管道文本——HTML

```html
<p>
  管道符号总是在最开头，
  不算前面的缩进。
</p>
```

文本块：只需要在标签后面紧接一个"."，若标签有属性，则"."紧接在闭括号后面。在标签和"."之间不要加空格，并且块内的纯文本内容必须缩进一层。

- 文本块——pug

```
script.
  if (usingPug)
    console.log('这是明智的选择。')
  else
    console.log('请用 Pug。')
```

- 文本块——HTML

```html
<script>
  if (usingPug)
    console.log('这是明智的选择。')
  else
    console.log('请用 Pug。')
</script>
```

可以在父块内创建一个"."块，跟在某个标签的后面。

- 文本块（父块）——pug

```
div
  p This text belongs to the paragraph tag.
  br
  .
    This text belongs to the div tag.
```

- 文本块（父块）——HTML

```
<div>
<p>This text belongs to the paragraph tag.</p><br />This text belongs to the div tag.
</div>
```

⑤ 含 HTML 代码文本

若需要文本在一个标签内使用文本加粗的标签或<span>之类的标签，可以直接编写 HTML 代码，pug 也是可以正常编译的。

- 含 HTML 代码多行文本——pug

```
p.
    hello <b>node</b>
    hello <span>express</span>
    hello <b>pug<b>
```

- 含 HTML 代码多行文本——HTML

```
<p>
    hello <b>node</b>
    hello <span>express</span>
    hello <b>pug<b>
</p>
```

【示例 7.4】标签文本 HTML 页面与 pug 模板的对比。

- tags.pug——pug 模板文件

```
doctype html
html
    head
        title 标签文本
    body
        //- 1.行内文本，在标签后加空格，空格后是文本内容
        h1 这是一个 h1 标签
        .box hello pug
        //- 2.动态输出内容
        - var obj = {name:'tom'}
        p #{obj.name} is a man
        //- 3.输出属性值
```

```
            - var url = 'https://www.ptpress.com.cn'
            a(href=url)人民邮电出版社
          //- 4.多行文本
          p
              | hello pug
              | hello node
              | hello worlds
          p.
              hello pug
              hello node
              hello worlds
          //- 5.含有 HTML 代码的文本
          p.
              hello <b>pug</b>
              hello <span>node</span>
              hello world
```

- tags.html——HTML 页面

```
<!DOCTYPE html>
<html>
<head>
<title>标签文本</title>
</head>
<body>
<h1>这是一个 h1 标签</h1>
<div class="box">hello pug</div>
<p>tom is a man</p><a href="https://www.ptpress.com.cn">人民邮电出版社</a>
<p>
    hello pug
    hello node
    hello worlds
</p>
<p>
    hello pug
    hello node
    hello worlds
</p>
<p>
    hello <b>pug</b>
    hello <span>node</span>
    hello world
</p>
</body>
</html>
```

3. 注释

注释可以在编译的时候输出或者不输出。输出的注释和 JavaScript 的单行注释类似，使用"//"

符号能生成单行 HTML 注释。不输出的注释只需要加上一个横杠即"//-",这些注释仅仅出现在 pug 模板中,不会出现在渲染后的 HTML 文件中。

- 注释——pug

```
// 一些内容
p foo
p bar
//- 这行不会出现在结果中
p foo
p bar
```

- 注释——HTML

```
<!-- 一些内容-->
<p>foo</p>
<p>bar</p>
<p>foo</p>
<p>bar</p>
```

【示例 7.5】注释 HTML 页面与 pug 模板的对比。

- comment.pug——pug 模板文件

```
doctype html
html
    head
        title 注释
    body
        //- 单行注释与 JavaScript 单行注释相同
        // h1 这是一个 h1 标签

        //- 若不想注释被编译出来,可在双斜线后面追加连字符"-"。
        //- h1 这是一个 h1 标签
```

- comment.html——HTML 页面

```
<!DOCTYPE html>
<html>
<head>
<title>注释</title>
</head>
<body>
<!-- h1 这是一个 h1 标签-->
</body>
</html>
```

4. 代码

代码可以输出,也可以不输出。输出的代码可以转义,也可以不转义。

(1)不输出的代码

以 "-" 符号开头,编写一段不直接进行输出的代码。

- 代码不输出——pug

```
- for (var x = 0; x < 3; x++)
   li item
```

- 代码不输出——HTML

```
<li>item</li>
<li>item</li>
<li>item</li>
```

(2)转义、带输出的代码

以 "=" 符号开头,编写一段带有输出的代码,它是一个可以被求值的 JavaScript 表达式。为安全起见,它将被 HTML 转义。注意,如果为行内形式,标签与 "=" 之间没有空格!

- " = " 转义输出的代码——pug

```
p= '这个代码被<转义>了!'
```

- " = " 转义输出的代码——HTML

```
<p>这个代码被&lt;转义&gt;了!</p>
```

除了 "=",在 "#{ }" 中的代码也会被求值、转义,并最终嵌入模板的渲染输出中。

- " #{ } " 转义输出的代码——pug

```
- var msg = "not my inside voice";
p This is #{msg.toUpperCase()}
```

- " #{ } " 转义输出的代码——HTML

```
<p>This is NOT MY INSIDE VOICE</p>
```

【示例 7.6】转义带输出的 HTML 页面与 pug 模板的对比。

- code.pug——pug 模板文件

```
doctype html
html
    head
        title 安全转义
    body
        - var infoText = 'Hello pug!'
        - var infoHtml = '<script>alert("ok!")</script>'
        p #{infoText}
        p #{infoHtml}
        //- 或者
        - var infoText = 'Hello pug!'
        - var infoHtml = '<script>alert("ok!")</script>'
```

```
            p= infoText
            p= infoHtml
```

- code.html——HTML 页面

```
<!DOCTYPE html>
<html>
<head>
<title>安全转义</title>
</head>
<body>
<p>Hello pug!</p>
<p>&lt;script&gt;alert(&quot;ok！&quot;)&lt;/script&gt;</p>
<p>Hello pug!</p>
<p>&lt;script&gt;alert(&quot;ok！&quot;)&lt;/script&gt;</p>
</body>
</html>
```

（3）不转义、带输出的代码

以用"!="符号开头，编写一段不转义的、带有输出的代码。代码将不做任何转义，所以用于执行用户的输入是不安全的。

- "!="不转义、带输出的代码-pug

```
p
  != '这段文字<strong>没有</strong>被转义！'
```

- "!="不转义、带输出的代码-HTML

```
<p>这段文字<strong>没有</strong>被转义！</p>
```

上述代码也可写成行内形式："p!= '这段文字' + '没有 被转义！'"。注意，以行内形式编写代码时，标签与"!="之间没有空格！

除了"!="符号外，"!{ }"符号也可以将没有转义的文本嵌入模板。

- "!{ }"不转义输出的代码-pug

```
- var riskyBusiness = "<em>我希望通过外籍教师 Peter 找一位英语笔友。</em>";
.quote
  p 李华：!{riskyBusiness}
```

- "!{ }"不转义输出的代码-HTML

```
<div class="quote">
<p>李华：<em>我希望通过外籍教师 Peter 找一位英语笔友。</em></p>
</div>
```

【示例 7.7】不转义、带输出 HTML 页面与 pug 模板的对比。

- outCode.pug——pug 模板文件

```
doctype html
html
    head
        title 非安全转义
    body
        - var infoText = 'Hello pug!'
        - var infoHtml = '<script>alert("ok！")</script>'
        p !{infoText}
        p !{infoHtml}
        //- 或者:
        - var infoText = 'Hello pug!'
        - var infoHtml = '<script>alert("ok！")</script>'
        p!= infoText
        p!= infoHtml
```

- outCode.html——HTML 页面

```
<!DOCTYPE html>
<html>
    <head>
        <title>非安全转义</title>
    </head>
    <body>
        <p>Hello pug!</p>
        <p><script>alert("ok！")</script></p>
        <p>Hello pug!</p>
        <p><script>alert("ok！")</script></p>
    </body>
</html>
```

5. 条件语句

pug 支持原生的 JavaScript 语句，因此，也支持条件语句，如"if...else""if...else if...else"语句。

- 条件语句——pug

```
- var user = { description: 'foo bar baz' }
- var authorised = false
#user
  if user.description
    h2.green 描述
    p.description= user.description
  else if authorised
    h2.blue 描述
    p.description.
用户没有添加描述。
不写点什么吗……
```

```
else
    h2.red 描述
    p.description 用户没有描述
```

- 条件语句——HTML

```html
<div id="user">
    <h2 class="green">描述</h2>
    <p class="description">foo bar baz</p>
</div>
```

pug 同样也提供了它的反义版本 unless，下面两段代码的效果是等价的。

- if 语句——pug

```
if !user.isPermitted
    p 您已经可以登录！
```

- unless 语句——pug

```
unless user.isPermitted
    p 您已经可以登录！
```

【示例 7.8】条件语句 HTML 页面与 pug 模板的对比。

- if.pug——pug 模板文件

```pug
doctype html
html
    head
        title 条件语句
    body
        //- pug 条件语句 if...else、if...else if...else
        //- 条件语句 if...else
        - var flag = true
        if flag
            p= flag
        else
            p= flag

        //- 条件语句 if...else if...else
        - var num = 2
        if num>1
            p 10
        else if num==1
            p 1
        else
            p 0

        //- unless: pug 还提供了 unless 语句
        - var num = 2
```

```
    unless num == 10
        p the number is #{num}
```

- if.html——HTML 页面

```
<!DOCTYPE html>
<html>
    <head>
        <title>条件语句</title>
    </head>
    <body>
        <p>true</p>
        <p>10</p>
        <p>the number is 2</p>
    </body>
</html>
```

6. 循环语句

pug 可支持 for、each 和 while 循环语句。
（1）for 循环语句
for 循环语句的语法结构，与原生 JavaScript 一致。

- for 循环语句——pug

```
- for (var x = 0; x < 2; x++)
  li node
```

- for 循环语句——HTML

```
<li>node</li>
<li>node</li>
```

（2）each 循环语句
each 循环语句是 pug 的首选迭代方式，使用它可以使得模板中的迭代数组和对象更为简便。

- each 循环语句——pug

```
ul
  each val in [1, 2, 3]
    li= val
ul
ul
  each val, index in {1:'一',2:'二',3:'三'}
    li= index + ': ' + val
```

- each 循环语句——HTML

```
<ul>
    <li>1</li>
```

```html
        <li>2</li>
        <li>3</li>
</ul>
<ul></ul>
<ul>
        <li>1: 一</li>
        <li>2: 二</li>
        <li>3: 三</li>
</ul>
```

（3）while 循环语句

除了以上两种循环语句，还可以使用 while 语句。

- while 循环语句——pug

```
- var n = 0;
ul
   while n < 4
     li= n++
```

- while 循环语句——HTML

```html
<ul>
    <li>0</li>
    <li>1</li>
    <li>2</li>
    <li>3</li>
</ul>
```

【示例 7.9】循环语句 HTML 页面与 pug 模板的对比。

- loop.pug——pug 模板文件

```pug
doctype html
html
    head
        title 循环语句
    body
        //- pug 提供了两种迭代的主要方法：each 和 while，当然，也可以使用 for 循环
        //- 1.for 迭代数组
        - var arr = [1,2,3,4,5]
        ul
            - for(var i=0;i<arr.length;i++)
                li= arr[i]

        //- 2. for 迭代对象
        - var arr = {name:'binge',six:'man'}
        ul
            - for(var i in arr)
                li= arr[i]
```

```
//- 3. each 迭代数组
- var arr = [5,4,3,2,1]
ul
    each val in arr
        li= val

//- 4.each 迭代对象
- var arr = {name:'binge',six:'man'}
ul
    each val in arr
        li= val

//- 5.获取索引或对象中的键
- var arr = ['one','two','three']
ul
    each val, index in arr
        li #{index} is #{val}

//- 6. while 循环
- var num = 1
ul
    while num < 5
        li= num++
```

- loop.html——HTML 页面

```
<!DOCTYPE html>
<html>
    <head>
        <title>循环语句</title>
    </head>
    <body>
        <ul>
            <li>1</li>
            <li>2</li>
            <li>3</li>
            <li>4</li>
            <li>5</li>
        </ul>
        <ul>
            <li>binge</li>
            <li>man</li>
        </ul>
        <ul>
            <li>5</li>
            <li>4</li>
            <li>3</li>
```

```
            <li>2</li>
            <li>1</li>
        </ul>
        <ul>
            <li>binge</li>
            <li>man</li>
        </ul>
        <ul>
            <li>0 is one</li>
            <li>1 is two</li>
            <li>2 is three</li>
        </ul>
        <ul>
            <li>1</li>
            <li>2</li>
            <li>3</li>
            <li>4</li>
        </ul>
    </body>
</html>
```

7. mixin（混入）

混入（mixin）是一种允许在 pug 中重复使用整个代码块的方法，类似于 JavaScript 中的函数。

（1）混入的定义与调用

- 混入的定义与调用——pug

```
//- 定义
mixin list
  ul
    li foo
    li bar
    li baz
//- 使用
+list
+list
```

- 混入的定义与调用——HTML

```
<ul>
    <li>foo</li>
    <li>bar</li>
    <li>baz</li>
</ul>
<ul>
    <li>foo</li>
    <li>bar</li>
```

```
    <li>baz</li>
</ul>
```

(2) 混入的传参

与函数类似，混入也可以传入一个或多个参数，也可不传入任何参数。

- 混入的传参——pug

```
mixin pet(name)
  li.pet= name
ul
  +pet('猫')
  +pet('狗')
  +pet('猪')
```

- 混入的传参——html

```
<ul>
    <li class="pet">猫</li>
    <li class="pet">狗</li>
    <li class="pet">猪</li>
</ul>
```

(3) 混入的代码块

混入也可以把整个代码块传递进来。

- 混入的代码块——pug

```
mixin article(title)
  .article
    .article-wrapper
      h1= title
      if block
        block
      else
        p 没有提供任何内容。

+article('Hello world')

+article('Hello world')
  p 这是我
    p 随便写的文章
```

- 混入的代码块——html

```
<div class="article">
    <div class="article-wrapper">
        <h1>Hello world</h1>
        <p>没有提供任何内容。</p>
    </div>
```

```
</div>
<div class="article">
    <div class="article-wrapper">
        <h1>Hello world</h1>
        <p>这是我</p>
        <p>随便写的文章</p>
    </div>
</div>
```

（4）混入的属性

与函数类似，混入也可以传递参数。它可以隐式地从"标签属性"得到一个参数 attributes，也可以直接用&attributes 方法来传递 attributes 参数。

- 混入的属性——pug

```
//- attributes 属性
mixin link(href, name)
  //- attributes == {class: "btn"}
  a(class!=attributes.class href=href)= name

+link('/foo', 'foo')(class="btn")

//- &attributes 方法传递
mixin linkand(href, name)
  a(href=href)&attributes(attributes)= name

+linkand('/foo', 'foo')(class="btn")
```

- 混入的属性——html

```
<a class="btn" href="/foo">foo</a>
<a class="btn" href="/foo">foo</a>
```

（5）混入的剩余参数

剩余参数（Rest Arguments）用来表示参数列表最后传入若干个长度不定的参数。

- 剩余参数——pug

```
mixin list(id, ...items)
  ul(id=id)
    each item in items
      li= item

+list('my-list', 1, 2, 3, 4)
```

- 剩余参数——html

```
<ul id="my-list">
    <li>1</li>
    <li>2</li>
```

```
    <li>3</li>
    <li>4</li>
</ul>
```

【示例7.10】mixin 混入 HTML 页面与 pug 模板的对比。

- mixin.pug——pug 模板文件

```
doctype html
html
    head
        title mixin 混合
    body
        //- 1.混入定义
        //-混入的定义
        mixin study
            //- 代码块
            p Good good study!
        //- 混入的调用
        + study
        //- 2. 传入参数
        mixin study(name,courses)
            p= name
            ul.courses
                each study in courses
                    li= study

        +study('binge',['node','express','pug'])
        //- 3. 代码块
        mixin show(time)
            h3= time
            //- 判断是否存在 block
            if block
                block
            else
                p no show

        +show('2021-11-11')
        //- 4. 传递属性
        mixin attrs(name)
            p&attributes(attributes) #{name}

        +attrs('attrs')(class="p",id="p")
        //- 5. 剩余参数
        mixin show(name,...shows)
            p= name
            ul
                each show in shows
                    li= show
```

```
                +show('binge','唱歌','跳舞','睡觉')
```

- mixin.html——HTML 页面

```html
<!DOCTYPE html>
<html>
    <head>
        <title>mixin 混合</title>
    </head>
    <body>
        <p>Good good study!</p>
        <p>binge</p>
        <ul class="courses">
            <li>node</li>
            <li>express</li>
            <li>pug</li>
        </ul>
        <h3>2021-11-11</h3>
        <p>no show</p>
        <p class="p" id="p">attrs</p>
        <p>binge</p>
        <ul>
            <li>唱歌</li>
            <li>跳舞</li>
            <li>睡觉</li>
        </ul>
    </body>
</html>
```

8. 模板继承

pug 支持使用"block"和"extends"关键字进行模板的继承。一个称之为"块"（block）的代码块可以被子模板覆盖、替换，这个过程是递归的。

- layout.pug——pug 模板继承文件

```
html
  head
    title 我的站点
    block scripts
      script(src='/jquery.js')
  body
    block content
    block foot
      #footer
        p 一些页脚的内容
```

- page.pug——pug 模板文件

```
extends layout.pug
block scripts
  script(src='/jquery.js')
  script(src='/pets.js')

block content
  h1 node
```

"page.pug" 文件中使用 "extends layout.pug" 语句继承 layout.pug 文件，并且把 "layout.pug" 文件中的 scripts 部分的"块"替换为两个 script 标签，把 content 部分的"块"替换为 h1 标签，内容为 "node"。

【示例 7.11】模板继承 HTML 页面与 pug 模板的对比。

- common.pug——pug 模板继承文件

```
doctype html
html
    head
        title 这是 pug 父模板
    body
        h1 pug 模板
        //- 哪个文件继承，就调用哪个文件的 block 为 content 的模块
        block content
```

- inherit.pug——pug 模板文件

```
//- extends 继承语法，common.pug 为继承的文件
extends common
block content
    mixin fn(name,...shows)
        p= name
        ul
            each show in shows
                li= show

    +fn('binge','唱歌','跳舞','睡觉')
```

- inherit.html——HTML 页面

```
<!DOCTYPE html>
<html>
    <head>
        <title>这是 pug 父模板</title>
    </head>
    <body>
        <h1>pug 模板</h1>
        <p>binge</p>
        <ul>
            <li>唱歌</li>
```

```html
            <li>跳舞</li>
            <li>睡觉</li>
        </ul>
    </body>
</html>
```

【代码分析】

"inherit.pug"文件继承了"common.pug"模板文件,并将 content "块"使用混入进行重新定义。

9. 包含

通过 include 语句将另外的 pug 文件内容插入主 pug 文件中,如果被插入的文件不是.pug 文件,那么插入的部分只会被当作文本内容来引入。

- head.pug——head 部分文件

```pug
head
  title 我的网站
  script(src='/javascripts/jquery.js')
  script(src='/javascripts/app.js')
```

- foot.pug——head 部分文件

```pug
footer#footer
  p Copyright (c) foobar
```

- index.pug——pug 模板继承文件

```pug
doctype html
html
  include head.pug
  body
h1 我的网站
    p 欢迎来到我的网站。
include foot.pug
```

- index.html——HTML 页面

```html
<!DOCTYPE html>
<html>
    <head>
        <title>我的网站</title>
        <script src="/javascripts/jquery.js"></script>
        <script src="/javascripts/app.js"></script>
    </head>
    <body>
        <h1>我的网站</h1>
        <p>欢迎来到我的网站。</p>
        <footer id="footer">
```

```
            <p>Copyright (c) foobar</p>
        </footer>
    </body>
</html>
```

"index.pug"文件将"head.pug"和"foot.pug"两个文件插入相应位置。

【示例7.12】包含的 HTML 页面与 pug 模板的对比。

- header.pug——header 部分文件

```
title pug 模板包含
meta(charset="utf-8")
link(rel="stylesheet", href="css/style.css")
```

- public.pug——public 部分文件

```
doctype html
html
    head
        //- 引入 header.pug
        include header
    body
        h1 pug 模板
        block content
```

- include.pug——pug 模板继承文件

```
extends public
block content
    //- block index 自身模板
    mixin show(name,...shows)
        p= name
        ul
            each show in shows
                li= show
    +show('binge','唱歌','跳舞','睡觉')
```

- include.html——HTML 页面

```
<!DOCTYPE html>
<html>
    <head>
        <title>pug 模板包含</title>
        <meta charset="utf-8">
        <link rel="stylesheet" href="css/style.css">
    </head>
    <body>
        <h1>pug 模板</h1>
        <p>binge</p>
        <ul>
```

```
                <li>唱歌</li>
                <li>跳舞</li>
                <li>睡觉</li>
            </ul>
    </body>
</html>
```

【代码分析】

"public.pug"文件将"header.pug"插入相应位置,"include.pug"继承"public.pug"模板文件,并使用混入重新定义"public.pug"模板文件中的content"块"。

7.2 ejs 模板引擎

视频 34

ejs 模板是另一个常用的模板引擎,它支持直接在标签内书写简单、直白的 JavaScript 代码,通过 JavaScript 代码就可以生成 HTML 页面。

7.2.1 ejs 标签含义

ejs 模板引擎中标签主要有以下形式。

(1)<% :"脚本"标签,用于流程控制,无输出。
(2)<%_ :删除其前面的空格符。
(3)<%= :输出数据到模板,输出的是转义 HTML 标签。
(4)<%- :输出非转义的数据到模板。
(5)<%# :注释标签,不执行、不输出内容。
(6)<%% :输出字符串"<%"。
(7)%> :结束标签。
(8)-%> :删除紧随其后的换行符。
(9)_%> :将结束标签后面的空格符删除。

标签的应用实例如下。

```
<% if (user) { %>
<h2><%= user.name %></h2>
<% } %>
```

【代码分析】

<%%>标记内的代码为脚本标签,无输出,其中有 if 条件语句,用于流程判断,<h2>标签中的内容为变量,因此使用"<%="将数据传入模板中,最后输出转义 HTML 标签。

7.2.2 ejs 中的 include

在 ejs 中,通过 include(包含)命令将相对于模板路径中的模板片段包含进来。例如,有"./views/users.ejs"和"./views/user/show.ejs"两个模板文件。

```
<ul>
<% users.forEach(function(user){ %>
```

```
<%- include('user/show', {user: user}); %>
<% }); %>
</ul>
```

【代码分析】

users.ejs 文件通过"<%- include('user/show'), {user: user}); %>"代码包含 show.ejs 文件,并且将能够输出原始内容的标签(<%-)用于 include 指令,避免对输出的 HTML 代码做转义处理。

【示例 7.13】ejs 模板文件生成 HTML 页面。

(1)下载 ejs

在本地的 D 盘目录下创建文件夹 myejs,下载安装 ejs。从 CMD 窗口进入项目文件夹,输入如下命令。

```
cd myejs
npm install ejs
```

(2)编写 ejs_demo.js 文件代码

```
var ejs = require("ejs");
var people = ['geddy', 'neil', 'alex'];
var html = ejs.render('<%= people.join(", "); %>', {people: people});
console.log(html);
```

(3)运行代码

```
node ejs_demo.js
```

运行结果如图 7-1 所示。

```
D:\myejs>node ejs_demo.js
geddy, neil, alex
```

图 7-1 运行结果

【代码分析】

设置变量 people,包含 3 个元素,然后使用 ejs.render() 语句渲染出 HTML 页面,在终端可以看到输出的 HTML 网页内容。

7.3 Express 框架中集成模板引擎

视频 35

在 Express 框架中基于 pug 模板和 ejs 模板的语法设置视图引擎,可以方便地向模板文件传递参数,使用响应对象的 render() 方法进行页面动态数据的渲染。

```
res.render('view',data)
```

其中,view 为视图模板文件,也就是 pug 模板文件或 ejs 模板文件,data 为传递的参数。

7.3.1 pug 模板在 Express 框架中的集成

在 Express 框架中使用 pug 模板,通过"npm install pug --save"命令完成本地安装。
【示例 7.14】Express 框架中集成 pug 模板引擎。
(1)生成项目,安装依赖包
生成项目 myexpresspug,安装依赖包。在 CMD 窗口输入以下命令。

```
express myexpresspug
cd myexpresspug
npm install
```

(2)本地安装第三方中间件 pug

```
npm install pug --save
```

(3)建立 pug 文件
在 view 目录中创建 goods.pug 文件,定义商品页面。
goods.pug——商品页面

```pug
doctype html
html
    head
        meta(charset='utf-8')
        title 商品页面(pug)
    body
        ul.goods
            each val in data
                li
                    img(src=val.img)
                    .title #{val.title}
                    .price #[span(style="color:red;") #{val.price}] 元
```

(4)修改 index.js 文件
修改 routes 目录中的 index.js 文件,添加相应内容,模拟一个商品数据,并将数据渲染到 pug 模板文件。
index.js——商品数据渲染文件

```js
var express = require('express');
var router = express.Router();
var goods = [{
        "price": "69.9",
        "title": "德芙",
        "img": "/images/5817of6dN6b9a12bf.jpg!950.jpg.webp"
    },
    {
```

```
            "price": "63",
            "title": "费列罗",
            "img": "/images/54c34525Nb4F658lc.jpg!950.jpg.webp"
        },
        {
            "price": "29.9",
            "title": "大米",
            "img": "/images/54e011deN3ae867ae.jpg!q50.jpg.webp"
        }
    ]
    // 调用 pug 模板
    router.get('/pug', (req, res, next) => {
        res.render('goods.pug', {
            data: goods
        });
    });
    module.exports = router;
```

（5）启动项目

在 CMD 窗口输入以下命令。

```
npm start
```

（6）浏览页面

项目启动后，打开浏览器，输入网址 http://localhost:3000/pug，商品数据渲染到页面，商品页面如图 7-2 所示。

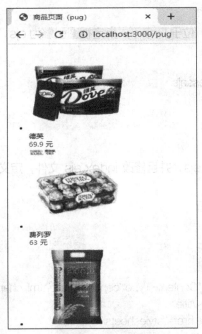

图 7-2 商品页面

【代码分析】

goods.pug 文件使用 each 循环语句遍历了 data 数组，读取数组中的每个元素。每个元素有 3 个键值对，说明商品的价格、标题和图片源。通过 index.js 文件中的 res.render 语句，将 goods.pug 作为 pug 模板文件，将 goods 作为动态变量的数值传递到 goods.pug 文件中的 data 数组。数组每个元素的 3 个键值对为列表输出的数据，将其显示在客户端的页面中。

7.3.2　ejs 模板在 Express 框架中的集成

在 Express 框架中使用 ejs 模板，需要在生成项目的时候指定视图为 ejs，在 CMD 窗口中输入以下命令。

```
express --view=ejs expressAppName
```

或者，

```
express -e expressAppName
```

指定视图为 ejs 后，就会在安装依赖包的时候自动下载第三方中间件 ejs。安装完成后，设置视图引擎。

```
// 设置模板文件的路径
app.set('views', path.join(__dirname, 'views'));
// 设置视图模板的默认后缀名为 ejs，无须每次都输入文件的 ejs 后缀名
app.set('view engine', 'ejs');
```

设置完成后，就可以使用 ejs 模板进行 HTML 页面的渲染了。

【示例 7.15】 Express 框架中集成 ejs 模板引擎。

（1）生成项目

生成项目 myexpressejs，位于 D 盘下，指定视图引擎为 ejs，并安装依赖包。在 CMD 窗口中进入 D 盘，输入以下命令。

```
express --view=ejs myexpressejs
cd myexpressejs
npm install
```

（2）创建 ejs 文件

在 view 目录中创建 form.ejs，并且修改 index.ejs 文件，定义两个留言页面。此时，文件之间的目录层次如图 7-3 所示。

form.ejs——添加留言页面

```
<!DOCTYPE html>
<html>
    <head>
        <meta http-equiv="Content-Type" content="text/html; charset=utf-8" />
        <title><%= title %></title>
        <link rel='stylesheet' href='/stylesheets/style.css' />
    </head>
```

```html
<body>
    <form method="post" action="/form">
        <label>新留言内容添加：</label><br>
        <textarea name="article" cols="70" rows="10"></textarea>
        <input type="submit" value="发布"></input>
    </form>
    <div><%=message%></div>
</body>
</html>
```

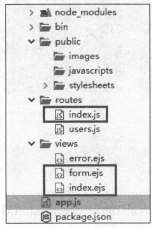

图 7-3 文件目录

index.ejs——留言列表页面

```html
<!DOCTYPE html>
<html>
    <head>
        <meta http-equiv="Content-Type" content="text/html; charset=utf-8" />
        <title>留言列表页</title>
    <link rel='stylesheet' href='/stylesheets/style.css' />
    </head>
        <body>
        <h1><%= title %></h1>
        <p><a href="/form" rel="external nofollow">发表新留言</a></p>
        <ul>
            <%items.forEach(function(item){%>
                <li><%=item.title%></li>
            <%})%>
        </ul>
        </body>
</html>
```

（3）修改 index.js 文件

修改 routes 目录中的 index.js 文件，将留言信息渲染到 ejs 模板文件。

index.js——留言信息渲染文件

```
var express = require('express');
var router = express.Router();
var items=[{title:'留言1'},{title:'留言2'}];
router.get('/', function(req, res, next) {
    res.render('index',{title:'留言列表',items:items});
});
router.get('/form', function(req, res, next) {
    res.render('form',{title:'留言列表',message:'-- Harrison'});
});
router.post('/form', function(req, res, next) {
    res.redirect('/');
});
module.exports = router;
```

（4）启动项目

在 CMD 窗口输入以下命令

```
npm start
```

（5）浏览页面

项目启动后打开浏览器，输入网址 http://localhost:3000，运行后显示留言列表页面，如图 7-4 所示。

单击"发表新留言"链接，将会出现添加留言的页面，如图 7-5 所示。

图 7-4　留言列表页面

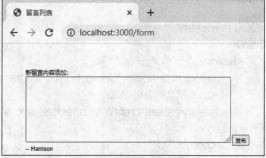

图 7-5　添加留言页面

在文本框中输入留言，并单击"发布"按钮，回到留言列表页面，如图 7-6 所示。

【代码分析】

form.ejs 文件定义了增加留言的页面，其中，title 和 message 是将要传递参数的变量。index.ejs 文件定义了留言显示的首页，其中 title 和 items 是将要传递参数的变量。

在 index.js 文件中，在匹配 "/" 路由时，title 为 "留言列表"，items 为留言的

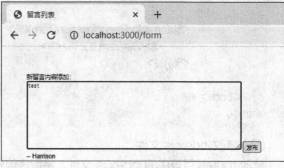

图 7-6　添加留言

信息数组，将两个值传递到 index.ejs 文件中，渲染后显示留言列表的详细信息。当请求方式为 get 并匹配"/form"路由时，title 为"留言列表"，message 为"--Harrison"，将两个值传递到 form.ejs 文件中，渲染后显示增加留言内容的页面。当请求方式为 post 并匹配"/"路由时，也就是提交留言后，将页面重定向跳转到留言列表首页。

7.3.3 项目实训——渲染商品信息

视频 36

1. 实验需求

利用 pug 或 ejs 模板引擎将商品信息渲染到前端，要求如下。
（1）模拟商品数据。
（2）使用后端模板引擎 pug 或 ejs 构建视图。
（3）将渲染的结果通过前端展现出来。

2. 实验步骤

（1）生成项目

生成项目 templateProj，位于 D 盘下。指定视图引擎为 ejs，并安装依赖包，在 CMD 窗口输入以下命令。

```
express --view=ejs templateProj
cd templateProj
npm install
```

如果使用 pug 模板引擎，应下载、安装 pug，在 CMD 窗口输入以下命令。

```
npm install pug --save
```

（2）准备商品数据

在 public 目录下创建 data 文件夹，然后在文件夹下创建 product.json 文件。
product.json——商品数据文件

```
{
"data": [
        {
            "product_id": "1",
            "product_name": "Redmi K30",
            "category_id": "1",
            "product_title": "120Hz 流速屏，全速热爱",
            "product_intro": "120Hz 高帧率流速屏/ 索尼 6400 万像素前后六摄 /6.67 英寸小孔径全面屏 / 最高可选 8GB+256GB 大存储 / 高通骁龙 730G 处理器 /3D 四曲面玻璃机身 /4500mAh+27W 快充 / 多功能 NFC",
            "product_picture": "./images/phone/Redmi-k30.png",
            "product_price": "2000",
            "product_selling_price": "1599",
            "product_num": "10",
            "product_sales": "0"
        },
```

```
            {
                "product_id": "2",
                "product_name": "Redmi K30 5G",
                "category_id": "1",
                "product_title": "双模 5G,120Hz 流速屏",
                "product_intro": "双模 5G／三路并发／高通骁龙 765G／7nm 5G 低功耗处理器／120Hz 高帧率流速屏／6.67'英寸小孔径全面屏／索尼 6400 万像素前后六摄／最高可选 8GB+256GB 大存储／4500mAh+30W 快充／3D 四曲面玻璃机身／多功能 NFC",
                "product_picture": "./images/phone/Redmi-k30-5G.png",
                "product_price": "2599",
                "product_selling_price": "2599",
                "product_num": "10",
                "product_sales": "0"
            },
            //此处省去一些商品数据
            {
                "product_id": "30",
                "product_name": "小米无线充电宝青春版 10000mAh",
                "category_id": "8",
                "product_title": "能量满满，无线有线都能充",
                "product_intro": "10000mAh 大容量／支持边充边放／有线无线都能充／双向快充",
                "product_picture": "./images/accessory/charger-10000mAh.png",
                "product_price": "129",
                "product_selling_price": "129",
                "product_num": "20",
                "product_sales": "8"
            }
        ]
    }
```

（3）创建 ejs 模板文件

在 views 目录中创建 index.ejs 文件和 product.ejs 文件，此时，文件之间的目录层次如图 7-7 所示。

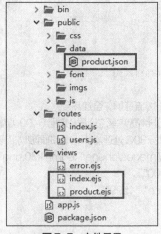

图 7-7 文件目录

index.ejs——商城网站首页

```html
<!DOCTYPE html>
<html lang="zh">
<head>
    <meta charset="UTF-8">
    <meta name="viewport" content="width=device-width, initial-scale=1.0">
    <meta http-equiv="X-UA-Compatible" content="ie=edge">
    <title>中慧科技商城</title>
    <link rel="stylesheet" href="./css/layui.css">
    <style>
        .layui-nav{
            overflow: hidden;
        }
        .layui-carousel>[carousel-item] {
            height: 500px;
        }
        .layui-carousel img{
            width: 100%;
        }
        .layui-carousel-arrow {
            top: 85%;
        }
        p{
            clear: both;
            margin-top: 260px;
            text-align: center;
            font-weight: bold;
            font-size: 40px;
        }
    </style>
</head>
<body>
    <!-- 导航栏 -->
    <ul class="layui-nav" lay-filter="">
    <li class="layui-nav-item layui-this"><a href="#/">首页</a></li>
    <li class="layui-nav-item"><a href="/product">全部商品</a></li>
    <li class="layui-nav-item"><a href="">关于我们</a></li>
    <li class="layui-nav-item">
    <a href="javascript:;">解决方案</a>
    <dl class="layui-nav-child"><!-- 二级菜单 -->
    <dd><a href="">移动模块</a></dd>
    <dd><a href="">后台模板</a></dd>
    <dd><a href="">电商平台</a></dd>
    </dl>
    </li>
    <li class="layui-nav-item"><a href="">社区</a></li>
    </ul>
```

```html
<!-- 轮播图 -->
<div class="layui-carousel" id="test1">
<div carousel-item>
<% for(var i=1;i<=4;i++) {%>
<div><img src="./images/banner/cms_<%= i %>.jpg"></div>
<% } %>
</div>
</div>
<p>下面这部分内容可以自行完善......</p>
<script src="/js/layui.js"></script>
<script>
// 注意：导航依赖 element 模块，否则无法进行功能性操作
layui.use('element', function(){
    var element = layui.element;
    // 轮播设置
    layui.use('carousel', function(){
      var carousel = layui.carousel;
      //建造实例
      carousel.render({
        elem: '#test1'
        ,width: '100%' //设置容器宽度
        ,arrow: 'always' //始终显示箭头
        //,anim: 'updown' //切换动画方式
      });
    });
});
</script>
</body>
</html>
```

product.ejs——商品信息页面

```
<!DOCTYPE html>
<html lang="zh">
<head>
    <meta charset="UTF-8">
    <meta name="viewport" content="width=device-width, initial-scale=1.0">
    <meta http-equiv="X-UA-Compatible" content="ie=edge">
    <title></title>
    <link rel="stylesheet" href="./css/layui.css">
    <style>
        .layui-nav{
            overflow: hidden;
        }
        .layui-carousel>[carousel-item] {
            height: 500px;
        }
        .layui-carousel img{
```

```html
                    width: 100%;
                }
                .layui-carousel-arrow {
                    top: 85%;
                }
                .products{
                    clear: both;
                    margin-top: 250px;
                }
                .item{
                    text-align: center;
                }
        </style>
    </head>
    <body>
        <!-- 导航栏 -->
        <ul class="layui-nav" lay-filter="">
            <li class="layui-nav-item"><a href="/">首页</a></li>
            <li class="layui-nav-item layui-this"><a href="/product">全部商品</a></li>
            <li class="layui-nav-item"><a href="">关于我们</a></li>
            <li class="layui-nav-item">
                <a href="javascript:;">解决方案</a>
                <dl class="layui-nav-child"><!-- 二级菜单 -->
                    <dd><a href="">移动模块</a></dd>
                    <dd><a href="">后台模板</a></dd>
                    <dd><a href="">电商平台</a></dd>
                </dl>
            </li>
            <li class="layui-nav-item"><a href="">社区</a></li>
        </ul>
        <!-- 轮播图 -->
        <div class="layui-carousel" id="test1">
            <div carousel-item>
                <% for(var i=1;i<=4;i++) {%>
                <div><img src="./images/banner/cms_<%=i%>.jpg"></div>
                <% } %>
            </div>
        </div>
        <!-- 商品列表 -->
        <div class="products">
            <ul class="layui-row layui-col-space10">
                <% for(var i in data){ %>
                    <li class="layui-col-md3 item">
                        <img src="<%=data[i].product_picture %>" alt="商品">
                        <div class="title"><%= data[i].product_name %></div>
                        <div class="price">
                            原价:<s style="color:gray;"><%= data[i].product_price %></s>元  
```

```html
                              销售价:<span style="color:red;"><%=data[i].product_selling_price %>
</span>元
                        </div>
                      </li>
            <% } %>
        </ul>
    </div>
    <script src="/js/layui.js"></script>
    <script>
    // 注意: 导航依赖 element 模块, 否则无法进行功能性操作
    layui.use('element', function(){
       var element = layui.element;
    });
    // 轮播设置
    layui.use('carousel', function(){
       var carousel = layui.carousel;
       //建造实例
       carousel.render({
         elem: '#test1',
         width: '100%', //设置容器宽度
         arrow: 'always' //始终显示箭头
       });
    });
    </script>
</body>
</html>
```

（4）修改 index.js 路由文件

index.js——渲染模板文件

```javascript
var express = require('express');
var router = express.Router();
var fs = require('fs');
var path = require('path');
// 首页
router.get('/', (req,res,next)=>{
    // 渲染 index.ejs 模板
    res.render('index')
})
// 商品页
router.get('/product', (req,res,next)=>{
    let products = JSON.parse(fs.readFileSync(path.join(__dirname,'../public/data/product.json')));
    // 渲染 product.ejs 模板,并将数据传向该模板
    res.render('product', { data: products.data })
})
module.exports = router;
```

(5)启动项目

在 CMD 窗口输入以下命令。

```
npm start
```

(6)浏览页面

项目启动后打开浏览器,在地址栏中输入网址 http://localhost:3000,运行后显示首页,如图 7-8 所示。

图 7-8 网站首页

(7)打开浏览器,输入网址 http://localhost:3000/product,运行后显示商品信息页,如图 7-9 所示。

图 7-9 商品信息页面

【代码分析】

product.json 文件存储商品数据信息。index.ejs 为模板文件，用来显示首页，首页除了菜单和轮播图，没有商品信息。product.ejs 为商品信息页面，在首页的基础上，使用 for 循环遍历 data 数组，显示所有商品信息。在 index.js 文件中，在匹配路由 "/" 时渲染 index.ejs 模板；在匹配路由 "/product" 时，读取 product.json 文件数据并渲染 product.ejs 模板，将数据传向该模板。

7.4 本章小结

本章主要介绍了 pug 模板引擎和 ejs 模板引擎中的基本语法，以及这两种模板引擎在 Express 框架中的集成使用方法。希望通过本章的学习，读者能够在 Express 框架中熟练使用两种引擎，为 Web 项目的开发奠定基础。

7.5 本章习题

一、填空题

1. 在 Express 中，渲染一个视图模板，使用 res.（   ）(view,[locals])方法。第一个参数表示模板引擎文件夹下的视图文件名，第二个参数是传递给视图的 JSON 数据。

2. 在 ejs 模板页面中，若需要包含另一个当前目录下的模板页面 top.ejs，在页面中使用代码：<%- (   ) ('./top.ejs') %>。

3. Express 中集成 ejs 模板引擎时，res.render('register', {message: '注册成功'})表示在渲染模板文件 register.ejs 时，将 message 的值传给该文件，在 register.ejs 中，使用（   ）语句调用 message 的值。

二、单选题

1. Express 安装完成后，使用其创建项目文件夹 student，并使用 ejs 模板引擎的语句是（   ）。

    A. express -e student   B. npm student -g

    C. install student   D. express student

2. 全局安装 pug 模板引擎的语句是（   ）。

    A. npm install pug   B. npm install pug --save

    C. npm install pug -g   D. npm install --save -g

3. 在 ejs 模板中，通过（   ）可以将相对于模板路径中的模板片段包含进来。

    A. ejs   B. include   C. <% %>   D. pug

三、简答题

1. 请简述模板引擎的作用。

2. 请简述 pug 模板引擎与 ejs 模板引擎的优缺点。

第 8 章
数据库应用开发

▶ 内容导学

本章主要学习 MySQL 和 MongoDB 数据库的创建方法,以及对数据进行增加、修改、删除和查询操作方法,主要结合案例使用 Node.js 相关模块进行数据库开发,为综合项目开发做好准备。

▶ 学习目标

① 掌握 MySQL 模块的安装方法。
② 掌握 MySQL 数据库对象的创建方法。
③ 掌握操作 MySQL 数据表数据的 CURD 方法。
④ 掌握 Mongoose 模块的安装和引入方式。
⑤ 掌握 Mongoose 中数据库的连接方式。
⑥ 掌握对 MongoDB 文档内容的 CURD 操作。

8.1 连接 MySQL 数据库

MySQL 是一个由瑞典 MySQL AB 公司(目前属于 Oracle 公司)开发的关系型数据库管理系统,其所使用的 SQL 语言是访问数据库最常用的标准化语言。MySQL 数据库服务器可以实现多用户、多线程的结构化查询,所以其运行速度快、执行效率与稳定性高、操作简单,是目前最流行的数据库管理系统应用软件之一。

MySQL 软件分为社区版和商业版。其由于具有体积小、速度快、总体成本低等优点,尤其是开放源码这一特点,是中小型网站开发首选的数据库管理系统,搭配 Node.js、PHP、Java、Python 以及服务器软件,可快速搭建 Web 开发环境。

在 MySQL 的官方网站上可以免费下载其最新版本和各种技术资料。

8.1.1 安装 MySQL

视频 37

下面,以在 Windows 7 系统中安装 MySQL 8.0.11 为例来介绍安装的过程。

在 MySQL 官网上下载 mysql-installer-community-8.0.11.0.msi 安装包,双击后显示终端用户许可证协议界面,如图 8-1 所示。

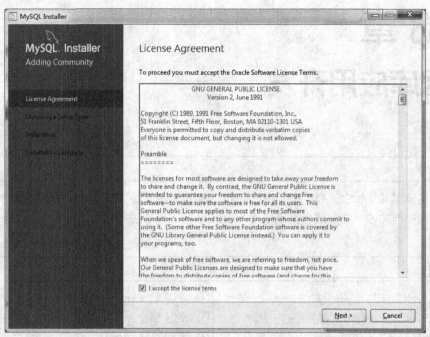

图 8-1 终端用户许可证协议界面

勾选接受以上许可证协议,单击"Next"按钮,将显示选择安装类型(默认安装、仅安装服务器、仅安装客户端、完全安装、自定义安装)界面,如图 8-2 所示。

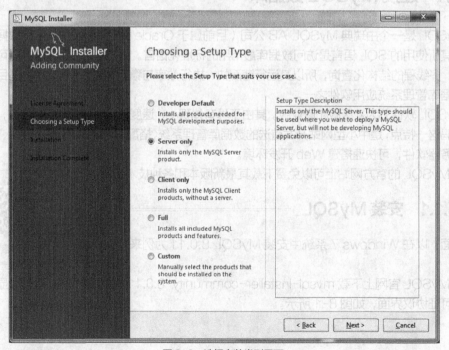

图 8-2 选择安装类型界面

选择"Server only"项,单击"Next"按钮,将显示确认安装界面,如图 8-3 所示。

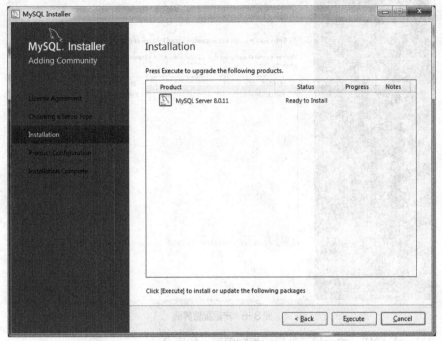

图 8-3 确认安装界面

单击"Execute"按钮开始安装,安装完成后,状态会显示"Complete",如图 8-4 所示。

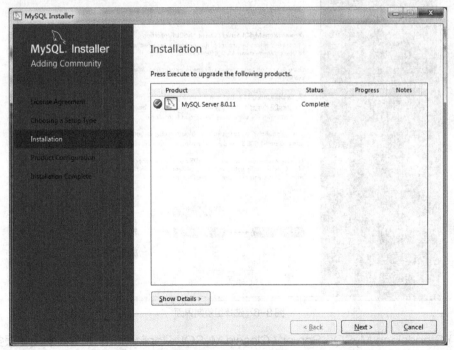

图 8-4 安装完成界面

单击"Next"按钮,将会显示产品配置界面,如图 8-5 所示。

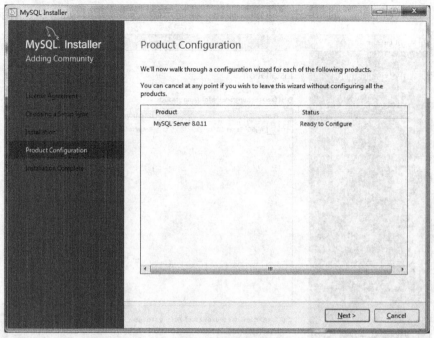

图 8-5 产品配置界面

单击"Next"按钮,将会显示选择组复制界面,如图 8-6 所示。

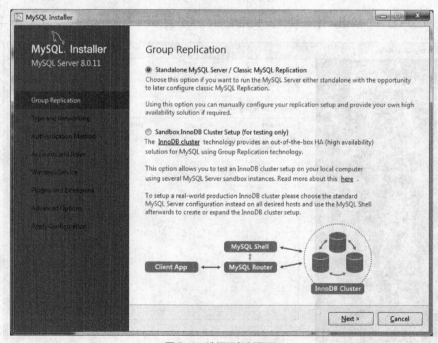

图 8-6 选择组复制界面

(1) Standalone MySQL Server / Classic MySQL Replication:独立 MySQL 服务器/经典 MySQL 复制。

(2) Sandbox InnoDB Cluster Setup(for testing only):InnoDB 集群沙箱测试设置(仅用

于测试）。

选择"Standalone MySQL Server / Classic MySQL Replication"项，单击"Next"按钮，将会显示配置服务器类型和网络界面，如图 8-7 所示。

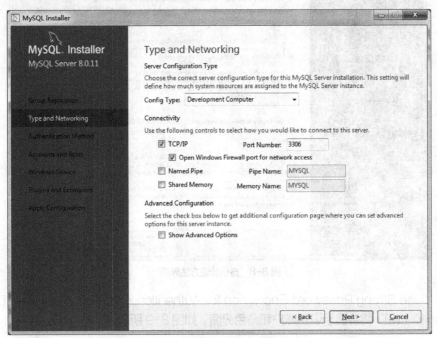

图 8-7　配置服务器类型和网络界面

Config Type（配置类型）有以下 3 种选择。

（1）Development Computer（开发者用机）：需要运行许多其他应用，MySQL 仅使用最少的内存。

（2）Server Computer（服务器用机）：多个服务器需要在本机运行。为 Web、应用服务器选择这个选项，使用较少的内存。

（3）Dedicated MySQL Server Computer（专用 MySQL 服务器用机）：本机专门用于运行 MySQL 数据库服务器，MySQL 将使用所有可用内存，无其他服务器（如 Web、邮件服务器运行）。

选择默认的"Development Computer"项，其他保持不变，单击"Next"按钮，将会显示身份验证方法界面，如图 8-8 所示。

（1）Use Strong Password Encryption for Authentication(RECOMMENDED)：使用强密码加密授权（推荐）。

（2）Use Legacy Authentication Method(Retain MySQL 5.x Compatibility)：使用传统授权方法（保留 MySQL 5.x 版本兼容性）。

> **说明**　MySQL 8.0.11 版本采用了新的加密规则 caching_sha2_password，即推荐使用的强密码加密授权，而 MySQL 5.x 版本采用的加密规则是 mysql_native_password，新的加密规则可以显著提高安全性；但是，如果目前应用程序还无法升级，并使用 MySQL 8.0 的连接器和驱动，则只能选择使用传统授权方法。若在安装时选择了推荐的身份验证方式，后续也可根据需要更改为传统授权方法。

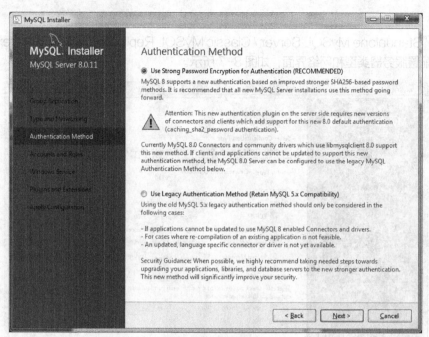

图 8-8 身份验证方法界面

选择"Use Strong Password Encryption for Authentication (RECOMMENDED)"项，单击"Next"按钮，将会显示设置账户和角色界面，如图 8-9 所示。

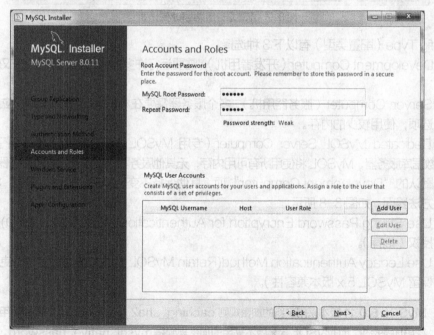

图 8-9 设置账户和角色界面

设置系统管理员账号 root 的密码（密码长度至少为 4 位，在此设置其密码为"123456"，后续也可以根据需要更改密码），单击"Next"按钮，将会显示设置 Windows 服务界面，如图 8-10 所示。

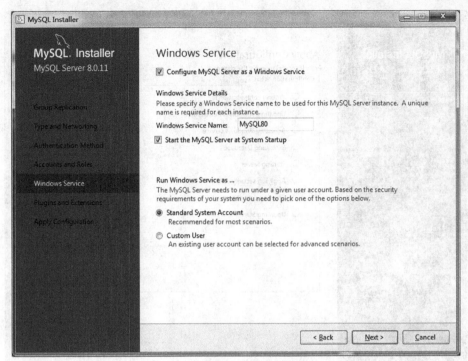

图 8-10 设置 Windows 服务界面

保持默认值,单击"Next"按钮,将会显示设置插件和扩展界面,如图 8-11 所示。

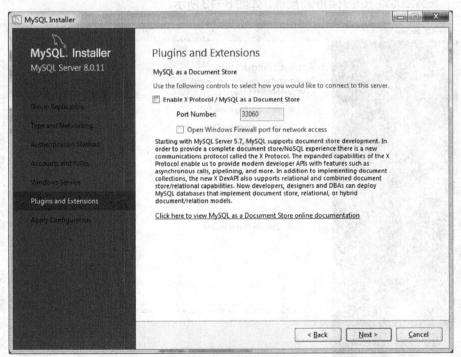

图 8-11 设置插件和扩展界面

保持默认值,单击"Next"按钮,将显示准备配置界面,如图 8-12 所示。

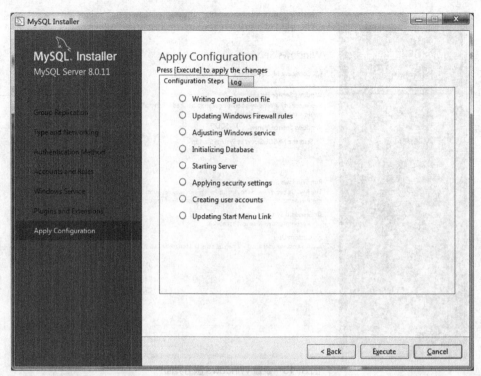

图 8-12 准备配置界面

单击"Execute"按钮开始执行配置,如图 8-13 所示。

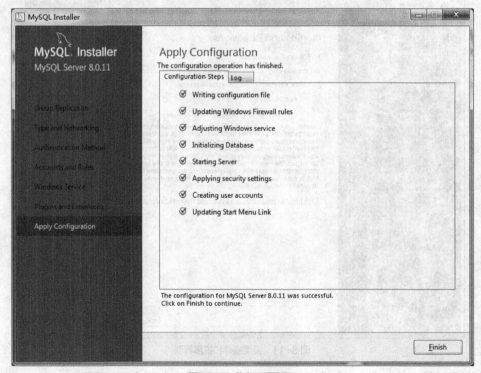

图 8-13 执行配置界面

配置执行结束后,单击"Finish"按钮,status 处会显示"Configuration Complete",如图 8-14 所示。

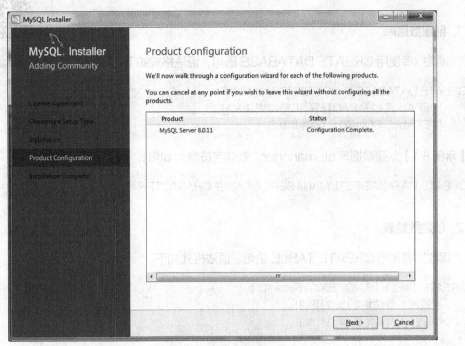

图 8-14　产品配置完成界面

单击"Next"按钮,将显示 MySQL 安装成功界面,如图 8-15 所示。单击"Finish"按钮即可。

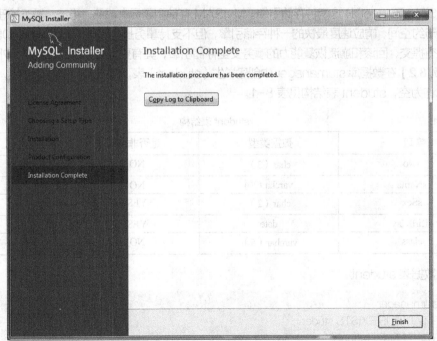

图 8-15　MySQL 安装成功界面

8.1.2 MySQL 常用语句

视频 38

1. 创建数据库

创建数据库使用 CREATE DATABASE 语句，语法格式如下。

```
CREATE DATABASE[IF NOT EXISTS]<数据库名>
    [DEFAULT CHARACTER SET <字符集名>]
    [DEFAULT COLLATE <排序规则名>]
```

【示例 8.1】创建数据库 stumanager，默认字符集为 utf8。

```
CREATE DATABASE STUMANAGER DEFAULT CHARACTER SET utf8;
```

2. 创建数据表

创建数据表使用 CREATE TABLE 语句，语法格式如下。

```
CREATE TABLE [IF NOT EXISTS]<表名> (
    字段名 1 数据类型 [属性] [索引],
    字段名 2 数据类型 [属性] [索引],
    …
    字段名 n 数据类型 [属性] [索引]
) [存储引擎] [表字符集]
```

MySQL 支持多种存储引擎，例如 MyISAM、InnoDB、HEAP、BOB、CSV 等，其中最重要的是 MyISAM 和 InnoDB 这两种存储引擎。MyISAM 存储引擎具有成熟、稳定、易于管理的特性，目前是最节约空间、响应速度最快的一种存储引擎，但不支持事务操作和外键约束。InnoDB 存储引擎提供具有提交、回滚和崩溃恢复能力的事务安全存储引擎，具有更高的安全性，且支持外键约束。

【示例 8.2】在数据库 stumanager 中创建学生（student）表，其中 sNo 字段为主键，sName 字段不允许为空，student 表结构见表 8-1。

表 8-1　student 表结构

字段	数据类型	是否非空	主码
sNo	char（3）	NO	PRI
sName	varchar(20)	NO	
sSex	char（2）	YES	
sBirthday	date	YES	
class	varchar（5）	NO	

创建数据表 student

```
USE stumanager
DROP TABLE IF EXISTS student;
CREATE TABLE student (
  sNo CHAR（3）NOT NULL PRIMARY KEY,
```

```
    sName VARCHAR(20) NOT NULL,
    sSex CHAR（2），
    sBirthday DATE,
    class VARCHAR（5）not null
) ENGINE=InnoDB DEFAULT CHARSET=utf8;
```

3. 插入表数据

使用 INSERT 语句向表中插入数据，语法格式如下。

```
INSERT[INTO] <表名> [( 字段名 1, 字段名 2, …, 字段名 n )]
VALUE | VALUES ( 值 1, 值 2, …, 值 n )
```

该语句也可一次性向表中插入多行数据，只要在 VALUES 子句的后面加上以逗号隔开的多个表达式列表即可。

【示例 8.3】向学生（student）表中插入多行数据，表中数据见表 8-2。

表 8-2　　student 表数据

sNo	sName	sSex	sBirthday	class
102	李军	男	1999-1-8	20033
103	陆君	男	1999-2-7	20031
105	匡明	男	1998-3-9	20031
107	王丽	女	1997-1-9	20033
108	曾华	男	2000-5-8	20033
109	王芳	女	2001-4-7	20031

向 student 表中插入数据

```
INSERT INTO student(sNo, sName, sSex, sBirthday, class)
VALUE
('102', '李军', '男', '1999-1-8', '20033'),
('103', '陆君', '男', '1999-2-7', '20031'),
('105', '匡明', '男', '1998-3-9', '20031'),
('107', '王丽', '女', '1997-1-9', '20033'),
('108', '曾华', '男', '2000-5-8', '20033'),
('109', '王芳', '女', '2001-4-7', '20031');
```

运行结果如图 8-16 所示。

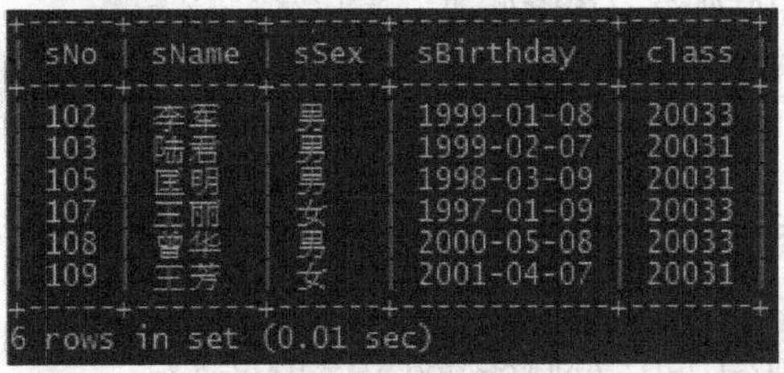

```
+-----+-------+------+------------+-------+
| sNo | sName | sSex | sBirthday  | class |
+-----+-------+------+------------+-------+
| 102 | 李军  | 男   | 1999-01-08 | 20033 |
| 103 | 陆君  | 男   | 1999-02-07 | 20031 |
| 105 | 匡明  | 男   | 1998-03-09 | 20031 |
| 107 | 王丽  | 女   | 1997-01-09 | 20033 |
| 108 | 曾华  | 男   | 2000-05-08 | 20033 |
| 109 | 王芳  | 女   | 2001-04-07 | 20031 |
+-----+-------+------+------------+-------+
6 rows in set (0.01 sec)
```

图 8-16　运行结果

【代码分析】

使用 INSERT 语句向 student 表中插入了 6 条记录，每条记录用逗号隔开。

4. 修改表数据

UPDATE 语句可以根据指定要修改的字段，对表中的一列或多列数据进行修改，修改时必须赋予新值，加上 WHERE 子句后可限定需要更新的数据行。语句语法格式如下。

```
UPDATE<表名>
SET 字段名 1=表达式 1 [, 字段名 2=表达式 2, …, 字段名 n=表达式 n]
[WHERE <条件>]
```

【示例 8.4】修改学生（student）表中的学生信息。

```
UPDATE student
SET sBirthday='1993-11-25', sSex='女'
WHERE sNo='103';
```

5. 删除表数据

DELETE 语句可删除表中的一条或多条记录，加上 WHERE 子句后可限定需要删除的数据行；如果不加该子句，则清空整个数据表。语句语法格式如下。

```
DELETE FROM <表名>
[WHERE <条件>]
```

【示例 8.5】删除学生（student）表中学号为"108"的数据记录。

```
DELETE FROM student
WHERE sNo='108';
```

6. 查询表数据

SELECT 语句是 SQL 语言的核心，主要用于数据查询检索，是使用频率最高的一条语句。根据用户要求，SELECT 语句可使数据库服务器从数据库表中检索出所需数据，并能够按照用户指定格式进行整理并返回。语句语法格式如下。

```
SELECT [ALL | DISTINCT] * | 字段列表
FROM 表名
[WHERE <查询条件>]
[GROUP BY 分组字段 [HAVING <分组条件>]]
[ORDER BY 排序字段 [ASC | DESC] ]
[LIMIT [初始位置,]记录数]
```

【示例 8.6】查询 student 表中 1997—1998 年出生的学生信息。

```
SELECT * FROM student
WHERE sBirthday>='1997-01-01' AND sBirthday<='1998-12-31';
```

8.1.3 连接 MySQL 数据库

1. 引入 mysql 模块

在 Node.js 中，模块 mysql 是一个实现了 MySQL 协议的 JavaScript 客户端。Node.js 程序与 MySQL 数据库建立连接，执行数据增加、删除、修改和查询等操作，均可使用该模块完成。mysql 模块在使用前先要进行局部安装，打开项目所在文件夹，按住<Shift>键，打开 CMD 窗口，输入以下命令：

视频 39

```
npm install mysql
```

然后，在代码中通过下面的语句加载 mysql 模块。接下来，可以调用其一系列属性和方法完成数据库连接和操作。

```
var mysql = require('mysql');
```

2. 创建数据库连接

mysql 模块的 createConnection()方法用于建立与指定服务器上数据库的连接对象，再使用该对象的 connect()方法建立数据库连接。

在创建连接时，需要设置一些参数选项，常用的数据库连接参数见表 8-3。

表 8-3 数据库连接参数

属性	含义
host	连接数据库服务器名（默认为 localhost）
port	连接端口号（默认为 3306）
user	MySQL 服务器连接用户名
password	MySQL 服务器登录密码
database	要连接的数据库
charset	连接使用的字符编码（默认为 UTF8_GENERAL_CI）
timezone	连接使用的时区（默认为 local）

【示例 8.7】与数据库 stumanager 建立连接。

```
var mysql = require('mysql');
var connection = mysql.createConnection({
    host : 'localhost',
    user : 'root',
    password : 'secret',   //此处为自己数据库的密码
    database : 'stumanager'
});
connection.connect(function(err) {
    if (err) {
        console.error('连接错误: ' + err.stack);
```

```
        return;
    }
    console.log('连接 ID ' + connection.threadId);
});
```

输出如下。
连接 ID 24
【代码分析】
　　首先加载模块 mysql,然后使用 createConnection()方法建立一个与本地服务器上 stumanager 数据库的连接对象 connection,通过该对象的 connect()方法实现真正连接,若连接过程中发生异常,控制台会显示相应错误信息;若是正常,控制台显示连接 ID。
　　以上所生成的 connection 对象的常用属性和方法见表 8-4。

表 8-4　　　　　　　　　　　　数据库连接对象常用属性和方法

属性	功能
threadId	返回当前连接线程 ID
方法	
connect()	连接数据库
query(sqlString, [values,] callback)	对数据库中的数据进行操作(增、删、改、查): sqlString:要执行的 SQL 语句; values:{Array},可选参数,表示要应用到查询占位符的值; callback:回调函数,形式为 function (error, results, fields) {}
end()	在确保当前正在处理的 SQL 语句正常完成后断开连接
destroy()	立即结束连接,不管当前是否正在执行任务

3. 断开数据库连接

　　在数据库操作完成后,一般要关闭数据库连接。使用 mysql 模块的 createConnection()方法创建的数据库连接对象 connection,需要使用方法 end()断开程序与 MySQL 服务器的连接。在执行完数据库操作后,一般程序最后添加如下代码即可断开数据库连接。

```
connection.end();    // 断开连接
```

【代码分析】
　　connection.end()用来断开与数据库的连接,如果断开前有查询未执行完,会在得到查询结果后再断开 MySQL 服务器的连接。

8.1.4　数据库操作

　　数据库连接成功后,可以使用连接对象的 query()方法实现对表中数据的操作。根据其第一个参数对应的 SQL 语句(INSERT、DELETE、UPDATE、SELECT)实现数据的添加、删除、修改或查询操作。以数据库 stumanager 中的 student 表中数据为例,使用连接对象的 query()方法实现对表中数据的操作。

【示例 8.8】数据查询。

```
var mysql  = require('mysql');
var connection = mysql.createConnection({
  host : 'localhost',
  user : 'root',
  password : 'secret',      //此处为自己数据库的密码
  port: '3306',
  database: 'stumanager'
});
connection.connect();
//查
var   sql = 'SELECT * FROM student';
connection.query(sql,function (err, result) {
        if(err){
           console.log('查询出错: ',err.message);
           return;
        }
        console.log(result);
});
```

运行结果如图 8-17 所示。

```
[ RowDataPacket {                              RowDataPacket {
    sNo: '102',                                   sNo: '107',
    sName: '李军',                                sName: '王丽',
    ssex: '男',                                   ssex: '女',
    sbirthday: 1999-01-07T16:00:00.000Z,          sbirthday: 1997-01-08T16:00:00.000Z,
    class: '20033' },                             class: '20033' },
  RowDataPacket {                              RowDataPacket {
    sNo: '103',                                   sNo: '108',
    sName: '陆君',                                sName: '曾华',
    ssex: '男',                                   ssex: '男',
    sbirthday: 1999-02-06T16:00:00.000Z,          sbirthday: 2000-05-07T16:00:00.000Z,
    class: '20031' },                             class: '20033' },
  RowDataPacket {                              RowDataPacket {
    sNo: '105',                                   sNo: '109',
    sName: '匡明',                                sName: '王芳',
    ssex: '男',                                   ssex: '女',
    sbirthday: 1998-03-08T16:00:00.000Z,          sbirthday: 2001-04-06T16:00:00.000Z,
    class: '20031' },                             class: '20031' } ]
```

图 8-17　运行结果

【代码分析】

query()方法的第一个参数为 sql 语句 "SELECT * FROM student"，将查询结果通过回调函数的参数 result 返回，从运行结果可知，返回的数据类型为数组。在运行该程序前，要在该程序所在文件夹内局部安装 mysql 模块。

【示例 8.9】数据添加、修改和删除。

```
var mysql  = require('mysql');
var connection = mysql.createConnection({
  host : 'localhost',
  user : 'root',
password : 'secret',      //此处为自己数据库的密码
```

```
    port: '3306',
    database: 'stumanager'
});
connection.connect();
//增
var  addSql = 'INSERT INTO student VALUES(?,?,?,?,?)';
var  addSqlParams = ['666','唐慧','女','1999-9-9','20031'];
connection.query(addSql,addSqlParams,function (err, result) {
        if(err){
          console.log('添加错误: ',err.message);
          return;
        }
      console.log('添加成功！');
});
//改
var modSql = 'UPDATE student SET sBirthday = ?,class=? WHERE sNo = ?';
var modSqlParams = ['1999-1-1', '20033',666];
connection.query(modSql,modSqlParams,function (err, result) {
   if(err){
      console.log('修改错误: ',err.message);
      return;
   }
   console.log('修改成功！');
});
//删
var  delSql = 'DELETE FROM student where sNo=?';
var  delSqlParams = ['666'];
connection.query(delSql,delSqlParams,function (err, result) {
       if(err){
         console.log('删除错误: ',err.message);
         return;
        }
      console.log('删除成功！');
});
```

【代码分析】

query()方法的第一个参数为 sql 语句，注意这些语句中使用"？"进行占位，query()方法的第二个参数为一个数组，其中每一个元素按序将值传递给这些占位符"？"。这种查询方式称为参数化查询，其优点是可以有效防止 sql 攻击。因为数据库服务器在数据库完成 sql 指令的编译后才套用参数运行，不会提前将参数的内容拼接到 sql 指令中处理，因此，参数中若含有非法指令，数据库不会运行，从而确保安全，推荐使用。

8.1.5 项目实训——学生信息管理

视频 41

1. 实验需求

在 Express 框架中完成 MySQL 数据库的连接与操作。

2. 实验步骤

（1）用 Express 生成项目环境

① 切换到文件夹下，按住<Shift>键，打开 CMD 窗口，运行如下命令。

```
express express_mysql    //express_mysql 为项目名
```

② 安装项目依赖包，进入 express_mysql 文件夹，按住<Shift>键，打开 CMD 窗口，运行以下命令，依赖包自动保存到当前文件中的 node_modules 文件夹中。

```
npm install   //根据 package.json 文件中的 dependencies 说明安装依赖包
```

（2）局部安装 mysql 模块

进入 express_mysql 文件夹，按住<Shift>键，打开 CMD 窗口，运行以下命令。

```
npm install mysql -S
```

（3）编写代码

① 在 public/js 目录下创建 conn.js 文件，该文件用于连接 MySQL 数据库。

② 在 routes/index.js 文件中引入 conn.js，并编写对数据表中数据的增、删、改和查操作代码。文件之间的目录层次如图 8-18 所示。

（4）运行项目，在浏览器地址栏分别输入以下地址

① http://localhost:3002/add——添加数据。

② http://localhost:3002/del——删除数据。

③ http://localhost:3002/update——修改数据。

④ http://localhost:3002/stuinfo——查看数据。

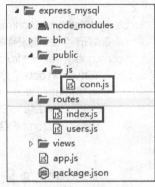

图 8-18　文件目录

3. 程序实现

- conn.js——实现数据库连接

```
const mysql = require('mysql');
var conn = mysql.createConnection({
  host     : 'localhost',
  user     : 'root',
  password : 'secret', //此处为自己数据库的密码
  database : 'stumanager'
});
conn.connect(()=>{
    console.log('数据库连接成功！');
});
module.exports = conn;
```

【代码分析】

以上代码创建了数据库连接对象 conn，使用其 connect()方法实现了本地服务器（localhost）

上数据库 stumanager 的连接,并将 conn 作为模块导出,以备其他程序加载。

- index.js——实现数据增加、删除、修改和查询

```javascript
var express = require('express');
var app = express();
var router = express.Router();
// 引入连接 MYSQL 数据库的 js 文件
const conn = require('../public/js/conn');
// 增
// 新招进来一名学生
// 定义学生数据
let newStu = {
    sid: '666',
    sname: '侯妤汐',
    sex: '女',
    birthday: 2002,
    class: '20066'
};
router.get('/add', function(req, res, next) {
    // 查询所有学生中有没有学号相同的学生,避免重复添加数据
    conn.query('select * from student',(err,data)=>{
        for(var i in data){
            if(data[i].sNo == newStu.sid){
                res.send('该学生已经存在!');
                return; // 若该生存在,结束添加,不再执行后面的代码
            }
        }
        // 执行数据添加
        conn.query(`insert into student values('${newStu.sid}','${newStu.sname}','${newStu.sex}','${newStu.birthday}','${newStu.class}')`,(err,data)=>{ // 注意:外层使用反向单引号(模板语法),引号内变量可以解析出来
            if(err) throw err;
            res.send({error:0,message:'success'});      // 将添加成功信息发向前端
        })
    })
});
// 删
// 对侯妤汐做退学处理
let name = '侯妤汐';
router.get('/del', function(req, res, next) {
    conn.query(`delete from student where sname = '${name}'`,(err,data)=>{
        if(err) throw err;
        res.send({error:0,message:'success'});
    })
});
// 改
// 将王芳改成王晓方,性别改为男
let sname = '王芳';
```

```
router.get('/update', function(req, res, next) {
    conn.query(`update student set sname = '王晓方',ssex = '男' where sname = '${sname}'`,(err,data)=>{
        if(err) throw err;
        res.send({error:0,message:'success'});
    })
});
// 查
router.get('/stuinfo', function(req, res, next) {
    conn.query('select * from student',(err,data)=>{
        res.json(data);
    })
});
module.exports = router;
```

【代码分析】

代码中模拟不同场景，实现学生数据的添加、删除、修改和查询。router.get()的第一个参数定义访问的 URL，第二个参数为回调函数，实现数据的操作功能。无论何种操作，都使用 conn 对象的 query()方法进行，执行哪种操作，取决于 query()方法的第一个参数，即 sql 语句。res.send()将执行的结果发送到浏览器客户端。

4．运行结果

在 Express 项目中，app.js 是默认的入口文件，在其末尾添加如下代码，使其监听 3002 端口。

```
app.listen(3002,function(){
  console.log('listening port 3002');
});
```

进入项目文件夹，按住<Shift>键，打开 CMD 窗口，使用如下命令启动项目。

```
nodemon app.js
```

启动项目后，在浏览器中根据程序中设定的 URL 查看运行结果。

（1）添加数据

在浏览器地址栏中输入 http://localhost:3002/add，运行结果如图 8-19 所示。

图 8-19 数据添加成功

此时说明数据已经添加成功，再打开 student 表，发现数据记录多了一条，如图 8-20 所示。

图 8-20 新添加的数据

若以同样的地址访问该页面（或刷新页面），会出现提示"该学生已经存在！"，如图 8-21 所示。因为在添加数据之前进行了学号验证，只有不存在的学号才能被写入表中。

（2）删除数据

在浏览器地址栏中输入 http://localhost:3002/del，可以将刚刚添加的记录删除，运行结果如图 8-22 所示。

图 8-21　重复添加提示

图 8-22　数据删除提示

（3）修改数据

在浏览器地址栏中输入 http://localhost:3002/update，按照程序中的代码，将"王芳"改成"王晓方"，性别改为"男"，运行结果如图 8-23 所示。

此时说明数据已经修改成功，再打开 student 表，发现数据已经更新，如图 8-24 所示。

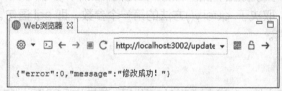

图 8-23　数据修改提示

图 8-24　记录更新

（4）查询数据

在浏览器地址栏中输入 http://localhost:3002/stuinfo，按照程序中的代码查询表中数据并返回一个 JSON 串，在页面输出，运行结果如图 8-25 所示。

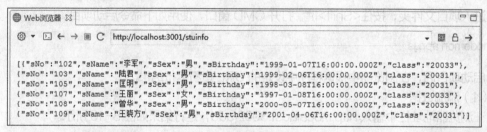

图 8-25　数据查询结果

8.2　连接 MongoDB 数据库

视频 42

8.2.1　MongoDB 安装与配置

1. 安装 MongoDB

不同于前面所学的关系型数据库 MySQL，MongoDB 是一个非关系型数据库，是基于分布式文件存储的数据库。MongoDB 是非关系型数据库中功能

视频 43

最丰富的数据库，使用 C++ 语言编写，为 Web 应用提供了可扩展的高性能数据存储解决方案。在使用前须先安装 MongoDB，在 MongoDB 官网可以选择适合自己系统的版本进行下载、安装，如图 8-26 所示。

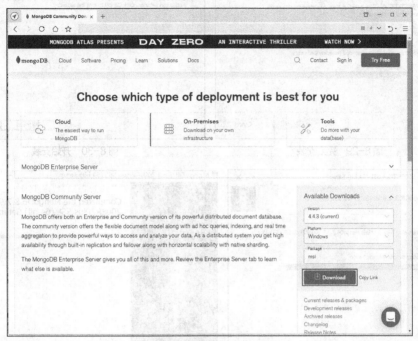

图 8-26　下载 MongoDB

双击下载的安装文件，单击 "Next" 按钮开始安装，如图 8-27 所示。在弹出的对话框中，勾选同意协议，如图 8-28 所示。

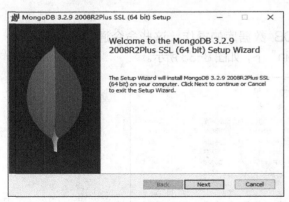

图 8-27　开始安装

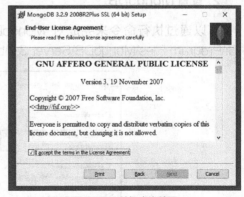

图 8-28　数据查询结果

单击 "Complete" 按钮，或单击 "Custom" 按钮自行设置安装目录，如图 8-29 所示。

单击 "Install" 按钮，开始安装，出现安装进度条，如图 8-30 和图 8-31 所示。最后出现图 8-32 所示界面，说明安装成功。

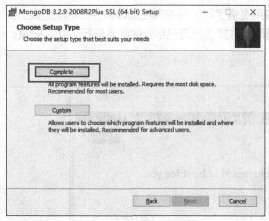

图 8-29 完全安装

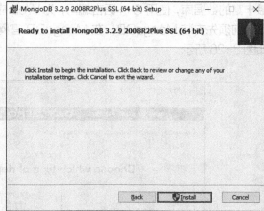

图 8-30 开始安装

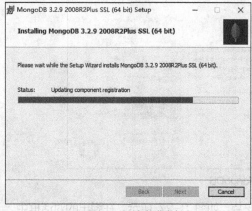

图 8-31 安装进度条

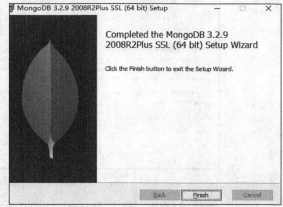

图 8-32 安装完成

2. 配置 MongoDB

可以通过执行命令来完成对 MongoDB 数据库的操作，这些命令通常安装在目录："C:\Program Files\MongoDB\Server\3.2\bin"下，如图 8-33 所示。

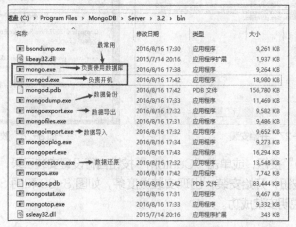

图 8-33 MongoDB 命令工具

要执行这些命令，需要打开"开始菜单"，右键单击"命令提示符"，选择以管理员身份运行"CMD 程序，如图 8-34 所示。

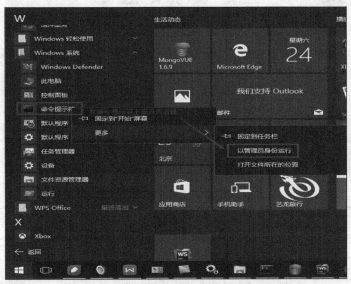

图 8-34　管理员身份运行 CMD 程序界面

为了在 CMD 窗口的任何目录下都能执行 mongo.exe 命令，需要先将 mongo.exe 所在路径设置为环境变量，否则执行 MongoDB 命令时，需要切换至安装目录下的 bin 文件夹。

以 Windows 10 操作系统为例，右键单击"此电脑"，在弹出的对话框中选择"高级系统设置"，如图 8-35 所示。

图 8-35　高级系统设置

在弹出的对话框中单击"环境变量"按钮，如图 8-36 所示。

选择"Path"所在行，单击"编辑"按钮，在弹出的窗口中单击"新建"按钮，输入"C:\Program Files\MongoDB\Server\3.2\bin"，该路径为 MongoDB 安装目录下的 bin 目录，单击"确定"按钮完成设置，如图 8-37 所示。

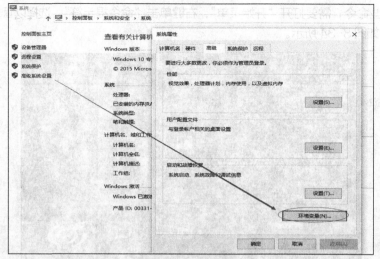

图 8-36　环境变量

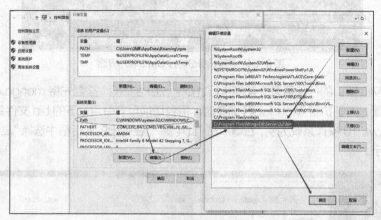

图 8-37　增加 Path 路径

3. 创建 MongoDB 数据库文件

至此 MongoDB 数据库服务器已安装完成，通过数据库服务器可以创建数据库，然后需要为创建的数据库指定文件位置。

（1）在 D 盘新建文件夹 mongodb，打开该文件夹，新建两个文件夹：db（存放数据库文件）和 log（存放数据库日志文件）。

（2）在 log 目录下建立一个文件 mongoDB.log。

（3）去掉 mongodb 文件夹的只读属性，如图 8-38 所示。

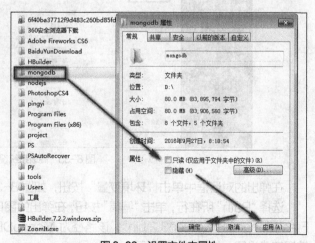

图 8-38　设置文件夹属性

4. 启动 MongoDB 数据库

以管理员身份运行 CMD，进入 CMD 窗口执行以下命令，保存数据库到指定位置，各个参数的含义如图 8-39 所示。

```
mongod --storageEngine mmapv1 --dbpath "d:\mongodb\db" --logpath "d:\mongodb\log\MongoDB.log"
```

图 8-39 mongod 命令

以管理员身份运行 CMD，执行以下命令，设置追加日志，各个参数的含义如图 8-40 所示。

```
mongod --storageEngine mmapv1 --dbpath "d:\mongodb\db" --logpath "d:\mongodb\log\MongoDB.log" --logappend
```

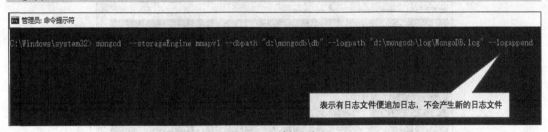

图 8-40 追加日志

执行该命令后，该服务被挂起，不要关闭该 CMD 窗口。

为了测试是否启动成功，需要以管理员身份再打开一个 CMD 窗口，输入 mongo 或者 mongo.exe，如果出现 MongoDB，则说明启动成功；如果出现"connecting to: test"，则说明此时已进入 MongoDB 的 shell，并已连接上 test 数据库，如图 8-41 所示。若想退出数据库，可以输入 exit 或者按<Ctrl+C>组合键，再按<Enter>键。

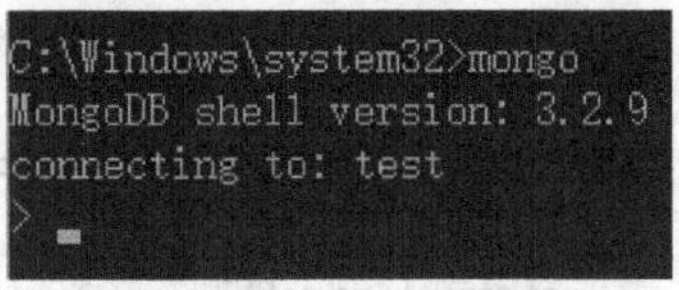

图 8-41 增加 Path 路径

5. 将 MongoDB 安装为 Windows 服务

当 mongod.exe 被关闭时，将无法连接 mongo 数据库。如果想要再次使用数据库，需要重新开启 mongod.exe 程序，这样操作非常不方便。解决办法是将 MongoDB 安装为 Windows 服务，步骤如下。

（1）安装服务。以管理员身份运行 CMD，进入 mongo.exe 所在的 bin 目录，即"C:\Program Files\MongoDB\Server\3.2\bin"，执行以下命令。

```
mongod --storageEngine mmapv1 --dbpath "d:\mongodb\db" --logpath "d:\mongodb\log\MongoDB.log" --install --serviceName "MongoDB"
```

MongoDB.log 即之前创建的日志文件，--serviceName "MongoDB"表示服务名为

MongoDB。

（2）启动 MongoDB 服务。在 CMD 窗口中输入如下命令，如图 8-42 所示。

```
NET START MongoDB
```

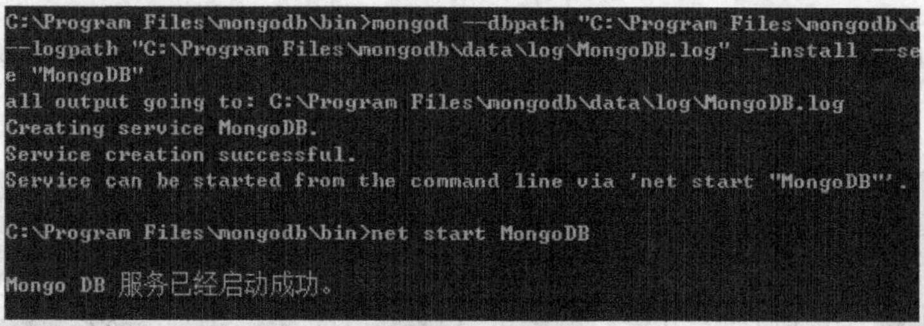

图 8-42 安装服务与启动服务

此时打开任务管理器便可看到进程已启动。

（3）测试连接在 CMD 窗口中输入如下命令，如图 8-43 所示。

```
mongo
```

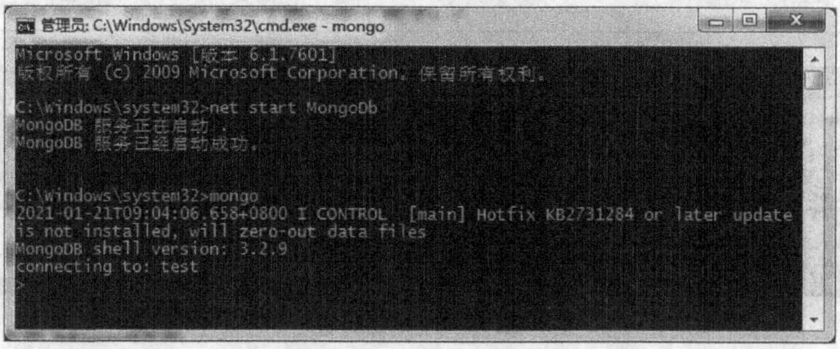

图 8-43 测试连接成功

（4）关闭服务并删除进程，在当前窗口，先按<Ctrl+C>组合键，再按<Enter>键后输入以下命令关闭服务，如图 8-44 所示。

```
net stop MongoDB
```

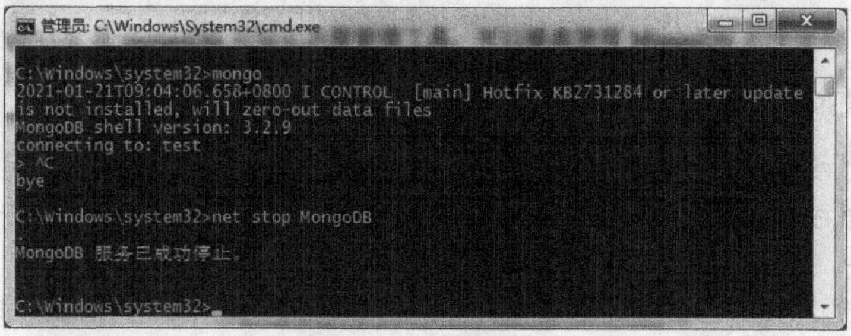

图 8-44 关闭服务

6. 安装 MongoVUE

MongoVUE 是 MongoDB 可视化界面管理工具，可以方便快捷地操作 MongoDB 数据库。下载安装文件后，双击 Installer.msi 开始安装，如图 8-45 所示，默认安装在"C:\Program Files (x86)\MongoVUE"目录下。

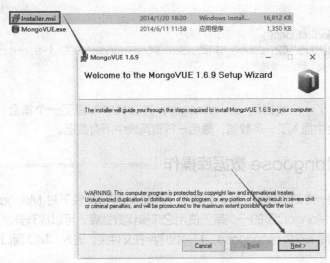

图 8-45 安装 MongoVUE

8.2.2 MongoDB 基本操作

MongoDB 是一个基于分布式文件存储的开源数据库系统。所谓分布式是指在负载较高的情况下，服务器性能可以通过添加更多的节点来得到保证。不同于关系型数据库，MongoDB 是文档型数据库，集合（collection）、文档（document）是其中的两大元素。

collection 是众多同类 document 的集合，类似于 MySQL 中的表，而 document 是 MongoDB 中的基本存储单位，类似于 MySQL 中的记录行。document 类似于 JSON 对象，数据结构由键值（key=>value）对组成，字段值可以包含其他文档、数组及文档数组。MongoDB 常用命令及功能见表 8-5。

视频 44

表 8-5　　　　　　　　　　　MongoDB 常用命令及功能

命令	功能
use DATABASE_NAME	如果数据库不存在，则创建数据库；否则切换到指定数据库
show dbs	查看所有数据库
db	查看当前数据库名
db.dropDatabase()	删除当前数据库，默认删除数据库 test
show collections	查看当前数据库中的所有集合
db.createCollection("COLLECTION_NAME")	在当前数据库中创建集合
db.COLLECTION_NAME.drop()	删除当前数据库中的指定集合
db.COLLECTION_NAME.insert(document)	插入文档
db.COLLECTION_NAME.remove(document)	删除指定的文档
db.COLLECTION_NAME.remove({})	删除所有文档
db.COLLECTION_NAME.find()	查询集合内的所有文档

【示例 8.10】MongoDB 基本操作。

```
use stumanager
db.createCollection("student")
db.student.insert({sNo:'102', sName: '李军', sSex: '男', sBirthday: '1999-1-8', class: '20033'})
db.student.find()
```

【代码分析】

以上代码创建了一个数据库 stumanager，并在其中创建了一个集合 student，向该集合中插入了一条数据，最后一行查询表中所有数据。

8.2.3 Mongoose 数据库操作

视频 45

mongoose 是一个对象模型工具，用来在 Node.js 异步环境下对 MongoDB 进行操作，是 Node.js 提供连接 MongoDB 的一个库，使用它来操作数据库，可以提升开发效率。在使用前需要使用 npm 命令来局部安装 mongoose。打开程序所在文件夹，进入 CMD 窗口，输入如下命令。

```
npm install mongoose --save
```

成功打开 MongoDB 数据库后，在需要连接数据库的.js 文件加载模块。

```
const mongoose = require('mongoose');
```

1. 连接数据库

在连接 MongoDB 数据库之前，先要加载 mongoose 模块，然后根据配置好的 URL 和端口号、数据库名，使用 mongoose 的 connect() 方法实现数据库的连接。

【示例 8.11】创建数据库 stumanager 并连接。

```
var mongoose = require('mongoose');
mongoose.connect('mongodb://127.0.0.1:27017/stumanager', function(err) {
    if (err) {
        throw err;
    } else {
        console.log('数据库连接成功...');
    }
});
```

【代码分析】

运行代码之前要确保开启 MongoDB 服务，并确保创建了数据库 stumanager。27017 是本地服务器上的 MongoDB 端口。

2. Schema

MongoDB 中没有表结构，也就是说，每一条记录（文档模型）可以是完全不一样的数据结构。为了解决这个问题，mongoose 中的 Schema 可以规范一个集合中的记录（文档）。Schema 没有操作数据库的能力，定义后并不会在数据库中创建一个 collection，只是规范了存放的文档的数据类型。MongoDB 中实际上只有 collection 和 document，Schema 和 Model 是定义、生成

collection 和 document 过程中用到的工具。

每一个 Schema 都会与 MongoDB 的一个集合进行一一对应，用来定义集合中文档的模板（或框架），使这类文档在数据库中有一个具体的构成与存储模式，Shema 相当于对表结构的定义。Schema 支持的键值类型有 String、Number、Date、Buffer、Boolean、Array、ObjectId 和 Mixed。

【示例 8.12】定义学生信息 Schema。

```
var stuSchema = new mongoose.Schema({ // Schema 首字母须大写，因为 Schema 是构造函数
    sNo:    String,
    sName: String,
    sSex:    String,
    sBirthday: Date,
    class: String
});
```

【代码分析】
根据集合的结构定义其对应的 Schema。

3. Model

Schema 仅仅用来定义 document 的框架，生成 document 和对 document 进行各种操作（增、删、改、查）则是通过相对应的 Model 来进行的。由 Schema 编译而成的构造器便是 Model，包含抽象属性和行为。每一个实例化后的 Model 实际上就是一个 document，可以实现对数据库的操作。

当 mongoose.model()方法创建 Model 时，第一个参数是 modelName，映射数据库中的集合名；第二个参数 Schema 代表刚刚创建的 Schema 对象名；第三个参数代表数据库集合名是可选参数。若第三个参数未设置，会和 students（映射集合名加 s 复数名）集合建立连接，若已设置，便与第三个参数的集合建立连接，操作该集合。

【示例 8.13】根据 stuSchema 定义 stuModel。

```
var stuModel = mongoose.model("student", stuSchema, "student");
```

【代码分析】
由于第三个参数设置为 student，因此操作的还是集合 student。

4. 文档操作

一般通过 Schema 来创建 Model 对应数据库中的 collection，通过 Model 对数据库进行操作。

【示例 8.14】使用 Schema 和 Model 向表中插入数据。

```
var mongoose = require('mongoose');
// 连接数据库
mongoose.connect('mongodb://127.0.0.1:27017/stumanager', function(err) {
    if (err) {
        throw err;
    } else {
        console.log('数据库连接成功...');
```

```
        }
});
var stuSchema = new mongoose.Schema({ //Schema 是构造函数，首字母须大写
    sNo:    String,
    sName: String,
    sSex:    String,
    sBirthday: Date,
    class: String
});
var stuModel = mongoose.model("student", stuSchema, "student");
let stuInfo = {
    sNo: '666',
    sName: '唐朝',
    sSex: '男',
    sBirthday: '1996-9-9',
    class:'20033'
};
var student= new stuModel();
student.sNo = stuInfo.sNo;
student.sName = stuInfo.sName;
student.sSex = stuInfo.sSex;
student.sBirthday = stuInfo.sBirthday;
student.class = stuInfo.class;
// 保存进数据库
student.save(function (err) {
    if (err) {
        console.log(err);
    } else {
        console.log('添加成功！');
    }
})
```

【代码分析】

代码构建了 Schema 和 Model，用来向集合 student 中插入一组数据。

8.2.4　项目实训——商品信息管理

1. 实验需求

在 Express 框架中完成 MongoDB 数据库的连接与操作。

2. 实验步骤

（1）启动 MongoDB 服务器，进入 MongoDB。

```
net start mongodb
mongo
```

视频 46

（2）创建数据库 mydb，创建集合 goods，在集合中插入两条数据。
（3）用 Express 生成项目环境。
① 切换到文件夹下，按住<Shift>键，打开 CMD 窗口，运行如下命令。

```
express -e express_mongo    //express_mongo 为项目名
```

② 安装项目依赖包，进入 express_mongo 文件夹，按住<Shift>键，打开 CMD 窗口，运行以下命令，依赖包自动保存到当前文件中的 node_modules 文件夹中。

```
npm install  //根据 package.json 文件中的 dependencies 说明安装依赖包
```

（4）局部安装 mongoose 模块。
进入 express_mongo 文件夹，按住<Shift>键，打开 CMD 窗口，运行以下命令。

```
npm install mongoose -S
```

（5）编写代码。
① 在 public/javascripts 目录下创建一个用于连接 MongoDB 数据库的模块文件 conn.js。
② 在 routes/index.js 文件中引入 conn.js，并编写对数据表中数据的增、删、改和查操作代码。文件之间的目录层次如图 8-46 所示。
（6）启动项目（npm run start），在浏览器地址栏分别输入如下地址。

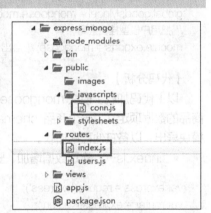

图 8-46　文件目录

① http://localhost:3000/goods——查询商品信息。
② http://localhost:3000/add——添加商品。
③ http://localhost:3000/update——修改商品。
④ http://localhost:3000/del/60090fa721e3b048eda86e43——删除指定_id 所对应的商品。

3. 程序实现

（1）创建数据库和集合
- 在 CMD 窗口中进入 mongo，输入如下语句来生成数据

```
use mydb
db.createCollection("goods")
db.goods.insert({id:'001',gname:'华为手机',price:5999})
db.goods.insert({id:'002',gname:'联想笔记本电脑',price:8999})
```

【代码分析】
在创建的数据库 mydb 中创建了集合 goods，并向其中插入了 2 条数据。
（2）编写代码
- conn.js——实现数据库连接

```
// 引入 mongoose 模块
var mongoose = require('mongoose');
```

```javascript
// 连接数据库
mongoose.connect('mongodb://127.0.0.1:27017/mydb', function(err) {
if (err) {
    throw err;
} else {
    console.log('数据库连接成功...');
}
});
// 定义一个商品骨架
var goodsSchema = new mongoose.Schema({
    id: String,
    gname: String,
    price: Number
});
// 发布模型（主要用于查询）
global.goodsModel = mongoose.model('goods', goodsSchema, 'goods');
// 把用户模型挂在全局
module.exports = mongoose; // 导出 mongoose
```

【代码分析】

以上代码加载了模块 mongoose，使用 connect()方法实现了数据库 mydb 的连接，并根据商品的数据项定义了一个商品 shemale，通过 model()方法发布模型，最后将整个连接文件作为模块导出，以备其他程序加载。

- index.js——实现数据增加、删除、修改和查询

```javascript
var express = require('express');
var router = express.Router();
var app = express();
var conn = require('../public/javascripts/conn.js'); // 自己定义的模块文件，主要用来连接数据库、定义骨架和
// 发布模型
// 1.查询（输出所有商品到前端）
router.all('/goods', function(req, res) {
    // 去数据库查询所有的用户数据，返回给前端
    goodsModel.find({}).exec(function(err, data) {
        res.send(data);
    })
});
// 2.添加
let goodsInfo = {
    id: '666',
    name: 'Web 前端课程',
    price: 21800
};
router.get('/add', function(req, res) {
    var goods = new goodsModel();
    goods.id = goodsInfo.id;
    goods.gname = goodsInfo.name;
```

```
            goods.price = goodsInfo.price;
            // 保存到数据库
            goods.save(function (err) {
                if (err) {
                    res.send({error:1, message:'error'});
                } else {
                    res.send({error:0, message:'success'});
                }
            })
    });
});
// 3.修改
// 需求：将"Web 前端课程"改成"Web 前端 Node.js 课程"，价格改成 48000
router.get('/update', function(req, res) {
    goodsModel.update({'gname': 'Web 前端课程'}, {'$set': {gname: 'Web 前端 Node.js 课程', price: 48000}}, function(err, result){
        if(err) {
            res.send({error:1, message:'error'});
        } else {
            res.send({error:0, message:'success'});
        }
    })
});
// 根据客户端传递的 id 号删除某个产品（此 id 号为'_id'列）
router.get('/del/:id', async function(req, res){
    // 根据客户端传递过来的 id 从 MongoDB 数据库中查询对应的产品
    console.log(req.params.id);
    const goods = await goodsModel.findById(req.params.id);
    // 删除查询到的产品
    await goods.remove();
    // 向客户端发送删除成功的信息
    res.send({error:0, message:'删除成功！'});
})
module.exports = router;
```

【代码分析】

代码中模拟不同场景，实现商品数据的添加、删除、修改和查询。通过不同的方法实现相应的功能，并将执行的结果发送到浏览器客户端。

4. 运行结果

进入项目文件夹 express_mongo，按住<Shift>键，打开 CMD 窗口，输入如下命令启动项目。

```
npm run start
```

项目启动后，在浏览器中访问程序中设定的 URL 查看运行结果。
（1）查询数据
在浏览器地址栏中输入 http://localhost:3000/goods，运行结果如图 8-47 所示。

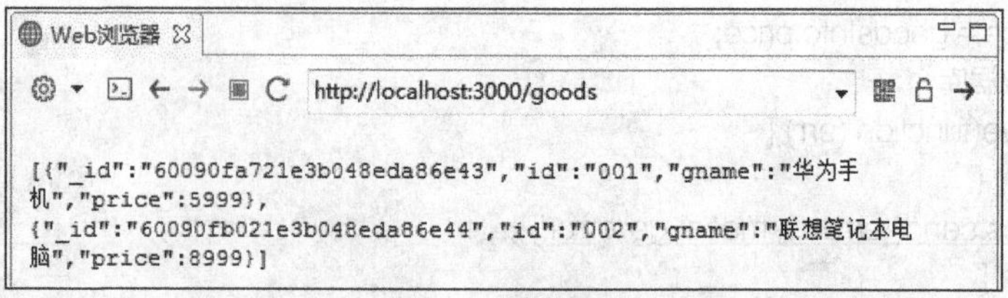

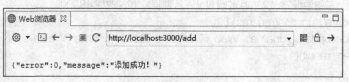

图 8-47　数据查询

（2）添加数据

在浏览器地址栏中输入 http://localhost:3000/add，将"Web 前端课程"数据加入集合中，运行结果如图 8-48 所示。

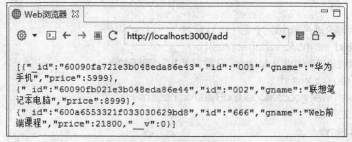

图 8-48　添加数据

此时 goods 集合中多了一条数据，再访问 http://localhost:3000/goods，数据查询结果如图 8-49 所示。

图 8-49　数据添加后查询结果

（3）修改数据

在浏览器地址栏中输入 http://localhost:3000/update，按照程序中的代码，将"Web 前端课程"改成"Web 前端 Node.js 课程"，价格改成 48000，运行结果如图 8-50 所示。

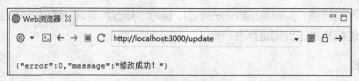

图 8-50　修改数据

此时 goods 集合中"Web 前端 Node.js 课程"的价格已修改，再访问 http://localhost:3000/goods，数据查询结果如图 8-51 所示。

（4）删除数据

在浏览器地址栏中输入 http://localhost:3000/del/60090fa721e3b048eda86e43，注意 delete/后面跟的是页面中商品的 "_id" 值，运行结果如图 8-52 所示。

此时 goods 集合中"华为手机"这条数据被删除了，再访问 http://localhost:3000/goods 数据,查询结果如图 8-53 所示。

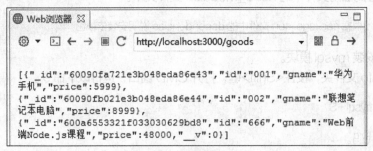

图 8-51 最新查询结果

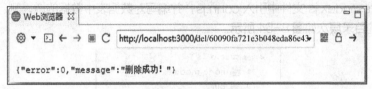

图 8-52 删除数据

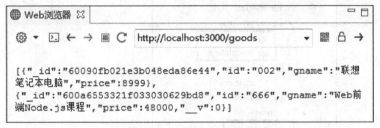

图 8-53 最新数据查询结果

视频 47

8.3 综合项目实训——学生信息页面管理

1. 实验需求

在 Express 框架中完成 MySQL 数据库的连接与操作。

基于数据库 stumanager 中 student 表中的数据,通过 Web 页面实现学生信息的基本维护操作,要求如下。

(1)通过交互实现网站前端学生信息展示。

(2)通过后台解决学生信息的添加、修改和删除操作。

视频 48

2. 实验步骤

(1)用 Express 生成项目环境。

① 切换到文件夹下,按住<Shift>键,打开 CMD 窗口,运行如下命令。

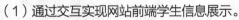

express stuinfo　　//stuinfo 为项目名

② 安装项目依赖包，进入 stuinfo 文件夹，按住<Shift>键，打开 CMD 窗口，运行以下命令，依赖包自动保存到当前文件中的 node_modules 文件夹中。

```
npm install    //根据 package.json 文件中的 dependencies 说明安装依赖包
```

（2）局部安装 mysql 模块。

进入 stuinfo 文件夹，按住<Shift>键，打开 CMD 窗口，运行以下命令。

```
npm install mysql –S
```

（3）编写代码。

① 在 public/js 目录下创建 conn.js 文件，该文件用于连接 MySQL 数据库。

② 在 routes/index.js 文件中引入 conn.js，并编写对数据表中数据的增、删、改和查操作代码。文件之间的目录层次如图 8-54 所示。

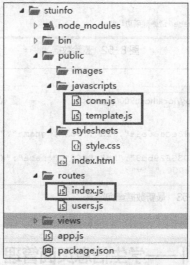

图 8-54　文件目录

（4）启动项目（**npm run start**），在浏览器地址栏输入 http://localhost:3005，查看项目页面。

3. 程序实现

- conn.js——实现数据库连接

```javascript
const mysql = require('mysql');
var conn = mysql.createConnection({
  host : 'localhost',
  user : 'root',
  password : 'secret', //此处为自己数据库的密码
  database : 'stumanager'
    });
    conn.connect(()=>{
    console.log('数据库连接成功！');
});
```

```
module.exports = conn;
```

【代码分析】

以上代码加载了 mysql 模块，使用 connect()方法实现了数据库 stumanager 的连接，最后将数据库连接对象 conn 从模块导出，以备其他程序加载。

- index.js——实现数据增加、删除、修改和查询

```
const express = require('express');
const router = express.Router();
const app = express();
const { resolve } = require('path');
// 设置静态路径
express.static(resolve(__dirname, '../public'));
// 引入连接 MYSQL 数据库的 js 文件
const conn = require('../public/javascripts/conn');
// 查询所有学生信息
router.get('/getStuInfo', function(req, res, next) {
    conn.query(`select * from student`, (err, data) => {
        if (err) throw err;
        res.send({
            code: 0,
            data
        });
    })
});
// 添加学生
router.get('/addStu', function(req, res, next) {
    let sno = req.query.sno;
    let sname = req.query.sname;
    let ssex = req.query.ssex;
    let sbirthday = req.query.year;
    let sclass = req.query.sclass;
    conn.query(`insert into student values('${sno}','${sname}','${ssex}','${sbirthday}','${sclass}')`, (err, data) => {
        if (err) throw err;
        res.send({
            code: 0,
            message: 'success'
        });
    })
});
// 修改学生信息
router.get('/editStu', function(req, res, next) {
    let oldSno = req.query.oldSno ? req.query.oldSno : '',
    sno = req.query.sno,
    sname = req.query.sname,
    ssex = req.query.ssex,
    sbirthday = req.query.sbirthday,
```

```
        sclass = req.query.sclass;
        conn.query(`update student set sno = '${sno}', sname = '${sname}', ssex = '${ssex}', sbirthday = '${sbirthday}', class = '${sclass}' where sno = '${oldSno}'`,    (err, data) => {
            if (err) throw err;
            res.send({
                code: 0,
                message: 'success'
            });
        })
    });
    // 删除指定学生
    router.get('/delStu', function(req, res, next) {
        let sno = req.query.sno;
        conn.query(`delete from student where sno = '${sno}'`, (err, data) => {
            if (err) throw err;
            res.send({
                code: 0,
                message: 'success'
            });
        })
    });
    module.exports = router;
```

【代码分析】

代码中模拟不同场景，使用 sql 语句，调用 conn.query()方法与前端页面进行交互，实现商品数据的添加、删除、修改和查询。

- public/index.html——前端页面

```
<!DOCTYPE html>
<html>
    <head>
        <meta charset="utf-8">
        <title>学生信息</title>
        <link href="css/bootstrap.min.css" rel="stylesheet">
        <style>
            fieldset{
                border: 1px solid #999;
                padding: 20px;
            }
            legend{
                width: 150px;
            }
            h3{
                margin: 30px 0;
                text-align: center;
            }
        </style>
    </head>
```

```html
<body>
    <div class="container">
        <div class="row">
            <div class="col-md-2"></div>
            <div class="col-md-8">
                <!-- 录入信息 -->
                <fieldset>
                    <legend>学生信息录入</legend>
                    <form action="" class="form-group">
                        <!-- 学号 -->
                        <div class="input-group mb-3">
                            <div class="input-group-prepend">
                                <span class="input-group-text">学号：</span>
                            </div>
                            <input type="text" name="sno" class="form-control" placeholder="请输入学号">
                        </div>
                        <!-- 姓名 -->
                        <div class="input-group mb-3">
                            <div class="input-group-prepend">
                                <span class="input-group-text" id="basic-addon1">姓名：</span>
                            </div>
                            <input type="text" name="sname" class="form-control" placeholder="请输入姓名">
                        </div>
                        <!-- 性别 -->
                        <div class="input-group mb-3">
                            <div class="input-group-prepend">
                                <span class="input-group-text" id="basic-addon1">性别：</span>
                            </div>
                            <div class="col-md-12 form-control">
                                <input type="radio" checked value="男" name="ssex"> 男    
                                <input type="radio" value="女" name="ssex"> 女
                            </div>
                        </div>
                        <!-- 出生年份 -->
                        <div class="input-group mb-3">
                            <div class="input-group-prepend">
                                <span class="input-group-text" id="basic-addon1">出生年份：</span>
                            </div>
                            <input type="text" name="year" class="year form-control" placeholder="XXXX-XX-XX">
                        </div>
                        <!-- 班级 -->
```

```html
                    <div class="input-group mb-3">
                        <div class="input-group-prepend">
                            <span class="input-group-text" id="basic-addon1">班级: </span>
                        </div>
                        <select name="sclass" class="class form-control">
                            <option disabled="disabled" selected="">----请选择班级----</option>
                        </select>
                    </div>
                    <input type="button" class="btn btn-primary" id="add-stu" value="添加学生">
                </form>
            </fieldset>
            <!-- 信息显示 -->
            <h3>学生信息表</h3>
            <table class="table table-bordered">
                <thead>
                    <tr>
                        <th scope="col">学号</th>
                        <th scope="col">姓名</th>
                        <th scope="col">性别</th>
                        <th scope="col">出生年份</th>
                        <th scope="col">班级</th>
                        <th scope="col">操作</th>
                    </tr>
                </thead>
                <tbody></tbody>
            </table>
        </div>
    </div>
</div>
</body>
<!-- 创建学生信息模板 -->
<script type="text/html" id="stu-info">
    {{ each data }}
    <tr>
    <th scope="row">{{ $value.sNo }}</th>
    <td>{{ $value.sName }}</td>
    <td>{{ $value.sSex }}</td>
    <td>{{ $value.sBirthday }}</td>
    <td>{{ $value.class }}</td>
    <td align="center"><a href="javascript:void(0);" onclick="edit(event)"> 编 辑 </a>    <a href="javascript:void(0);" onclick="del(event)">删除</a></td>
    </tr>
    {{ /each }}
</script>
<script src="js/jquery.js"></script>
```

```html
<!-- 引入模板引擎 -->
<script src="./javascripts/template.js"></script>
<script>
    function stuInfo() {
        $.get('/getStuInfo').then(res => {
            let data = res.data;
            console.log(data);
            // 在录入学生信息处，动态添加班级列表
            var classes = [];
            // 取出班级列表存入数组中
            for (let i in data) {
                classes.push(data[i].class)
            }
            // 数组去重并排序
            classes = Array.from(new Set(classes)).sort();
            $('.class').empty();
            // 动态渲染班级信息
            for (let i in classes) {
                $('.class').append('<option value="' + classes[i] + '">' + classes[i] + '</option>')
            }
            // 动态添加所有学生信息
            let txt = template('stu-info', {data});
            $('tbody').append(txt);
        })
    }
    stuInfo();
    // 添加一个学生
    $('#add-stu').click(function() {
        $.ajax({
            url: '/addStu',
            data: $('form').serialize()
        }).then(res => {
            if (res.message == 'success') {
                alert('添加成功！');
                // 清空之前的数据
                $('tbody').empty();
                // 调用函数，重新刷新页面
                stuInfo();
            }
        })
    })
    // 编辑学生信息
    function edit(e) {
        var params = '';
        let tds = $(e.target).parent().siblings();
        let oldSno = tds[0].innerText;
        if ($(e.target).text() == '编辑') {
            tds.attr('contenteditable', true); // 将当前 tr 中的 td 的元素改为可编辑状态
```

```javascript
                $(e.target).text('保存'); // 修改 a 标签的文本内容
                return;
            }
            if ($(e.target).text() == '保存') {
                // 传到后台的数据
                params = {
                    oldSno,
                    sno: tds[0].innerText,
                    sname: tds[1].innerText,
                    ssex: tds[2].innerText,
                    sbirthday: tds[3].innerText,
                    sclass: tds[4].innerText
                };
                $.ajax({
                    url: '/editStu',
                    data: $.param(params)
                }).then(res => {
                    if (res.message == 'success') {
                        alert('修改成功！');
                        // 调用函数，重新刷新页面
                        $('tbody').empty();
                        stuInfo();
                    }
                })
                // 文字重新改为初始状态
                $(e.target).text('编辑');
                return;
            }
        }
        // 删除指定学生
        function del(e){
            // 获取要删除的 tr
            let tr = $(e.target).parent().parent();
            // 获取要删除的学号
            let sno = $(e.target).parent().siblings()[0].innerText;
            $.ajax({
                url: 'delStu',
                data: {
                    sno
                }
            }).then(function(res){
                if (res.message == 'success') {
                    alert('删除成功！');
                    $('tbody').empty();
                    // 调用函数，重新刷新页面
                    stuInfo();    $('tbody').find($(e.target).parent().parent()).remove();
                }
            })
        }
```

        }
    </script>
</html>

【代码分析】

通过与前端页面进行交互,完成数据库操作,并通过表格呈现数据库中的数据。在页面中使用表单提交数据至数据库。

4. 运行结果

在 Express 项目中,app.js 是默认的入口文件,在其末尾添加如下代码,使其监听 3005 端口。

```
app.listen(3005,function(){
    console.log('listening port 3005');
});
```

进入项目文件夹,按住<Shift>键,打开 CMD 窗口,使用如下命令启动项目。

```
nodemon app.js
```

(1)查询数据

在浏览器地址栏中输入 http://localhost:3005/,渲染出项目首页,首页的上方显示表单,下方表格显示表中已有数据,运行结果如图 8-55 所示。

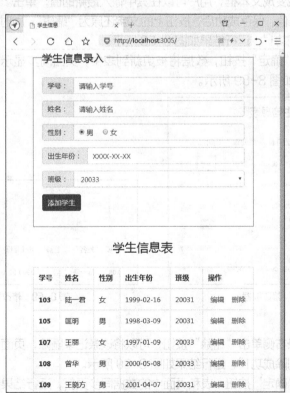

图 8-55 运行结果

（2）添加学生

在当前页面的表单中，输入要增加的学生信息，单击"添加学生"按钮，将会弹出对话框，提示"添加成功！"，运行结果如图 8-56 所示。

单击对话框上的"确定"按钮，数据会被添加到表中，页面同步显示最新的数据，运行结果如图 8-57 所示。

视频 49

图 8-56 "添加学生"结果

图 8-57 添加数据的结果

（3）修改数据

在要修改的记录右侧单击"编辑"按钮，此时"编辑"按钮变为"保存"按钮，左侧的文字区域变成文本框，用户可以在其中输入最新的值，单击"保存"按钮便可更新记录值，保存成功后，按钮上的文字还原为"编辑"，同时弹出对话框提示"修改成功！"，运行结果如图 8-58 所示。

单击对话框上的"确定"按钮，数据将被更新到表中，页面同步显示最新的数据，运行结果如图 8-59 所示。

视频 50

图 8-58 修改数据

图 8-59 修改数据成功

（4）删除数据

在第一个学生记录右侧单击"删除"按钮，可以将该条记录删除，页面会弹出对话框，提示"删除成功！"，运行结果如图 8-60 所示。

单击对话框上的"确定"按钮，表和页面中的数据同步更新，运行结果如图 8-61 所示。

视频 51

图 8-60 删除数据

图 8-61 更新数据的结果

5. 实验拓展

（1）对输入的学生信息进行正则验证。
（2）对学生信息数据进行分页显示。

视频 52

8.4 本章小结

　　本章主要介绍了 MySQL 数据库的安装方法，以及通过核心模块 mysql 操作表中数据的方法；同时介绍了 MongoDB 数据库的安装及使用。通过 3 个综合案例详细介绍了基于数据库的应用开发过程和实现过程，最后一个实验实现了页面与 MySQL 的交互。本章内容为多场景下的数据库编程提供了参考。

8.5 本章习题

一、填空题

1. mysql 模块通过（　　）方法创建 MySQL 连接。
2. MySQL 连接对象的（　　）方法用于终止一个连接。
3. MySQL 数据库连接对象的（　　）方法用来执行 SQL 语句，从而对数据库进行相应的操作。
4. MongoDB 是一个基于（　　）的数据库。
5. mongoose 的方法（　　）用来连接 MongoDB 数据库。

二、单选题

1. 下面哪一个不是 MySQL 数据库中有效的约束类型（　　）。
    A. PRIMARY KEYS　　　　　　　　B. UNIQUE
    C. CHECK　　　　　　　　　　　　D. FOREIGN KEY
2. 核心模块 mysql 局部安装的命令是（　　）。
    A. npm help mysql　　　　　　　　B. npm h mysql
    C. npm uninstall mysql　　　　　　D. npm install mysql
3. 在下面的选项中，对 MySQL 数据库的描述不正确的是（　　）。
    A. MySQL 属于 C/S 结构软件
    B. 在 LAMP 组合开发环境中，MySQL 用来保存网站中的内容数据
    C. 可使用 PHP 作为 MySQL 客户端程序，处理 MySQL 服务器中的数据

D. MySQL 服务器必须和 Apache 服务器及 PHP 应用服务器安装在同一台计算机上
4. 连接 MySQL 数据库时，（　　）参数代表要连接数据库所在的服务器。
　　A. host　　　　　　B. port　　　　　　C. user　　　　　　　　D. password
5. （　　）用来删除 MongoDB 中集合内的所有文档。
　　A. db.COLLECTION_NAME.drop()
　　B. db.COLLECTION_NAME.insert(document)
　　C. db.COLLECTION_NAME.remove({})
　　D. db.COLLECTION_NAME.find()

三、简答题
1. 请简述 MySQL 数据库和 MongoDB 数据库的区别。
2. 请简述核心模块 mysql 的常用方法与功能。
3. 请简述在 MongoDB 应用编程中 Schema 和 Model 的作用。

第 9 章
Koa 框架

▶ 内容导学

本章主要学习 Koa 框架与 Express 框架的区别、Koa 框架项目环境的构建,以及搭建 HTTP 服务的基本原理和项目实现。通过本章的学习,读者将掌握 Koa 框架的项目开发的基本方法。

▶ 学习目标

① 掌握利用 Koa 框架构建后台项目环境的方法。
② 掌握在 Koa 项目环境中搭建 HTTP 服务的方法。
③ 掌握在 Koa 项目环境中配置路由并处理前端请求的方法,并可以将结果响应到前端。

9.1 Koa 框架简介

9.1.1 Koa 与 Express 的区别

视频 53

Koa 和 Express 是 Node.js 的两个开发框架。Express 基于 Node.js 平台快速开发极简的 Web 开发框架,是在 Node.js 基础上完成的二次抽象,封装了一些处理细节,并向上提供丰富的模块方法以构建 Web 应用。开发者只需通过这些功能方法开发中间件,扩展构建 Web 应用即可。Express 是第一代最流行的 Web 框架,作为两个框架中最早的诞生者,经过长时间的发展完善,Express 非常成熟,资料丰富。Express 基于 ES5 语法,并支持 ES6/7 语法,通过回调组合逻辑,在复杂逻辑中包含大量回调嵌套,也就是常说的"回调地狱"以及调试问题。但 Express 也足以成为 Node.js 框架中的经典,当下 ES6、ES7 盛行,可以通过不断完善支持 Promise 或 Async/Await 来弥补其不足。

随着新版 Node.js 开始支持 ES6/7,Express 的团队又基于 ES6 的 Generator 重新编写了 Koa。Koa 是下一代 Node.js 的 Web 框架,由 Express 团队设计,旨在提供一个更小型、更富有表现力、更可靠的 Web 应用和 API 的开发框架,目前有 Koa 1.x 和 Koa 2.0 两个版本。使用 Koa 编写 Web 应用可以免除重复烦琐的回调函数嵌套,并极大地提升错误处理的效率。Koa 不在内核方法中绑定任何中间件,它仅仅提供了一个轻量优雅的函数库,开发者可根据需求选择需要的模块集成或封装自己的模块用于构建应用,使得编写 Web 应用变得得心应手。使用 Koa 几乎没有任何限制,可以随意构建自己的应用,同时 Koa 不断追随 ESMAScript 规范,解决 Express 痛点,从一代 Generator 函数到二代 Async/Await 备受青睐。

Koa 轻量简洁、表达力强、自由度高,容易定制。本身代码只有 1000 多行,所有功能都通过中间件实现。Koa 支持 context 传递数据,采用洋葱模型顺序执行代码,如图 9-1 所示。Express 本身无洋葱模型,需要引入插件,不支持 context。

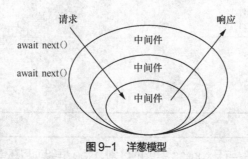

图 9-1 洋葱模型

Koa 最主要的应用是实现 HTTP 的处理,有 4 个核心概念,它们之间的关系如图 9-2 所示。

（1）Application：主程序。
（2）Context：上下文。
（3）Request：请求。
（4）Response：响应。

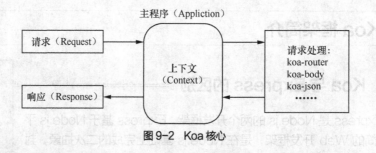

图 9-2 Koa 核心

下面以同一个例子来看 Express 和 Koa 的写法。

【示例 9.1】Express 框架创建应用。

```
var express = require('express')
var app = express()
app.get('/', function (req, res) {
    res.send('Hello World!')
})
 var server = app.listen(3000, function () {
    var host = server.address().address
    var port = server.address().port
    console.log('Example app listening at http://%s:%s', host, port)
})
```

【示例 9.2】Koa 框架创建应用。

```
const Koa=require('koa');
    const app=new Koa();
    app.use(async ctx =>{
        ctx.body='Hello World!'
    })
    app.listen(3000);
```

这两个程序的功能都是在服务启动后，页面显示"Hello World!"。Koa 初始化语句用的是新标准，在中间件部分也有一定的差异性，这是因为二者内部实现机制不同。两者基本语法见表 9-1。

表 9-1   Express 与 Koa 基本语法对比

功能	Express	Koa
初始化	const app = express()	const app = new koa()
实例化路由	const router = express.Router()	const router = Router()
app 级别中间件	app.use	app.use
路由级别中间件	router.get	router.get
路由中间件挂载	app.use('/',router)	app.use(router.routes())
监听端口	app.listen(3000)	app.listen(3000)

9.1.2 Koa 1 和 Koa 2

1. Koa 1

和 Express 相比，Koa 1 使用 Generator 函数实现异步，但其代码看起来像同步的。Generator 函数可以通过 yield 关键字，把函数的执行流程挂起，为改变执行流程提供了可能，从而为异步编程提供解决方案。

Generator 有两个区分于普通函数的部分。

（1）在 function 之后、函数名之前有一个"*"。
（2）函数内部有 yield 表达式。

其中，"*"用来表示函数为 Generator 函数，yield 用来定义函数内部的状态。

【示例 9.3】Koa 1 框架创建应用。

```
var koa=require('koa');
var app=koa();
app.use('/test',function*(){
yield doReadFile1();
    var data=yield doReadFile2();
    this.body = data;
});
app.listen(3000);        //可以在 http://127.0.0.1:3000 访问
```

用 Generator 实现异步比回调更容易，但是 Generator 的本意并不是异步。为了简化异步代码，ES7 引入了新的关键字 async 和 await，可以把一个 function 变为异步模式。

```
async function () {
    var data = await fs.read('/file1');
}
```

这是 JavaScript 未来标准的异步代码，非常简洁，并且易于使用。

2. Koa 2

Koa 团队并没有止步于 Koa 1，并基于 ES7 开发了 Koa 2，与 Koa 1 相比，Koa 2 完全使用 Promise 并配合 async 来实现异步。每个 async() 函数称为中间件。每个中间件默认接收两个参数，第一个参数是 Context 对象，第二个参数是 next() 函数。只要调用 next() 函数，就可以把执行权转交给下一个中间件。

Koa 中间件以更传统的方式级联，当一个中间件调用 next() 函数时，则该中间件暂停并将控制传递给定义的下一个中间件。当在下游没有更多的中间件执行时，堆栈将展开并且每个中间件恢复执行其上游行为。

Koa 2 的代码写法如下。

```
app.use(async (ctx, next) => {
    await next();   //处理下一个异步函数
    var data = await doReadFile();
    ctx.response.type = 'text/plain';
    ctx.response.body = data;
});
```

【代码分析】

由 async 标记的函数称为异步函数，在异步函数中，可以用 await 调用另一个异步函数。每收到一个 HTTP 请求，Koa 就会调用通过 app.use() 注册的 async() 函数，并传入 ctx 和 next() 参数。通过对 ctx 操作设置返回内容。

3. 中间件运行原理

Koa 把很多 async() 函数组成一个处理链，每个 async() 函数都独立实现各自的功能。调用 await next() 可以暂停当前中间件的运行，将其后面的代码入栈，再去调用下一个 async() 函数。这些中间件可以组合起来实现更多功能。

【示例 9.4】中间件示例。

```
const koa = require('koa')
const app = new koa()
const M1 = async (ctx,next)=>{
    ctx.type = "text/html;"
 await next()   //处理下一个异步函数，将下面的代码入栈
    ctx.body = ctx.body + " m1"
}
const M2 = async (ctx,next)=>{
    ctx.body = 'Hi,'
 await next()   //处理下一个异步函数，将下面的代码入栈
```

```
    ctx.body = ctx.body + " m2"
}
const M3 = async (ctx,next)=>{
    ctx.body = ctx.body + "class!"
 await next()    //处理下一个异步函数，将下面的代码入栈，最后入栈的代码最先出栈
ctx.body = ctx.body + " m3"
}
app.use(M1)
app.use(M2)
app.use(M3)
app.listen(3000)
```

运行方法如下。

（1）局部安装 koa 模块。在项目当前文件夹下，按住<Shift>键，打开 CMD 窗口安装 Koa。

```
npm install koa
```

（2）运行程序。在 HBuilder 中运行，或者进入项目文件夹，在 CMD 窗口输入如下命令运行程序。

```
nodemon koa_test
```

（3）在浏览器地址栏中输入：http://localhost:3000/，查看结果，如图 9-3 所示。

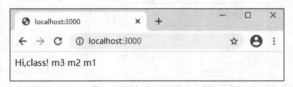

图 9-3　运行结果

【代码分析】

由 async()标记的函数称为异步函数。用 await next()处理下一个异步函数。await next()之后的中间件将入栈（先进后出），执行完中间件的注册流程后，将会继续执行中间件 await next()之后的代码。所以，先执行最后一个 await next()后面入栈的代码，输出文字"mid3"，然后输出"mid2"，最后输出"mid1"，运行过程如图 9-4 所示。

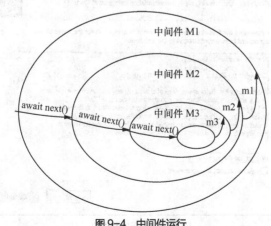

图 9-4　中间件运行

9.1.3 安装 NVM 控制 Node.js 版本

在开发项目时,有可能同时开发两个项目开发,而这两个项目所使用的 Node.js 版本不同,或要用更新的版本进行实验和学习。在这种情况下,可以使用 NVM(Node Version Manager)维护多个版本的 Node.js,从而方便地在同一台设备上进行多个版本之间的切换。

我们可在 https://github.com/coreybutler/nvm-windows/releases 下载最新的 NVM 版本。打开网址可以看到有两个版本,如图 9-5 所示。

(1)nvm-noinstall.zip:绿色免安装版,但使用时须进行配置。

(2)nvm-setup.zip:安装版,推荐使用。

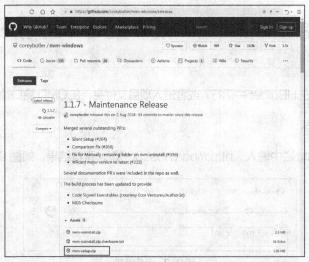

图 9-5　下载页面

下载 NVM 后,双击安装文件 nvm-setup.exe,出现图 9-6 所示的窗口,勾选"I accept the agreement",单击"Next"。

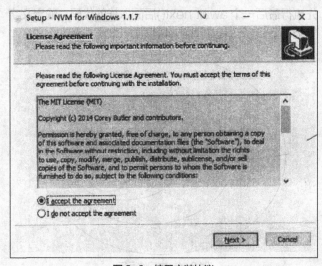

图 9-6　接受安装协议

在图 9-7 界面中选择 nvm 安装路径，单击"Next"。

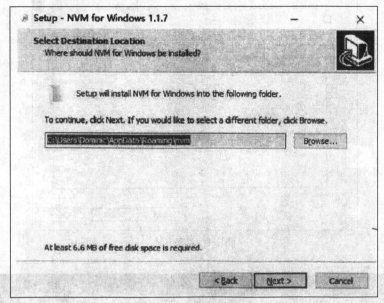

图 9-7　nvm 安装路径

接下来选择 Node.js 路径，如图 9-8 所示。

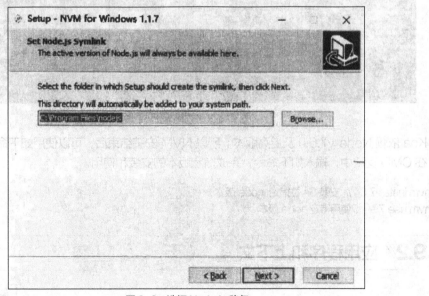

图 9-8　选择 Node.js 路径

最后，确认安装即可，如图 9-9 所示。

安装完成后，打开 CMD 窗口，输入命令 nvm，出现图 9-10 所示的界面，可以看到窗口中列出了各种命令。

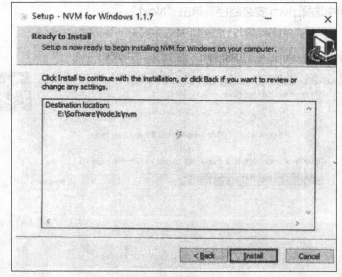

图9-9 准备安装

图9-10 安装成功测试界面

Koa 依赖 Node v7.6.0 及更高版本。所以 NVM 安装结束后，可以使用如下命令安装指定版本。在 CMD 窗口中，输入如下命令，完成指定版本的安装和使用。

```
nvm install 7 64  // 安装64 位指定 node 版本
nvm use 7         //使用特定 node 版本
```

9.2 应用程序和上下文

9.2.1 语法糖

视频 54

语法糖（Syntactic Sugar）是由英国计算机科学家彼得·约翰·兰达（Peter J. Landin）提出的一个术语，指计算机语言中添加的某种语法，这种语法对语言的功能并没有影响，更方便程序员使用。通常来说，使用语法糖能够提高程序的可读性，从而减少程序代码出错的机会。

Koa 没有捆绑任何中间件。Koa 应用程序是一个包含一组中间件函数的对象，它是按照类似堆栈的方式组织和执行的。一个关键的设计点是在其低级中间件层中提供高级"语法糖"，这包括诸如内容协商、缓存清理、代理支持和重定向等常见任务的方法。Koa 依赖 Node v7.6.0 或 ES2015 和更高版本，以及 async() 函数，使用 async() 函数取代回调函数，以提升错误处理的能力。

Koa 2 采用 ES7 中的 async/await+Promise 来处理异步操作。async/await 是专门为异步操作设计的基于 Generator 函数的语法糖，内置了执行器，代码可读性强，而且 ES 支持原生的 async/await。

9.2.2 HTTP 服务

中间件是 Koa 的最大特色，也是最重要的一个设计。因为它处在 HTTP Request 和 HTTP Response 中间，用来实现某种中间功能，所以叫作"中间件"。Koa 大部分的功能都是通过中间件实现的。app.use() 用来加载中间件。

用 Koa 框架可以轻松地构建 HTTP 服务器。Koa 将 Node.js 的 request 和 response 对象都封装到了上下文（Context）中，每次请求都会创建一个 ctx。通过这个对象，就可以控制返回给用户的内容。

【示例 9.5】使用 Koa 实现一个应用程序，实现步骤如下。

koa_app_test.js

```
const Koa = require('koa');
const app = new Koa();
app.use(async ctx => {
  ctx.body = 'Hello Koa!';
});
app.listen(3000);
```

运行显示结果如图 9-11 所示。

图 9-11 运行结果

【代码分析】

先在程序文件夹中局部安装 koa 模块，代码中首先加载 koa 模块，生成对象 app。app 就是一个 Koa 应用。app.use() 将给定的中间件方法添加到应用程序中。ctx.body 用于设置响应数据。app.listen() 用来绑定一个端口服务器作为程序入口。运行后在页面输出字符串"Hello Koa!"。

9.2.3 上下文（Context）

Koa 中上下文（Context）将 Node.js 的 request 和 response 对象封装到单个对象中，为编写 Web 应用程序和 API 提供了许多有用的方法。这些操作在 HTTP 服务器开发中被频繁使用，每个请求都将创建一个 Context，以 ctx 为标识符，并在中间件中作为接收器引用。

Context 具体方法和访问器如下。

（1）ctx.request 为 Koa 的 Request 对象。

（2）ctx.response 为 Koa 的 Response 对象。

（3）ctx.app 为应用程序实例引用。

（4）ctx.state 为推荐的命名空间，用于通过中间件传递信息和前端视图。

（5）ctx.req 为 Node.js 的 request 对象。

（6）ctx.res 为 Node.js 的 response 对象。

绕过 Koa 的 response 处理是不被支持的，程序中应避免使用以下 Node.js 属性。

（1）res.statusCode。

（2）res.writeHead()。

（3）res.write()。

（4）res.end()。

【示例 9.6】上下文 ctx 输出。

```
const Koa = require('koa');
const app = new Koa();
app.use(async ctx => {
    console.log(ctx);   // 这里的 ctx 就是 Context（上下文）
});
app.listen(3000);
```

运行结果如图 9-12 所示。

```
{ request:
   { method: 'GET',
     url: '/favicon.ico',
     header:
      { host: 'localhost:3000',
        connection: 'keep-alive',
        pragma: 'no-cache',
        'cache-control': 'no-cache',
        'user-agent':
         'Mozilla/5.0 (Windows NT 6.1; WOW64) AppleWebKit/537.36 (KHTML, like Gecko) Chrome/78.0.3904.108 Safari/537.36',
        accept: 'image/webp,image/apng,image/*,*/*;q=0.8',
        'sec-fetch-site': 'same-origin',
        'sec-fetch-mode': 'no-cors',
        referer: 'http://localhost:3000/',
        'accept-encoding': 'gzip, deflate, br',
        'accept-language': 'zh-CN,zh;q=0.9',
        cookie:
         '__guid=111872281.2597664266725522400.1594705787227.3035; WM_NI=%2BcpuDWRZ5abXOFklFniE4rYoqeyA%2BRSafASTaiYV8tRvX
response:
   { status: 404,
     message: 'Not Found',
     header: [Object: null prototype] {} },
  app: { subdomainOffset: 2, proxy: false, env: 'development' },
  originalUrl: '/favicon.ico',
  req: '<original node req>',
  res: '<original node res>',
  socket: '<original node socket>' }
```

图 9-12 运行结果

【代码分析】

此时访问 localhost:3000，页面会显示"Not Found"，因为程序并没有返回内容。但是从控制台的运行结果可知，ctx 对象主要包含两个元素：request 和 response，每个元素有不同的属性和值。

9.3 Koa 路由

路由（Route）根据监听客户端发来的 URL 请求地址进行判断，以决定如何响应。收到客户端的请求后，服务需要识别请求的方法（HTTP Method: GET、POST、PUT 等）和请求的具体路径（Path），然后路由根据这些信息执行相应的代码，进行不同的处理。也就是说路由可以处理请求的分发和分发后对应代码的执行。

视频 55

koa-router 是 Koa 的路由中间件，负责处理 URL 映射。创建路由中间件后，可以将请求的 URL 和方法（如 GET、POST、PUT、DELETE 等）匹配到对应的响应程序或页面。

在使用 koa-router 之前，要使用 require() 引入 koa-router，并且将其实例化（支持传递参数），然后使用获取到的路由实例 router 设置一个路径，将"/"匹配到相应逻辑，返回一段 HTML 代码；再分别调用 router.routes() 和 router.allowedMethods() 得到两个中间件，并且调用 app.use() 使用这两个中间件。

可以根据使用场景调用其请求方法，例如 router.get() 和 router.post()。

router.get|put|post|patch|delete|del()

路由请求中的第一个参数，如"/"，会和 URL 模式进行匹配，当与 URL 匹配成功时，router 就会执行对应的中间件来处理请求。

【示例9.7】Koa 路由应用。

```
const Koa = require('koa');
const router = require('koa-router')(); //注意：引入的方式
const app = new Koa();
router.get('/', function(ctx, next) {
    ctx.body = "主页页面";
})
router.get('/news',(ctx,next)=>{
    ctx.body = "新闻页面"
});
app.use(router.routes()); //作用：启动路由
/*
以下是官方文档的推荐用法,可以看到 router.allowedMethods() 被用于路由匹配 router.routes() 之后, 所以在所有路由中间件启动后调用.此时根据 ctx.status 设置 response 响应头
*/
app.use(router.allowedMethods());
app.listen(3000, () => {
    console.log('starting at port 3000');
});
```

在浏览器地址栏中输入：http://localhost:3000/，显示首页如图 9-13 所示。
在浏览器地址栏中输入：http://localhost:3000/news，显示新闻页面如图 9-14 所示。

【代码分析】

在运行程序前，先局部安装 koa 和 koa-router 模块，代码中引入模块。koa 模块用来创建

app，koa-router 模块创建的路由根据不同的 URL 向页面发送不同的消息。

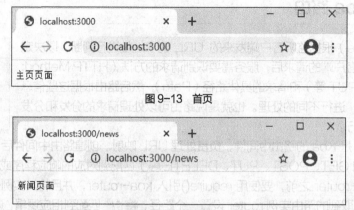

图 9-13　首页

图 9-14　新闻页面

【示例 9.8】Koa 路由 get 传值应用。

```
const Koa = require('koa');
const Router = require('koa-router');
const app = new Koa();
const router = new Router();
router.get('/', function(ctx, next) {
    ctx.body = "Hello koa";
})
router.get('/newscontent', (ctx, next) => {
    let url = ctx.url;
    // 从 request 中获取 get 请求
    let request = ctx.request;
    let req_query = request.query;
    let req_querystring = request.querystring;
    // 从上下文中直接获取
    let ctx_query = ctx.query;
    let ctx_querystring = ctx.querystring;
    ctx.body = {
        url,
        req_query,
        req_querystring,
        ctx_query,
        ctx_querystring
    }
});
app.use(router.routes()); // 作用：启动路由
app.use(router.allowedMethods()); // 作用：请求出错时的处理逻辑
app.listen(3000, () => {
    console.log('starting at port 3000');
});
```

在浏览器地址栏中输入：http://localhost:3000/，显示首页如图 9-15 所示。

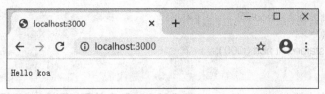

图 9-15 首页

在浏览器地址栏中输入：http://localhost:3000/newscontent，显示新闻内容页面，如图 9-16 所示。

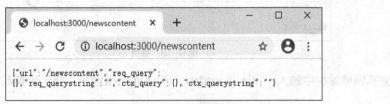

图 9-16 新闻内容页面

在浏览器地址栏中输入：http://localhost:3000/newscontent?a=1，显示带参数的新闻页面，如图 9-17 所示。

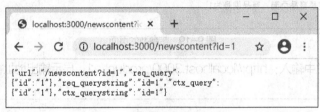

图 9-17 带参数的新闻内容页面

【代码分析】

从运行结果可知，ctx.request.query 返回的是地址栏中的查询字符串，数据类型为对象。ctx.request.querystring 返回的是查询字符串，数据类型为字符串。这两个值也可以通过上下文 ctx 取得。

【示例 9.9】Koa 动态路由。

```
const Koa = require('koa');
const Router = require('koa-router');
const app = new Koa();
const router = new Router();
router.get('/', function(ctx, next) {
    ctx.body = "Hello koa";
})
// 请求方式 http://localhost:3000/product/1
router.get('/product/:gid', async (ctx) => {
    console.log(ctx.params); //{ gid: '123' }
    // 获取动态路由的数据
    ctx.body = '这是商品页面，商品编号为' + ctx.params.gid;
});
app.use(router.routes());
```

```
app.use(router.allowedMethods());
app.listen(3000, () => {
    console.log('starting at port 3000');
});
```

在浏览器地址栏中输入：http://localhost:3000/，显示首页如图9-18所示。

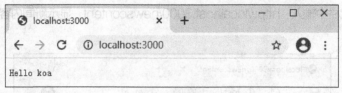

图9-18　首页

在浏览器地址栏中输入：http://localhost:3000/product/1，显示带参数的页面如图 9-19 所示。

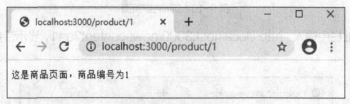

图9-19　带参数的页面

在浏览器地址栏中输入：http://localhost:3000/product/a1，显示输出地址栏参数，如图 9-20 所示。

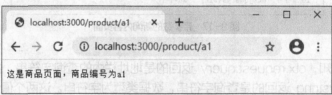

图9-20　输出地址栏参数

【代码分析】

从运行结果可知，地址栏中所带的参数 gid 可以通过 ctx.params 获取，返回的是一个对象，要获取 gid 的值，可以采用 ctx.params.gid。在数据库查询中，经常要根据给定的商品编号查询商品信息，此时可以模仿这种写法来实现。

9.4　静态资源访问

1. 静态资源

静态资源是指不需要程序处理、不需要查数据库直接就能够显示的页面资源，主要包含 HTML、CSS、JS 和 JSON 代码文件，以及图片和 Web 字体文件等，若要更新内容，就要直接修改这些文件，仅管用户多次访问这些资源，资源的源代码也不会改变，所以访问效率相当高。

视频56

动态资源是指需要程序处理或者从数据库中读数据，能够根据不同的条件在页面显示不同的数据，如果要更新内容，则不需要修改页面，用户多次访问这些资源，资源的源代码可能会发生改变，所以访问效率不及静态页面。

在软件开发中，有些请求需要经过后台处理，有些请求不需要经过后台处理（如上面所提到的静态资源文件）。当对资源的响应速度有要求的时候，应该使用动静分离的策略。动静分离将网站静态资源与后台应用分开部署，能够提高用户访问静态代码的速度，减少对后台应用访问的次数。

Node.js 没有 URL 和物理文件——对应的关系。此时，如果 HTML 页面上有一张图片：

```
<img src="0.jpg">
```

该图片的实际 URL 是 http://127.0.0.1/0.jpg。需要通过读取文件的方式加载图片，代码如下。

```
if(req.url=="/0.jpg"){
    fs.readFile("./0.jpg",function(err,data){
    res.end(data);
})
```

此时页面中插入的图片才能被显示。这样操作比较麻烦，Koa 有现成的模块处理静态文件。

2. koa-static 模块

koa-static 封装了网站静态资源的请求，可以用来搭建静态资源服务器，实现复杂路由加载静态资源，省去从本地目录读取文件的很多步骤。

【示例 9.10】koa-static 设置静态文件夹。

```
const static_ = require('koa-static')
app.use(static_(path.join(__dirname, './public')))
```

【代码分析】

以上代码完成了静态服务器的搭建，使 public 目录下的静态文件可以通过路径直接访问。把 public 配置为静态资源目录后，在浏览器访问静态资源的时候，不需要输入 public，比如 public 文件夹下的 images 中的图片 a1.jpg，可以通过 http://localhost:3000/image/a1.jpg 访问。

【示例 9.11】静态资源配置与访问，实现步骤如下。

（1）生成 package.json。进入项目文件夹，按住<Shift>键，打开 CMD 窗口，输入以下命令。

```
npm init 或 npm init -y
```

（2）下载依赖包。

```
npm install koa koa-static -S
```

（3）编写 koa_static_res.js 代码，将 src 文件夹设置为静态资源文件夹。此时，静态资源文件都可以在 src 目录中访问，如图 9-21 所示。

（4）运行测试。

```
nodemon koa_static_res.js
```

（5）查看结果。
在浏览器地址栏输入以下地址。
① http://localhost:3000/cd.jpg：可以查看 src 目录中的静态资源——图片。
② http://localhost:3000/index.html：可以查看 src 目录中的静态资源——html 文件。
③ koa_static_res.js：配置静态资源，启动服务。

```
const Koa = require('koa');
const app = new Koa();
const path = require('path');
const server = require('koa-static');
//设置 src 文件夹为静态资源文件夹
const main = server(path.join(__dirname,'src'));
app.use(main);
app.listen(3000);
```

在浏览器地址栏中输入：http://localhost:3000/cd.jpg，此时访问的是静态资源文件夹 src 中的图片，浏览器地址栏中不用写 src 路径，显示首页如图 9-22 所示。

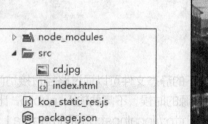

图 9-21　站点文件目录　　　　　　　图 9-22　访问图片静态资源

在浏览器地址栏中输入：http://localhost:3000/index.html，此时访问的是静态资源文件夹 src 中的网页，在浏览器地址栏中不用写 src 路径，显示页面如图 9-23 所示。

【代码分析】

path.join(__dirname,'src') 返回的是 koa_static_res.js 所在的文件夹下的 src 文件夹路径，代码中将该文件夹设置成静态资源文件夹，其中的所有静态资源都可以通过网址访问，在浏览器地址栏中不用写 src 路径，默认进入该文件夹读取静态资源。

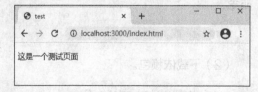

图 9-23　访问网页静态资源

9.5 综合项目实训——商品信息显示

1. 实验需求

利用 Koa 框架构建网站，要求如下。
（1）模拟生成商品数据。
（2）使用后端模板引擎 ejs 构建视图。
（3）将渲染的结果通过前端展现出来。

视频 57

2. 实验步骤

使用 Koa 创建项目与使用 Express 创建项目过程类似。先要全局安装 koa 和 koa-generator，然后使用 Koa 命令生成项目包，进入项目包去安装依赖包，编写程序并运行，具体步骤如下。
（1）全局安装 Koa 和 koa-generator，打开 CMD 窗口，输入如下命令。

```
npm install koa -g
npm install koa-generator -g
```

（2）使用 koa-generator 生成项目，进入准备存放项目包的文件夹，按住<Shift>键，打开 CMD 窗口，输入如下命令生成文件夹 koa-proj。

```
koa -e koa-proj    //-e 代表使用模板引擎 ejs
```

（3）安装依赖包，进入 koa-proj 文件夹，打开 CMD 窗口，或者将 CMD 当前目录切换至 koa-proj 目录，输入如下命令。

```
npm install
```

（4）准备商品数据，见 public/data/product.json 文件。
（5）创建页面模板，使用了 layui 前端 UI 框架，请参阅 https://www.layui.com/。
① views/index.ejs 首页模板文件，显示商品轮播图。
② views/product.ejs 商品模板文件，显示商品图片轮播图，并渲染 JSON 文件中的商品信息，如图 9-24 所示。
（6）启动项目（**npm run start**），在浏览器地址栏输入 http://localhost:3000/，查看项目页面。

3. 程序实现

- public/data/product.json——商品数据

```
{
"data": [
    {
        "product_id": "1",
```

图 9-24　文件目录

```
            "product_name": "Redmi K30",
            "category_id": "1",
            "product_title": "120Hz 流速屏,全速热爱",
            "product_intro": "120Hz 高帧率流速屏／索尼 6400 万前后六摄／6.67'小孔径全面屏／最高可选 8GB+256GB 大存储／高通骁龙 730G 处理器／3D 四曲面玻璃机身／4500mAh+27W 快充／多功能 NFC",
            "product_picture": "./imgs/phone/Redmi-k30.png",
            "product_price": "2000",
            "product_selling_price": "1599",
            "product_num": "10",
            "product_sales": "0"
        },
        {
            "product_id": "2",
            "product_name": "Redmi K30 5G",
            "category_id": "1",
            "product_title": "双模 5G,120Hz 流速屏",
            "product_intro": "双模 5G／三路并发／高通骁龙 765G／7nm 5G 低功耗处理器／120Hz 高帧率流速屏／6.67'小孔径全面屏／索尼 6400 万前后六摄／最高可选 8GB+256GB 大存储／4500mAh+30W 快充／3D 四曲面玻璃机身／多功能 NFC",
            "product_picture": "./imgs/phone/Redmi-k30-5G.png",
            "product_price": "2599",
            "product_selling_price": "2599",
            "product_num": "10",
            "product_sales": "0"
        },
        …… //此处略去一些商品数据
        {
            "product_id": "30",
            "product_name": "小米无线充电宝青春版 10000mAh",
            "category_id": "8",
            "product_title": "能量满满,无线有线都能充",
            "product_intro": "10000mAh 大容量／支持边充边放／有线无线都能充／双向快充",
            "product_picture": "./imgs/accessory/charger-10000mAh.png",
            "product_price": "129",
            "product_selling_price": "129",
            "product_num": "20",
            "product_sales": "8"
        }
    ]
}
```

【代码分析】

JSON 文件中定义了商品数据数组 data,每一个商品都是一个 JSON 对象,描述了商品的编号、名称、分类号、图片、价格等信息。

- index.ejs——首页模板

```
<!DOCTYPE html>
<html lang="zh">
```

```html
<head>
    <meta charset="UTF-8">
    <meta name="viewport" content="width=device-width, initial-scale=1.0">
    <meta http-equiv="X-UA-Compatible" content="ie=edge">
    <title>中慧科技商城</title>
    <link rel="stylesheet" href="./css/layui.css">
    <style>
        .layui-nav{
            overflow: hidden;
        }
        .layui-carousel>[carousel-item] {
            height: 500px;
        }
        .layui-carousel img{
            width: 100%;
        }
        .layui-carousel-arrow {
            top: 85%;
        }
        p{
            clear: both;
            margin-top: 260px;
            text-align: center;
            font-weight: bold;
            font-size: 40px;
        }
    </style>
</head>
<body>
    <!-- 导航栏 -->
    <ul class="layui-nav" lay-filter="">
    <li class="layui-nav-item layui-this"><a href="#/">首页</a></li>
    <li class="layui-nav-item"><a href="/product">全部商品</a></li>
    <li class="layui-nav-item"><a href="">购物车</a></li>
    <li class="layui-nav-item"><a href="">关于我们</a></li>
    </ul>
    <!-- 轮播图 -->
    <div class="layui-carousel" id="test1">
    <div carousel-item>
    <% for(var i=1;i<=4;i++) {%>
        <div><img src="./imgs/banner/cms_<%= i %>.jpg"></div>
    <% } %>
    </div>
    </div>
    <p>下面这部分内容可以自行完善……</p>
    <script src="/js/layui.js"></script>
    <script>
    // 注意：导航依赖 element 模块，否则无法进行功能性操作
```

```
            layui.use('element', function(){
                var element = layui.element;
                    // 轮播设置
                layui.use('carousel', function(){
                    var carousel = layui.carousel;
                    //建造实例
                    carousel.render({
                        elem: '#test1'
                        ,width: '100%' //设置容器宽度
                        ,arrow: 'always' //始终显示箭头
                        //,anim: 'updown' //切换动画方式
                    });
                });
            });
        </script>
    </body>
</html>
```

【代码分析】

首页主要显示轮播图图片。因为在 app.js 文件中已设置 public 文件夹为静态资源文件夹（app.use(require('koa-static')(__dirname + '/public')))，所以在首页中可直接调用 public 文件夹下的 imgs/banner 文件夹下的 4 张图片进行轮播。

- prouduct.ejs——商品页面模板

```
<!DOCTYPE html>
<html lang="zh">
<head>
    <meta charset="UTF-8">
    <meta name="viewport" content="width=device-width, initial-scale=1.0">
    <meta http-equiv="X-UA-Compatible" content="ie=edge">
    <title></title>
    <link rel="stylesheet" href="./css/layui.css">
    <style>
        .layui-nav{
            overflow: hidden;
        }
        .layui-carousel>[carousel-item] {
            height: 500px;
        }
        .layui-carousel img{
            width: 100%;
        }
        .layui-carousel-arrow {
            top: 85%;
        }
        .products{
            clear: both;
            margin-top: 250px;
```

```html
            }
            .item{
                text-align: center;
            }
        </style>
    </head>
    <body>
        <!-- 导航栏 -->
        <ul class="layui-nav" lay-filter="">
            <li class="layui-nav-item"><a href="/">首页</a></li>
            <li class="layui-nav-item layui-this"><a href="/product">全部商品</a></li>
            <li class="layui-nav-item"><a href="">购物车</a></li>
            <li class="layui-nav-item"><a href="">关于我们</a></li>
        </ul>
        <!-- 轮播图 -->
        <div class="layui-carousel" id="test1">
            <div carousel-item>
                <% for(var i=1;i<=4;i++) {%>
                <div><img src="./imgs/banner/cms_<%=i%>.jpg"></div>
                <% } %>
            </div>
        </div>
        <!-- 商品列表 -->
        <div class="products">
            <ul class="layui-row layui-col-space10">
                <% for(var i in data){ %>
                    <li class="layui-col-md3 item">
                        <img src="<%= data[i].product_picture %>" alt="商品">
                        <div class="title"><%= data[i].product_name %></div>
                        <div class="price">
                            原价:<s style="color:gray;"><%= data[i].product_price %></s>元  
                            销售价:<span style="color:red;"><%= data[i].product_selling_price %></span>元
                        </div>
                    </li>
                <% } %>
            </ul>
        </div>
        <script src="/js/layui.js"></script>
        <script>
            // 注意:导航依赖 element 模块,否则无法进行功能性操作
            layui.use('element', function(){
                var element = layui.element;
            });
            // 轮播设置
            layui.use('carousel', function(){
```

```
            var carousel = layui.carousel;
            //建造实例
            carousel.render({
                elem: '#test1',
                width: '100%', //设置容器宽度
                arrow: 'always' //始终显示箭头
            });
        });
    </script>
</body>
</html>
```

【代码分析】

商品页面使用无序列表将路由文件中传过来的商品 JSON 数据在给定的模板中显示出来。

- index.js——路由文件

```
var router = require('koa-router')();
var { readFileSync } = require('fs');
var { join } = require('path');
router.get('/', function *(next) {
  yield this.render('index', {
    title: 'Hello World Koa!'
  });
});
router.get('/product', function *(next) {
let products = JSON.parse(readFileSync(join(__dirname,'../public/data/product.json')));
// 渲染 product.ejs 模板，并将数据传向该模板
  yield this.render('product', {
    data: products.data
  });
});
module.exports = router;
```

【代码分析】

代码第一行的 koa-router 模板必须在项目文件夹中局部安装，根据不同的路径调用不同的模板。var { readFileSync } = require('fs')是 ES6 解构语法，将 fs 模块中的 readFileSync()方法单独提取出来，在下面的代码中直接使用 readFileSync 代替传统的 fs.readFileSync()。打开 http://localhost/product 页面读取商品数据 JSON 文件，并将数据发送到 product.ejs 模板，渲染出页面。

4. 运行结果

（1）首页

在浏览器地址栏中输入 http://localhost:3000/，渲染出项目首页，显示轮播图，运行结果如图 9-25 所示。

（2）商品页面

在浏览器地址栏中输入 http://localhost:3000/product，渲染出商品页面，轮播图下方显示商

品列表，运行结果如图 9-26 所示。

图 9-25 数据查询 1

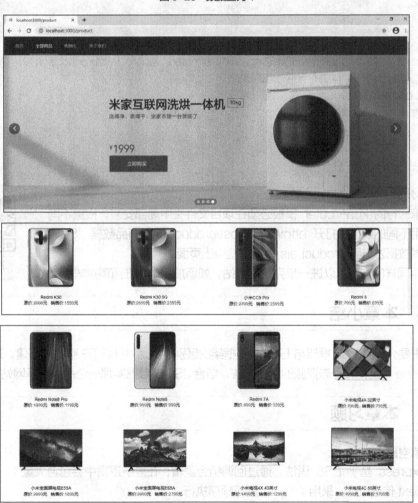

图 9-26 数据查询 2

5. 实验拓展

（1）使用 Koa 2 运行上述项目，注意要做如下修改。

① 全局安装 Koa 2 并使用 Koa 2 生成项目包，其他步骤相同。

```
npm install koa@2 -g
koa2 -e koa-proj
```

② 将项目路由文件 index.js 代码修改为如下内容。

```
const router = require('koa-router')()
var { readFileSync } = require('fs');
var { join } = require('path');
router.get('/', async (ctx, next) =>{
  await ctx.render('index', {
    title: 'Hello World Koa!'
  });
});
router.get('/product', async (ctx, next) => {
let products = JSON.parse(readFileSync(join(__dirname,'../public/data/product.json')));
// 渲染 product.ejs 模板，并将数据传向该模板
  await ctx.render('product', {
    data: products.data
  });
});
module.exports = router
```

【代码分析】

代码第一行的 koa-router 模板必须在项目文件夹中局部安装，根据不同的路径调用不同的模板。打开 http://localhost/product 读取商品数据 JSON 文件，并将数据发送到 product.ejs 模板，渲染出页面。

（2）用同样的方法可以进一步完善该网站，如添加登录/注册和购物车等。

视频 58

9.6 本章小结

本章主要介绍了 Koa 框架与 Express 框架的区别、Koa 中 HTTP 服务的搭建，通过实例详细介绍了 Koa 中路由和静态资源的配置方法，结合 JSON 数据实现一个商品展示网站。

9.7 本章习题

一、填空题

1. Express 基于 ES5 语法，通过回调组合逻辑，在复杂逻辑中会包含大量（　　）。Koa 支持 Context 传递数据，采用（　　）进行顺序执行。
2. Koa 最主要的应用是实现 HTTP 的处理，有 4 个核心概念（　　）。
3. 使用 Express 和 Koa 框架进行初始化的语句分别是（　　）和（　　）。

4. Koa 2 完全使用 Promise 并配合 async()函数来实现异步。每个 async()函数称为（   ）。

5. （   ）是专门为异步操作设计的基于 Generator 函数的语法糖，内置了执行器，代码可读性强，而且 ES 支持原生的 async/await。

二、单选题

1. （   ）是 Koa 的路由中间件，负责处理 URL 映射。
   A. koa-router   B. koa-static   C. koa-bodyparser   D. koa-ejs
2. （   ）可以用来搭建静态资源服务器，实现复杂路由加载静态资源。
   A. koa-router   B. koa-static   C. koa-bodyparser   D. koa-ejs
3. 在 Context 中，（   ）为 Koa 的 Request 对象。
   A. ctx.request   B. ctx.response   C. ctx.req   D. ctx.res
4. 下列哪个语句用来启动路由（   ）。
   A. app.use()   B. app.use(router.router())
   C. app.listen(3000)   D. app.use(router.routes());
5. 在 Koa 框架中，http://localhost:3000/newscontent?a=1 中参数 a 的值可以使用哪个语句获得（   ）。
   A. ctx.request.query
   B. ctx.request.querystring
   C. ctx.request.query.a
   D. ctx.request.querystring.a

三、简答题

1. 请简述 Express 框架和 Koa 框架的区别。
2. 请简述静态资源与动态资源的区别。
3. 请简述使用 Koa 框架创建项目的主要步骤。

第 10 章
项目优化及线上部署

> ▶ 内容导学

本章主要学习 Node.js 项目如何优化打包,以及如何进行线上部署。通过本章的学习,读者将掌握示例项目的打包与线上部署的流程与方法。

> ▶ 学习目标

① 掌握项目性能优化需要考虑的方面。
② 掌握 Webpack 的安装及使用 Webpack 打包项目。
③ 掌握服务器、域名的购买与配置过程。
④ 掌握 Node.js 项目部署到服务器的方法。

10.1 性能优化

10.1.1 使用 CDN

CDN 即内容分发网络。CDN 的基本原理是广泛采用各种缓存服务器,将这些缓存服务器分布到用户访问相对集中的地区或网络中,在用户访问网站时,利用全局负载技术将用户的访问指向距离最近的工作正常的缓存服务器上,由缓存服务器直接响应应用户请求。

CDN 的适用场景:解决因分布、带宽、服务器性能带来的访问延迟问题,适用于网站站点/应用加速、点播、直播、视频/音频点播、大文件下载分发加速、移动应用加速等场景。目前国内比较好的 CDN 厂商包括网宿科技、阿里云、腾讯云、帝联科技、蓝汛云等。

如果选择云服务器部署网站,大部分云服务器都提供 CDN 优化服务,直接设置 CDN 优化即可。

10.1.2 减少 HTTP 请求数

减少 HTTP 请求数是前端开发优化性能的一个非常重要的方面,所以在所有的优化原则中都有这样一条原则:减少 HTTP 请求数。为什么减少 HTTP 请求数可以优化性能呢?减少 HTTP 请求数有以下几个优点。

1. 减少 DNS 请求所耗费的时间

减少 HTTP 请求数可以减少 DNS 请求和解析耗费的时间。第一次请求的 URL 的 DNS 解析过程耗费的时间是很长的,但是解析一次后,结果就会被缓存起来,之后再请求 URL 时就不需要复杂的解析过程了。

2. 减少服务器压力

每个 HTTP 请求都会耗费服务器资源，特别是一些需要计算、合并等操作的服务器。过多的 HTTP 请求数对于服务器来说是很危险的，因此，如果服务器性能不是很高，就要把这一条考虑放在首位，其他的优化策略都只是优化，这里涉及服务器本身，首要保证服务器能正常运转。

3. 减少 HTTP 请求头

当对服务器发起一个请求时，HTTP 头部信息附带域名下的 cookie 和一些其他信息，服务器响应时也会附带一些 cookie 信息，有时信息占用空间会很大，请求和响应的时候会影响带宽性能。例如，打开 taobao.com 首页，输出 document.cookie，会发现淘宝网的 cookie 是如此庞大，甚至比小型网页都大，每次请求淘宝服务器都会往返这些数据，还有一些其他的头部信息，占用的空间和消耗都比较大。

如果使用 CDN，就都无须考虑这些问题，因为 CDN 和淘宝主站不在一个域名下，cookie 不会互相污染，而 CDN 的域名下基本是没有 cookie 和头部信息的，所以每次请求静态资源时不会带着主站的 cookie 信息进行传输，而只传输资源的主题内容，这样减少了对于服务器性能的影响。但是，如果静态资源服务器和主服务器在一个域名下，需要控制好 cookie 和其他头部信息的大小，因为它们会被多次传输。

10.1.3 优化图片

在搜索引擎算法不断进步、算法不断升级变化的情况下，为了提高网站的搜索排名，对图片进行优化也是一个常见的操作。图片优化并不只是将一张图片设置关键词然后插入网页中，而是需要开发者从挑选图片到设置图片属性进行一系列处理。下面介绍图片优化的步骤。

1. 挑选图片

图片有很多不同的格式，如 JPG、PNG、GIF 等，那么在优化的过程中应该选择哪一种格式最有利呢？首先要清楚搜索引擎喜欢什么样的图片，可以确定的是搜索引擎不喜欢 8 位的图片，不喜欢体积大的图片，喜欢高质量同时加载速度又快的图片，所以选择合适的图片格式很重要。颜色数多的图片可以使用 JPG 格式，颜色少的图片可以使用 PNG 格式。

2. 截取图片

如果一个图片很大，尽量截取其中有效的部分，图片的有效部分就是传递给用户信息的那一部分，要避免网页中的图片有多余的空白或者没有意义的部分，否则将无端地增加搜索引擎的加载时间，可以参考百度的 logo，将图片做成高质量、体积小的图片，更利于图片的推广和优化。

3. 图片本地化

如果网站中存在大量链接其他网站的图片，对于 SEO（搜索引擎优化）是没有任何效果的。尽量将图片存储在本地服务器上，避免因为空间的问题而失去流量。

4. 图片定义关键词

图片名称的重要性无异于给文章添加名称，如果缺少这一步，图片也不会有多大的意义。为图片设置的关键词要和图片的名称相关,搜索引擎不会意识到图片所描述的内容,但是会根据图片名称和关键词来决定这两者之间的相关度。

5. 设置 alt 属性

如果图片显示失败,就会显示 alt 属性的值,一般为简短的说明文字,这样有利于提升用户的体验。

6. 图片懒加载

实现图片的懒加载后,就不会因为图片过多而影响整个页面的加载速度了。

10.1.4 将外部脚本置底

外链脚本在加载时会阻塞其他资源,例如外链在脚本加载完成之前,其后面的图片、样式以及其他脚本都处于阻塞状态,直到外链脚本加载完成后才开始加载其他脚本。如果将外链脚本放在比较靠前的位置,则会影响整个页面的加载速度,从而影响用户体验,最简单、可依赖的方法就是将外链脚本尽可能地往后移,以降低对并发下载的影响。

10.1.5 使用 Webpack 压缩打包

Webpack 本质上是一个 JavaScript 应用程序的静态模块打包器。Webpack 的作用是将各种存在依赖关系的模块打包成静态可用资源。当使用 Webpack 处理应用程序时,会递归地构建一个依赖关系图,其中包含应用程序所需的所有模块,然后将所有模块打包成一个或多个 bundle 文件。

Webpack 官网上对 Webpack 的描述如图 10-1 所示:

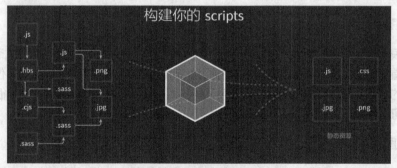

图 10-1 Webpack 描述

1. 安装 Webpack

(1)全局安装

打开 CMD 窗口,输入如下指令。

```
npm install -g webpack
```

> **说明** 如果使用的是 Webpack 4+ 版本,那么还需要安装 CLI(命令行界面)。

打开 CMD 窗口，输入如下指令。

```
npm install -g webpack-cli
```

（2）局部安装

打开需要使用 Webpack 打包的项目，进入命令行界面，使用 npm 的 install 指令安装 Webpack，具体指令代码如下。

```
npm install webpack
```

> **说明** 如果使用的是 Webpack 4+ 版本，那么还需要安装 CLI。

打开 CMD 窗口，输入如下指令。

```
npm install -g webpack-cli
```

（3）指定版本安装

目前 Webpack 4+版本尚未稳定，如果是运行线上的项目，建议安装 Webpack 3.x 版本。例如，npm install webpack@3.11.0

2. 查看 Webpack 版本信息

安装完成后，需要查看 Webpack 是否安装成功及安装版本，可以使用如下命令：

```
webpack -v
```

或者下面的指令。

```
npm info webpack
```

如果指令执行后，出现图 10-2 所示界面，则表示安装成功。

```
J:\2020-2021 (1) \Node.js\第十章示例代码>npm info webpack

webpack@5.19.0 | MIT | deps: 24 | versions: 702
Packs CommonJs/AMD modules for the browser. Allows to split your codebase into multiple bundles, which can be loaded on
demand. Support loaders to preprocess files, i.e. json, jsx, es7, css, less, ... and your custom stuff.
https://github.com/webpack/webpack

bin: webpack

dist
.tarball: https://registry.npm.taobao.org/webpack/download/webpack-5.19.0.tgz
.shasum: 1a5fee84dd63557e68336b0774ac4a1c81aa2c73

dependencies:
@types/eslint-scope:         ^3.7.0    enhanced-resolve:          ^5.7.0    mime-types:              ^2.1.27
@types/estree:               ^0.0.46   es-module-lexer:           ^0.3.26   neo-async:               ^2.6.2
@webassemblyjs/ast: 1.11.0             eslint-scope:              ^5.1.1    pkg-dir:                 ^5.0.0
@webassemblyjs/wasm-edit: 1.11.0       events:                    ^3.2.0    schema-utils:            ^3.0.0
@webassemblyjs/wasm-parser: 1.11.0     glob-to-regexp:            ^0.4.1    tapable:                 ^2.1.1
acorn:                       ^8.0.4    graceful-fs:               ^4.2.4    terser-webpack-plugin:   ^5.1.1
browserslist:                ^4.14.5   json-parse-better-errors:  ^1.0.2    watchpack:               ^2.0.0
chrome-trace-event:          ^1.0.2    loader-runner:             ^4.2.0    webpack-sources:         ^2.1.1

maintainers:
- jhnns <mail@johannesewald.de>
- sokra <tobias.koppers@googlemail.com>
```

图 10-2　查看 Webpack 版本信息

3. 使用 Webpack 打包

webpack-cli 安装成功后,就可以使用 Webpack 进行打包了。下面通过一个简单的案例演示如何使用 Webpack 进行打包。

首先在项目中创建一个 module.js 文件,具体代码如下。

```
module.exports={
    sayHello:function(){
        console.log("hello world!");
    }
}
```

然后在项目中创建一个 main.js 文件,其中引用了 module.js 文件,具体代码如下。

```
var mymodule=require("./module.js")
mymodule.sayHello();
```

此时在 Node 环境下运行 main.js 即可输出"hello world",如图 10-3 所示。

```
J:\2020-2021 (1) \Node.js\第十章示例代码>node main.js
hello world!
```

图 10-3　main.js 执行结果

在浏览器环境下,因为浏览器无法知道各模块的引用关系,所以需要 Webpack 打包成浏览器能够识别的方式。

在项目目录下创建一个 webpack.config.js 文件,具体代码如下。

```
const path = require("path");
module.exports={
    entry:__dirname+"/main.js",
    output:{
        path:__dirname+"/public",
        filename:"bundle.js"
    }
}
```

使用 Webpack 指令对项目进行打包,具体指令执行情况如图 10-4 所示。

```
J:\2020-2021 (1) \Node.js\第十章示例代码>webpack
asset bundle.js 215 bytes [emitted] [minimized] (name: main)
./main.js 57 bytes
./module.js 94 bytes

    in configuration
The 'mode' option has not been set, webpack will fallback to 'production' for this value. Set 'mode' option to 'developm
ent' or 'production' to enable defaults for each environment.
You can also set it to 'none' to disable any default behavior. Learn more: https://webpack.js.org/configuration/mode/

webpack 5.19.0 compiled with            in 463 ms
```

图 10-4　使用 Webpack 打包

打包完成后,在项目中会自动创建一个 public 文件夹,在该文件夹下会生成 bundle.js 文件。这个文件即使用 Webpack 打包后的文件，在浏览器中执行该文件即可在控制台输出"hello world"。

10.2 服务器部署和发布

在 Node.js 项目功能全部实现后，就可以部署到远程服务器端，最终目的是能确保 Node.js 成功在云主机上运行，并能通过 IP 地址或域名访问，具体流程如下。
（1）购买服务器。
（2）购买域名。
（3）安装系统。
（4）设置项目环境。

10.2.1 购买服务器

目前有很多服务器提供商，可以根据项目需求和性价比购买合适的服务器。个人购买服务器时除了操作系统需要根据项目要求选择外，其他一般按默认选择即可。操作系统可以选择基于 Linux 的 CentOS 系统或者 Ubuntu（Linux）系统，但 CentOS 更新速度更快，在安装软件时候比 Ubuntu 更加便捷。

阿里云提供一款针对学生的云服务器，可以搜索"阿里云开发者社区"找到对应的网址打开页面，如图 10-5 所示。

下面介绍一款免费的云服务器（三丰云），可以搜索"三丰云免费云服务器"，打开对应的页面，如图 10-6 所示。

图 10-5 阿里云服务

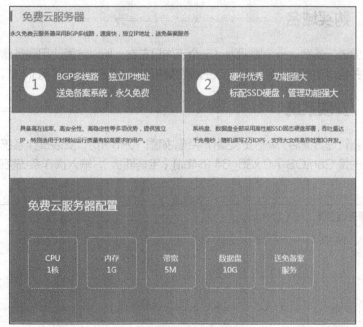

图 10-6 三丰云主页

本书因为后期部署系统需要，采用了收费模式，免费模式和收费模式的操作基本一致。注册完成后，在控制台界面选择云服务器，即可进入云服务器管理界面，如图10-7所示。

图10-7 云服务器管理界面

申请云服务器的注意事项如下。
（1）需要实名认证。
（2）需要充值1元。
（3）关注微信公众号（管理云服务器状态）。
（4）因为是免费的，需要定期申请延期。

10.2.2 购买域名

因为域名需要进行备案，一个周期为15个工作日左右，所以这里使用服务器提供的IP部署项目。购买域名并且成功备案以后，就可以把域名解析到国内任意的服务器IP了。

10.2.3 安装系统

进入云服务器管理界面后，单击安装操作系统，如图10-8所示。安装操作系统界面如图10-9所示。默认选择的是CentOS 7.0 x86_64 (64bit)（宝塔面板），输入操作系统密码和验证码后进行全新安装。

图10-8 云服务器管理

第 10 章
项目优化及线上部署

图 10-9 安装操作系统界面

每人申请的云服务器都有一个唯一的 IP 地址，这是云服务器的优点。

10.2.4 设置项目环境

操作系统安装完毕，在浏览器地址栏中输入自己的 IP：http://8888，可以访问宝塔面板管理系统的软件。首先进入初始化宝塔面板页面，设置用户名和密码（用户名默认是一个随机名称，最好改成比较方便记忆的用户名），如图 10-10 所示。

图 10-10 初始化宝塔面板

成功设置用户名和密码后，登录进入宝塔面板首页，如图 10-11 所示。
宝塔面板简介如下。

1. 全面的操作

宝塔面板是一款服务器管理软件，支持 Windows 和 Linux 系统，可以通过 Web 端轻松管理服务器，从而提升运维效率。例如，宝塔界面能够创建管理网站、FTP、数据库，拥有可视化文件管理器，可视化软件管理器，可视化 CPU、内存、流量监控图表，计划任务等功能。

287

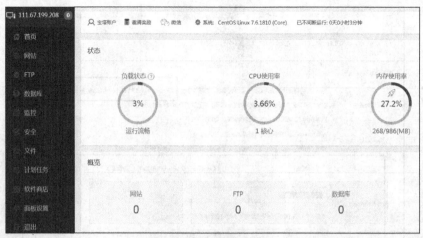

图 10-11 宝塔面板首页

2. 丰富的功能

宝塔面板拥有极其方便的一键配置与管理，可一键配置服务器环境（LAMP/LNMP/Tomcat/Node.js），一键部署 SSL，异地备份；提供 SSH 开启/关闭服务、SSH 端口更改、禁 Ping、防火墙端口放行及操作日志查看；CPU、内存、磁盘 I/O、网络 I/O 数据监测，可设置记录保存天数及随意查看某天的数据；计划任务可按周期添加执行，支持 Shell 脚本，提供网站、数据库备份及日志切割，且支持一键备份到"又拍云"存储空间，或者其他云存储空间；通过 Web 界面就可以轻松管理安装所用的服务器软件，还拥有实用的扩展插件；集成方便高效的文件管理器，支持上传、下载、打包、解压及文件编辑和查看等操作。

3. 宝塔特色

为了方便用户建立网站，宝塔面板有一键部署源码插件，可一键部署 Discuz、Wordpress、Ecshop、Thinkphp、Z-blog 和 Dedecms 等程序，以及极其方便的一键迁移，两台服务器安装宝塔 Linux 面板 5.2 版本，可实现一键迁移服务器网站、FTP、数据库。

根据项目实际需要选择安装软件。本次所需环境是：node.js+MongoDB，使用 PM2 工具管理 node.js 环境，因此本次安装软件为：PM2 管理器+MongoDB。

（1）单击宝塔面板的"应用商店"，搜索所需软件，然后依次安装即可，如图 10-12 和图 10-13 所示。

图 10-12 安装 PM2 管理器

图 10-13　安装 MongoDB

（2）单击"安装"按钮即可开始安装，在消息盒子中可以看到具体的安装过程，如图 10-14 所示。需要注意的是，如果安装完 MongoDB 后，数据库无法启动，可以在 SSH 终端使用如下命令安装 sudo。

yum –y install sudo

安装成功后，就可以正常启动 MongoDB 了。

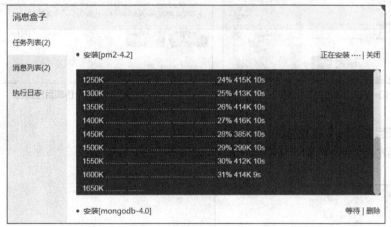

图 10-14　消息盒子查看安装过程

（3）安装完成后，在宝塔面板进入文件目录，如图 10-15 所示。

图 10-15　文件目录

不同的文件目录存储的文件内容不同，具体见表 10-1。

表 10-1　　　　　　　　　　　　　文件目录介绍

文件夹	备注
backup	备份目录
server	安装软件的目录 /pm2、mongodb、apache nginx
wwwlogs	网站日志
wwwroot	自己的网站程序放在此目录下

（4）在 wwwroot 文件夹下新建一个空目录存储自己的新项目，如果后期需要添加新的项目，重复此操作即可，如图 10-16 所示。

（5）上传文件。主要注意上传程序压缩包时，格式必须是 zip 才能解压缩，因为 Linux 系统只支持解压缩 zip 格式的压缩文件，如图 10-17 所示。

图 10-16　新建项目文件夹

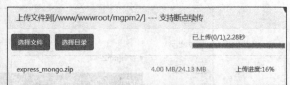

图 10-17　上传项目压缩包

（6）将项目文件解压到本目录下，如图 10-18 所示。
（7）然后选择 PM2 管理器并进行设置，如图 10-19 所示。

图 10-18　解压缩文件

图 10-19　设置 PM2 管理器

（8）启动项目并添加项目信息，如图 10-20 所示。
（9）单击"映射"按钮设置 IP 或域名监听端口，然后就可以在浏览器中访问自己的项目了，如图 10-21 所示。

第 10 章
项目优化及线上部署

图 10-20　启动项目

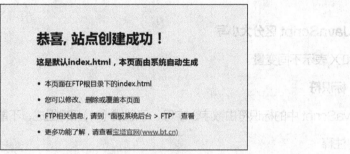

图 10-21　网站发布成功页面

10.3　本章习题

一、填空题

1. 实现图片的（　　），就不会因为图片而影响页面加载速度。
2. 把 CSS 文件放在页面（　　），JS 文件放在（　　），这样可提高页面的性能。
3. 在挑选图片时，应选择合适的图片格式，如果颜色数多，用（　　），如果颜色数少，用（　　）。

二、单选题

1. 利用 Webpack 可以从很多方面优化前端的性能，下面说法哪个是错误的（　　）。
   A. 压缩代码　　　　　　　　　　　　B. CDN 加速
   C. 没有删除死代码　　　　　　　　　D. 提取公共代码
2. 下列关于 Webpack 的说法错误的一项是（　　）。
   A. entry 是相对路径，./不能去掉　　　B. output 输出文件的位置
   C. path 可以是相对路径，也可以是绝对路径　　D. path 必须是绝对路径
3. 下列说法中错误的是（　　）。
   A. JavaScript 驱动整个前端的业务，JS 文件作为打包的入口
   B. Webpack 可以用来编译转换代码
   C. Loader 可以加载任意类型的资源
   D. use 配置多个 loader 的执行顺序是从后向前

三、简答题

1. 请简述网站性能优化的方法。
2. 请简述使用 Webpack 进行打包的步骤。
3. 请简述将网站发布上线的步骤。

附录 JavaScript知识点摘要

1. JavaScript 区分大小写

x 和 X 表示不同变量。

2. 标识符

JavaScript 中的标识符由数字、字母、下划线（_）和$组成，不能以数字开头。

3. 注释

JavaScript 注释有两种：多行注释和单行注释。
单行注释：//注释内容
多行注释：/*注释内容*/

4. 关键字

关键字就是系统已经定义好了的标识符，不能使用关键字作为标识符。

保留字就是目前还没有成为关键字，但是有可能在下一个版本成为关键字的一些标识符，也不能使用保留字作为标识符。

5. 变量

JavaScript 是一门弱类型语言。JavaScript 中声明任何数据类型都用 var。

6. 数据类型（5种）

（1）number：数字类型。

包含整数和实数，NaN（Not a number）表示不是一个数。如果任何一个数与 NaN 进行操作，返回的会是 NaN。NaN 与任何值都不相等，包括它本身。

（2）string：字符串类型。

字符串数据类型和任意数据类型相加，最终都是字符串数据类型。

（3）boolean：布尔类型。

布尔类型的值只有两个：true 和 false。这两个值区分大小写。

（4）undefined：定义了一个变量但是未被赋值。

（5）null：表示一个空对象。

7. 数值转换

（1）Number()：将一个非数值转换为数值。

① 如果是一个布尔值，要么被转换为1，要么被转换为0。
② 如果是 null 值，会被转换为0。
③ 如果是 undefined，会被转换为 NaN。
④ 如果字符串只包含数字，那么只会被转换为十进制。
⑤ 如果字符串为空，将会被转换为0。
⑥ 如果字符串有字母，那么将会被转换为 NaN。
⑦ 如果字符串是八进制，那么会忽略前面的0，若是16进制会转换为相应的十进制数。
（2）parseInt()：将一个值转换为整数。
观察函数是否有数字，如果有数字，将会被转换为数字；如果字符串为空，将会被转换为 NaN。
事实上，parseInt()函数提供了第二个参数，指定转换进制。
（3）parseFloat()：将一个值转换为浮点数。
该函数只能解析十进制，没有第二个参数，它会将带有小数点的字符串转换为小数。

8. 运算符

（1）一元运算符
自增和自减就是典型的一元运算符。
a++（a--）和++a（--a）的区别如下。
① a++：先进行运算，然后再自增1。
② ++a：先自增1，然后再进行运算。
在 JavaScript 中，自增、自减不仅仅局限于数值，其他类型也可以。
（2）布尔运算符
非：非真即假，非假即真，相当于一个取反的过程。
与：两个条件都要满足。如果第一个操作数为假，就不会再对第二个操作数进行判断。与操作符不一定返回的是真或者假，而是返回第二个操作数。
① 如果第一个操作数是 null，则返回 null。
② 如果第一个操作数是 NaN，则返回 NaN。
③ 如果第一个操作数是 undefined，则返回 undefined。
或：如果第一个操作数为真，就不会再对第二个操作数进行判断。如果两个操作数都为真，则返回第一个操作数。
① 如果两个操作数都是 null，则返回 null。
② 如果两个操作数都是 NaN，则返回 NaN。
③ 如果两个操作数都是 undefined，则返回 undefined。
（3）乘性运算符
乘法、除法、取模（取一个数的余数，用%表示）。
（4）加性运算符
加法、减法。
（5）关系运算符
大于、小于、大于等于、小于等于。
（6）相等运算符
① ==和!=。
- null 和 undefined 是相等的。

- 如果有一个操作数是 NaN，那么返回 false，另外 NaN 也不等于其本身。
- 如果是数字的字符串和数字进行比较，会先将字符串转换为数字。
- 布尔值中 true 转为 1，false 转为 0。

② ===和!==。
如果数值和数据类型都相等，则结果为 true；否则为 false。

（7）条件运算符
条件运算符又被称为三元运算符或者三目运算符。
语法： 变量 = 表达式1？表达式2:表达式3

（8）赋值运算符
=：代表赋值；*=、/=、+=、-=、%=。

（9）逗号运算符
使用逗号运算符可以在一条语句中执行多个操作。

9. 语句

（1）if 语句
① if 语句：只有当指定条件为 true 时，才使用该语句来执行代码。
② if...else 语句：当条件为 true 时执行代码，当条件为 false 时执行其他代码。
③ if...else if....else 语句：使用该语句选择多个代码块之一来执行。
④ switch 语句：使用该语句选择多个代码块之一来执行。

（2）循环语句
① for 循环。

```
for(语句 1; 语句 2; 语句 3)
{
被执行的代码块
}
```

- 语句 1（代码块）开始前执行。
- 语句 2 定义运行循环（代码块）的条件。
- 语句 3 在循环（代码块）已被执行之后执行。

② while 循环：先判断，再执行。

```
while (条件)
{
需要执行的代码
}
```

③ do-while 循环：不管条件是否成立，先执行一次，然后再进行判断。

```
do
{
需要执行的代码
}
while (条件);
```

④ for-in 语句：遍历对象中所有的属性和方法。

```
var person={fname:"Bill",lname:"Gates",age:56};

for (x in person)   // x 为属性名
{
    txt=txt + person[x];
}
```

⑤ switch 语句:也是一个多分支语句，一般和 case 进行搭配使用。

```
switch(n)
{
    case 1:
执行代码块 1
        break;
    case 2:
执行代码块 2
        break;
    default:
与 case 1 和 case 2 不同时执行的代码
}
```

虽然 JavaScript 的 switch 语句借鉴自 C 语言，但是它也有自身的特色，如下。
- switch 语句可以使用任何数据类型。
- 每一个 case 的值不一定是常量，表达式也可以。

10. 函数表达式

JavaScript 函数可以通过一个表达式定义，函数表达式可以存储在变量中，实际上是一个匿名函数（函数没有名称）。函数存储在变量中，不需要函数名称，通常通过变量名来调用。

```
var x = function (a, b) {return a + b};
var z = x(14, 30);
```

11. 箭头函数

ES6 新增了箭头函数。箭头函数表达式的语法比普通函数表达式更简洁。箭头函数需要在使用之前定义。

```
(参数1, 参数2, …, 参数N) => { 函数声明 }
(参数1, 参数2, …, 参数N) => 表达式(单一)
// 相当于: (参数1, 参数2, …, 参数N) =>{ return 表达式; }
```

当只有一个参数时，圆括号是可选的。

```
(单一参数) => {函数声明}
单一参数 => {函数声明}
```

没有参数的函数应该写成一对圆括号。

```
() => {函数声明}
```

```
// ES5
var x = function(x, y) { return x * y; }
```

```
// ES6
const x = (x, y) => x * y;
```

使用 const 比使用 var 更安全,因为函数表达式始终是一个常量。

如果函数部分只是一个语句,则可以省略 return 关键字和 "{}"。

```
const x = (x, y) => { return x * y };
```

12. let 和 const

ES2015(ES6)新增了两个重要的 JavaScript 关键字:**let** 和 **const**。

let 声明的变量只在 let 命令所在的代码块内有效。const 声明一个只读的常量,一旦声明,常量的值就不能改变。

在 ES6 之前,JavaScript 只有两种作用域:全局变量与函数内的局部变量。

(1)全局变量

在函数外声明的变量作用域是全局的。

```
var carName = "Volvo";
// 这里可以使用 carName 变量
function myFunction() {
// 这里也可以使用 carName 变量
}
```

全局变量在 JavaScript 程序的任何地方都可以访问。

(2)局部变量

在函数内声明的变量作用域是局部的(函数内)。

```
// 这里不能使用 carName 变量
function myFunction() {
var carName = "Volvo";
// 这里可以使用 carName 变量
}
// 这里不能使用 carName 变量
```

函数内使用 var 声明的变量只能在函数内访问,不使用 var 声明的变量,则是全局变量。

(3)JavaScript 块级作用域(Block Scope)

使用 var 关键字声明的变量不具备块级作用域的特性,它在{}外依然能被访问。

```
{
    var m = 2;
}
// 这里可以使用 m 变量
```

在 ES6 之前,没有块级作用域的概念。ES6 可以使用 let 关键字来实现块级作用域。

let 声明的变量只在 let 命令所在的代码块{}内有效,在{}之外不能访问。

```
{
    let m = 12;
}
// 这里不能使用 m 变量
```